U0358290

高等院校数学专业教材

代数编码导引

胡万宝　孙广人　宛金龙　吴超云　编著

中国科学技术大学出版社

内 容 简 介

本书给出了代数编码理论必要的代数导引，并用较大的篇幅介绍了编码理论和算法．全书分为3篇：第1篇叙述了必要的近世代数知识．第2篇首先介绍了编码理论的基本概念和线性码的结构，特别对线性码的信息集译码算法作了较为详尽的描述；还给出了循环码的导引，同时简述了循环码译码的纲要；并简要介绍了一些重要的分组码以及较为活跃的LDPC码．第3篇重点介绍了BCH码与RS码的理论及算法．

本书可作为大学数学系信息专业高年级学生编码理论的教材．

图书在版编目(CIP)数据

代数编码导引/胡万宝等编著．—合肥：中国科学技术大学出版社，2013．3(2020．8重印)

(高等院校数学专业教材)

ISBN 978-7-312-03130-4

Ⅰ．代…　Ⅱ．胡…　Ⅲ．代数编码　Ⅳ．O157．4

中国版本图书馆CIP数据核字(2012)第314999号

出版　中国科学技术大学出版社
安徽省合肥市金寨路96号，230026
http://press.ustc.edu.cn
https://zgkxjsdxcbs.tmall.com

印刷　安徽省瑞隆印务有限公司

发行　中国科学技术大学出版社

经销　全国新华书店

开本　710 mm×960 mm　1/16

印张　13.5

字数　258千

版次　2013年3月第1版

印次　2020年8月第2次印刷

定价　30.00元

前　言

目前国内关于编码理论的教材和专著可谓汗牛充栋，但是专门给数学系信息专业学生编写的编码教程尚属空缺．本书作者希望在这方面作一点努力．

本书希望达到的目的是，在编码理论教学中能够给学生以必要的代数导引，又能使学生得到相应的算法上的训练．因而我们用了较大的篇幅介绍关于编码算法的内容，又对必要的代数知识作了相应扩展，但是我们采取的办法不是直接把必要的数学知识全部堆积在第1章，而是在介绍算法的过程中不断地补充代数知识．

全书的内容是这样安排的：

第1篇：第1章用非正式的数学语言叙述了必要的代数知识，使学生能够对编码所需的代数知识有一个初步的了解．第2章详述了本书编码理论中频繁使用的有限域的基本知识，主要包括有限域的存在唯一性、Frobenius映射、迹与范函数等概念．第3章介绍了有限域的基本算法，包括复杂度的概念、多项式可约性的判别、多项式的分解、分裂多项式等基本内容．

第2篇：第4章简述了编码理论的基本概念．第5章介绍了线性码的结构，特别对线性码的信息集译码算法做出了较为详尽的描述，这是本书与其他教材的一个不同之处．第6章是关于循环码的导引，同时，在该章最后我们简述了循环码译码的纲要．第7章补充了其他一些经典分组码，包括Hadamard码、Reed-Muller码、二次剩余码以及Golay码．现在LDPC码是编码理论中较为活跃的方向，在第8章我们简要地介绍了其基本内容．

第3篇：重点介绍BCH码与RS码的理论及算法．第9章，与其他教材稍有不同的是我们给出了两种推广BCH码的方式，并简要介绍了Goppa码．随后第10章给出了BCH码与RS码译码的一般方法，主要给出了确定错误定位多项式的方法．我们知道关于RS码译码的研究始终相当活跃，所以在第11章，我们又进一步给出了有关RS译码的其他方法，可作为选讲的内容．

如果把本书只作为一学期68学时左右课程的教材，作者建议舍去其中第8

章的部分内容，并跳过第3篇中一些较为技术性的章节.

本书是编码理论教材中的一个尝试，由于时间仓促，不足与错误在所难免，希望各位读者多多给出批评和建议！

作　者

2012年3月

目　　次

第2篇 编码理论基础

第 3 篇 BCH 码与 RS 码

第1篇

近世代数基础

第1章　基本代数

本章主要介绍一下抽象代数中的相关概念、命题和定理(证明略去,请参考抽象代数教材中的相关内容).这些是学习编码理论的必备知识.

1.1　代数运算、等价关系与集合的分类

定义 1.1.1　设 A,B 是两个集合.作一个新的集合:

$$\{(a,b)\mid a\in A,b\in B\}$$

称这个集合为 A 与 B 的 **Descartes(笛卡儿)积**,记作 $A\times B$.

注意,(a,b)是一个有序元素对.我们有

$$B\times A=\{(b,a)\mid b\in B,a\in A\}$$

一般来说,$A\times B$ 并不等于 $B\times A$.例如,$A=\{1,2,3\}$,$B=\{4,5\}$,则

$$A\times B=\{(1,4),(1,5),(2,4),(2,5),(3,4),(3,5)\}$$

$$B\times A=\{(4,1),(5,1),(4,2),(5,2),(4,3),(5,3)\}$$

然而,当 A,B 都是有限集时,$A\times B$ 与 $B\times A$ 包含元素的个数是相同的,都等于 $|A||B|$($|A|$,$|B|$分别表示集合 A,B 中所含元素的个数).

Descartes 积的概念可以推广到任意多个集合.例如,集合 $A_1,A_2,\cdots,A_n$ 的 Descartes 积定义为

$$\{(a_1,a_2,\cdots,a_n)\mid a_i\in A_i,i=1,2,\cdots,n\}$$

并记作 $A_1\times A_2\times\cdots\times A_n$ 或者 $\prod\limits_{i=1}^{n}A_i$.

定义 1.1.2　设 A,B,C 是三个非空集合.从 $A\times B$ 到 C 的映射称为 A,B 到 C 的**代数运算**.特别地,当 $A=B=C$ 时,$A\times A$ 到 A 的代数运算简称为 A 上的代数运算.

一个代数运算可以用"$\circ$"来表示,并将(a,b)在"$\circ$"下的像记作 $a\circ b$.

例 1.1.1　一个 $\mathbb{Z}\times\mathbb{Z}^*$ 到 $\mathbb{Q}$ 的映射

$$\circ:(a,b)\mapsto\frac{a}{b}$$

是 $\mathbb{Z}\times\mathbb{Z}^*$ 到 $\mathbb{Q}$ 的代数运算.这就是普通数的除法.

例 1.1.2 一个 $\mathbb{Z}\times\mathbb{Z}$ 到 $\mathbb{Z}$ 的映射

$$\circ:(a,b)\mapsto a(b+1)$$

是 $\mathbb{Z}$ 上的代数运算.

下面介绍代数运算的运算规律.

定义 1.1.3 设 $\circ$ 是集合 A 上的一个代数运算,那么:

(1) 若对 $\forall a_1,a_2,a_3\in A$,都有 $(a_1\circ a_2)\circ a_3=a_1\circ(a_2\circ a_3)$,则称 $\circ$ 适合**结合律**;

(2) 若对 $\forall a_1,a_2\in A$,都有 $a_1\circ a_2=a_2\circ a_1$,则称 $\circ$ 适合**交换律**;

(3) 若对 $\forall a,b,c\in A$,有 $a\circ b=a\circ c\Rightarrow b=c$,则称 $\circ$ 适合**左消去律**,若对 $\forall a,b,c\in A$,有 $b\circ a=a\circ c\Rightarrow b=c$,则称 $\circ$ 适合**右消去律**.

例 1.1.3 判定下列有理数集 $\mathbb{Q}$ 上的代数运算 $\circ$ 是否适合结合律、交换律和左、右消去律:

(1) $a\circ b=a+b+ab$:适合结合律、交换律,但不适合左、右消去律;

(2) $a\circ b=(a+b)^2$:适合交换律,但不适合结合律和左、右消去律;

(3) $a\circ b=a$:适合结合律和右消去律,但不适合交换律和左消去律;

(4) $a\circ b=b^3$:适合左消去律,但不适合结合律、交换律和右消去律.

定义 1.1.4 设 $\otimes$ 是 $B\times A$ 到 A 的代数运算,$\odot$ 是 $A\times B$ 到 A 的代数运算,$\oplus$ 是 A 上的代数运算,$\forall a_1,a_2\in A,b\in B$.

(1) 若 $b\otimes(a_1\oplus a_2)=b\otimes a_1\oplus b\otimes a_2$,则称 $\otimes$ 对于 $\oplus$ 适合左分配律;

(2) 若 $(a_1\oplus a_2)\odot b=a_1\odot b\oplus a_2\odot b$,则称 $\odot$ 对于 $\oplus$ 适合右分配律.

注意,左、右分配律还可以推广.

将集合按一定的规则进行分类是研究集合的一种有效方法,而等价关系对于集合的分类起着重要的作用.

定义 1.1.5 设 A,B 是两个集合,则 $A\times B$ 的一个子集 R 称为 A,B 间的一个二元关系.当 $(a,b)\in R$ 时,称 a 与 b 具有关系 R,记作 aRb;当 $(a,b)\notin R$ 时,称 a 与 b 不具有关系 R,记作 $aR'b$.

设 R 是 $A\times B$ 的一个子集,则 R 在 $A\times B$ 中的余集 $R^c=(A\times B)\setminus R$ 也是 $A\times B$ 的一个子集,所以 R^c 也是 A,B 间的一个二元关系,称为 R 的**余关系**.

由任意的 $(a,b)\in A\times B$,或者在 R 中,或者在 R^c 中,所以 aRb 或 $aR'b$ 二者有且仅有一个成立.

下面主要讨论 A,B 间的二元关系,简称为 A 上的关系.

例 1.1.4 设 $A=\mathbb{R}$,则

$$R_1 = \{(a,b) \mid (a,b) \in \mathbb{R}\times\mathbb{R}, a = b\}$$ （实数间的"相等"关系）

$$R_2 = \{(a,b) \mid (a,b) \in \mathbb{R}\times\mathbb{R}, a \leqslant b\}$$ （实数间的"小于或等于"关系）

$$R_3 = \{(a,b) \mid (a,b) \in \mathbb{R}\times\mathbb{R}, a = 2b\}$$

$$R_4 = \{(a,b) \mid (a,b) \in \mathbb{R}\times\mathbb{R}, a^2 + b^2 = 1\}$$

都是实数集 $\mathbb{R}$ 上的关系.

例 1.1.5　设 $A=\mathbb{R}$，则

$$R_5 = \{(a,b) \mid a,b \in \mathbb{Z}, a,b \text{ 的奇偶性相同}\}$$

是整数集 $\mathbb{Z}$ 上的一个关系.

定义 1.1.6　设 R 是集合 A 上的一个二元关系.若它满足下列性质：

(1) 自反性：$\forall a\in A, aRa$；

(2) 对称性：$\forall a,b\in A, aRb\Rightarrow bRa$；

(3) 传递性：$\forall a,b,c\in A, aRb, bRc\Rightarrow aRc$，

则称 R 是 A 上的一个**等价关系**.当 aRb 时，称 a 与 b **等价**.

例 1.1.4 中的 R_1 是实数集 $\mathbb{R}$ 上的一个等价关系，例 1.1.5 中的 R_5 是实数集 $\mathbb{R}$ 上的一个等价关系，但例 1.1.4 中的 R_2, R_3, R_4 都不是等价关系，因为 R_2, R_3 不满足对称性，R_4 不满足传递性.

定义 1.1.7　设一个集合 A 分成若干个非空子集，使得 A 中每一个元素属于且只属于一个子集，则这些子集的全体称为 A 的一个**分类**.每个子集称为一个类.类中的任何一个元素称为这个类的一个代表.

由定义 1.1.7 可知，A 的非空子集族 $S=\{A_i \mid i\in I\}$ 是 A 的一个分类，当且仅当其满足下列性质：

(1) $\bigcup\limits_{i\in I} A_i = A$；

(2) 当 $i\neq j$ 时，$A_i\cap A_j=\varnothing$，即不同的类互不相交.

例 1.1.6　设 $A=\{1,2,3,4,5,6\}$，则

$$S_1 = \{\{1,2\},\{3\},\{4,5,6\}\}$$

是集合 A 的一个分类.但是 $S_2=\{\{1\},\{3,4\},\{5,6\}\}$ 不是 A 的一个分类，因为 2 不属于任何一个子集；$S_3=\{\{1,2\},\{2,3,4\},\{5,6\}\}$ 也不是 A 的一个分类，因为 2 属于两个子集：$\{1,2\}$ 与 $\{2,3,4\}$.

集合 A 上的等价关系与集合 A 的分类之间有着本质的联系.集合 A 的一个分类可以决定 A 上的一个等价关系；反之，集合 A 上的一个等价关系可以决定 A 的一个分类.下面的两个定理刻画了这种联系.

定理 1.1.1　设 $S=\{A_i \mid i\in I\}$ 是 A 的一个分类，规定 R 为

$$aRb \iff a \text{ 与 } b \text{ 属于同一类}$$

则 R 是 A 上的一个等价关系.

定理 1.1.2 设 R 是 A 上的一个等价关系.对于 $a\in A$,令

$$\bar{a}=\{x\mid x\in A,xRa\}$$

则 A 的子集族 $S=\{\bar{a}\mid a\in A\}$ 是 A 的一个分类.

定义 1.1.8 设 R 是 A 上的一个等价关系.由 A 的全体不同等价类所组成的集合族称为 A 关于 R 的商集,记作 A/R.

例 1.1.7 设 $A=\mathbb{Z},n\in\mathbb{N}^*$.令

$$R_n=\{(a,b)\mid a,b\in\mathbb{Z},n\mid a-b\}$$

证明:R_n 是整数集 $\mathbb{Z}$ 上的一个等价关系,并给出由这个等价关系所确定的 $\mathbb{Z}$ 的一个分类.

证明 显然,R_n 是 $\mathbb{Z}\times\mathbb{Z}$ 的一个子集,因而 R_n 是 $\mathbb{Z}$ 上的一个关系.又:

(a) 对 $\forall a\in\mathbb{Z},n\mid a-a$,故 aR_na;

(b) 对 $\forall a,b\in\mathbb{Z}$,如果 aR_nb,那么 $n\mid a-b$,即 $n\mid b-a$,故 bR_na;

(c) 对 $\forall a,b,c\in\mathbb{Z}$,如果 aR_nb 且 bR_nc,那么 $n\mid a-b$ 且 $n\mid b-c$,即 $n\mid(a-b)+(b-c)$,故 $n\mid a-c$,即 aR_nc.

因此,R_n 是 $\mathbb{Z}$ 上的一个等价关系.由这个等价关系 R_n 确定的等价类为

$$\bar{0}=\{pn\mid p=0,\pm1,\pm2,\cdots\}$$

$$\bar{1}=\{pn+1\mid p=0,\pm1,\pm2,\cdots\}$$

$$\cdots$$

$$\overline{n-1}=\{pn+n-1\mid p=0,\pm1,\pm2,\cdots\}$$

R_n 称为模 n 的**同余关系**,由 R_n 确定的等价类称为模 n 的剩余类.$\mathbb{Z}$ 关于 R_n 的商集为

$$\mathbb{Z}/R_n=\{\bar{0},\bar{1},\cdots,\overline{n-1}\}$$

它由 n 个不同的剩余类组成.今后将 $\mathbb{Z}/R_n$ 记作 $\mathbb{Z}_n$.

1.2 群

抽象代数的主要研究对象是各种各样的代数系,即具有一些代数运算的集合.群是具有一种代数运算的代数系,它是抽象代数中一个比较古老且内容丰富的重要分支,在数学、物理、化学、计算机等自然科学的许多领域中都有广泛的应用.半群是比群更加广泛的一个概念.在本节中,我们从介绍半群开始.

定义 1.2.1 设 S 是一个非空集合.若:

(1) 在 S 中存在一个代数运算$\circ$;

(2) ∘适合结合律：

$$(a \circ b) \circ c = a \circ (b \circ c), \quad \forall a, b, c \in S$$

则称 S 关于∘是一个**半群**，记作 $(S, \circ)$.

若半群 S 的运算∘还适合交换：

$$a \circ b = b \circ a, \quad \forall a, b \in S,$$

则称 S 是**交换半群**（又叫 **Abel(阿贝尔)半群**）.

半群的代数运算∘通常称为乘法，并且∘常被省略，即 $a \circ b$，记作 ab，称为 a 与 b 的积. 一个交换半群 S 的代数运算常记作 +，并称为加法. 此时，对 $\forall a, b, c \in S$，结合律、交换律分别为

$$(a + b) + c = a + (b + c), \quad a + b = b + a$$

例 1.2.1 对于自然数集 $\mathbb{N}$，由于数的加法和乘法都是 $\mathbb{N}$ 上适合结合律与交换律的代数运算，所以 $(\mathbb{N}, +)$ 和 $(\mathbb{N}, \times)$ 都是交换半群.

类似地，偶数集 $2\mathbb{Z}$、整数集 $\mathbb{Z}$、正有理数集 $\mathbb{Q}^+$、正实数集 $\mathbb{R}^+$、实数集 $\mathbb{R}$、复数集 $\mathbb{C}$ 关于数的加法和乘法分别构成交换半群. 负整数集 $\mathbb{Z}^-$ 关于数的加法也构成交换半群，但 $\mathbb{Z}^-$ 关于数的乘法不是半群，因为 $(-2)(-3) = 6 \notin \mathbb{Z}^-$. 又非零整数集 $\mathbb{Z}^*$ 关于数的乘法构成交换半群，但 $\mathbb{Z}^*$ 关于数的加法不是半群，因为 $(-1) + 1 = 0 \notin \mathbb{Z}^*$.

例 1.2.2 设 n 是一个正整数. 在 $\mathbb{Z}$ 关于等价关系 R_n 的商集 $\mathbb{Z}_n = \{\bar{0}, \bar{1}, \cdots, \overline{n-1}\}$ 中，规定：

$$\bar{a} + \bar{b} = \overline{a + b}, \quad \bar{a} \cdot \bar{b} = \overline{ab}$$

其中 $\bar{a}, \bar{b} \in \mathbb{Z}_n$，则 $(\mathbb{Z}_n, +)$，$(\mathbb{Z}_n, \cdot)$ 都是交换半群.

定义 1.2.2 设 S 是半群，$n \in \mathbb{N}$，$a \in S$，n 个 a 的连续乘积称为 a 的 n 次幂，记作 a^n. 例如：

$$a^n = \underbrace{aa \cdots a}_{n\text{个}}$$

注意，当 S 是交换半群，而且其代数运算是加法时，a 的 n 次应为 a 的 n 倍，表示 n 个 a 的和，记作 na，即

$$na = \underbrace{a + a + \cdots + a}_{n\text{个}}$$

定义 1.2.3 设 S 是半群. 若存在 $e \in S$，使得对 $\forall x \in S$，

$$ex = xe = x$$

则称 e 是 S 的**单位元**. 若 S 是有单位元 e 的半群，则称之为**含幺半群**.

若 S 是有单位元的半群，则 S 的单位元是唯一的. 规定：$a^0 = e (\forall a \in S)$.

定义 1.2.4 设 S 是含幺半群，$a \in S$. 若 $\exists b \in S$，使得 $ab = ba = e$，则称 a 是

可逆元,b 是 a 的一个**逆元**.

设 S 是有单位元 e 的半群.若 $a\in S$ 可逆,则其逆元是唯一的,记作 a^{-1}.

定义 1.2.5 设$(G,\cdot)$是一个有单位元的半群.若 G 中的每个元都是可逆元,则称 G 是一个**群**.

适合交换律的群称为**交换群**或 **Abel 群**.交换群 G 的运算常用"+"表示,并称 G 是加群.若 G 中的元素个数是有限的,则称 G 为有限群,否则称 G 为无限群.

例 1.2.3 数集$\mathbb{Z},\mathbb{Q},\mathbb{R},\mathbb{C}$关于数的加法都构成加群.零元(加群的单位元)是 0,一个数 a 的负元(加群中元素的逆元)是它的相反数 $-a$.

例 1.2.4 数域 P 上全体 n 阶矩阵所组成的集合 $M_n(P)$关于矩阵的加法构成一个加群.零元是零矩阵 $\mathbf{0}$,一个 n 阶矩阵 $\boldsymbol{A}$ 的负元是它的负矩阵 $-\boldsymbol{A}$.

例 1.2.5 $GL(n,P)$表示数域 P 上全体 n 阶可逆矩阵组成的集合,关于矩阵的乘法构成一个群,单位元是矩阵 $\boldsymbol{E}_n$,一个 n 阶可逆矩阵 $\boldsymbol{A}$ 的逆元是它的逆矩阵 $\boldsymbol{A}^{-1}$($GL(n,P)$称为 P 上 n 次一般线性群,$n\geqslant 2$ 时,是非交换群).

例 1.2.6 $\mathbb{Z}_n=\{\bar{0},\bar{1},\cdots,\overline{n-1}\}$,关于加法运算 $\bar{a}+\bar{b}=\overline{a+b}$构成一个加群(模 n 的剩余类加群).

命题 1.2.1 群 G 的运算适合左、右消去律.

定义 1.2.6 设 G 是一个群,e 是 G 的单位元,$a\in G$.使得

$$a^m = e \tag{2.1}$$

成立的最小正整数 m 称为元素 a 的阶,记作$|a|=m$(或者 $\mathrm{ord}(a)=m$).若这样的正整数 m 不存在,则称 a 是无限阶的,记作$|a|=\infty$.

注意,当 G 是加群时,其运算是加法,单位元是零元:0,所以式(2.1)具有形式:$ma=0$.

定义 1.2.7 设 G 是一个群,$a\in G$.若对$\forall\, b\in G$,$\exists\, n\in\mathbb{Z}$,使得

$$b = a^n$$

则称 G 是由 a 生成的**循环群**,a 是 G 的**生成元**,记作 $G=(a)$.

例 1.2.7 整数加群$\mathbb{Z}$是由 1 生成的无限循环群.模 n 的剩余类加群$\mathbb{Z}_n$ 是由 $\bar{1}$ 生成的 n 阶循环群.

定理 1.2.1 设 $G=(a)$是一个循环群,那么:

(1) 若$|a|=m$,则 G 是含有 m 个元素的有限群,G 有$\varphi(m)$(Euler(欧拉)函数)个形如 $a^k(k=0,1,\cdots,m-1)$的生成元,其中$(r,m)=1$,且 $G=\{e=a^0,a^1,a^2,\cdots,a^{m-1}\}$;

(2) 若$|a|=\infty$,则 G 是无限群,G 有两个生成元:a,a^{-1},且

$$G = \{\cdots,a^{-2},a^{-1},a^0,a^1,a^2,\cdots\}$$

定义 1.2.8 设 G 是一个群,$\varnothing\neq H\subseteq G$.若 H 关于G 的乘法构成群,则称 H

是 G 的一个子群，记作 $H\leqslant G$.

例如，任意一个群 G 都有两个子群：G 与 $\{e\}$. 这两个子群称为 G 的**平凡子群**. 若 $H\leqslant G$，且 $H\neq G$，$H\neq\{e\}$，则称 H 是 G 的**非平凡子群**. 若 $H\leqslant G$，且 $H\neq G$，则称 H 是 G 的真子群，记作 $H<G$.

定理 1.2.2 设 G 是一个群，$\varnothing\neq H\subseteq G$，则下列命题等价：

(1) $H\leqslant G$（即 H 关于 G 的乘法构成群）；

(2) 对 $\forall a,b\in H$，有 $ab,a^{-1}\in H$；

(3) 对 $\forall a,b\in H$，有 $ab^{-1}\in H$.

特别地，如果 H 是 G 的非空有限子集，那么 $H\leqslant G$ 等价于，对 $\forall a,b\in H$，有 $ab\in H$.

定义 1.2.9 设 A 是一个非空集合，它的所有一一变换所组成的集合记作 $E(A)$. $E(A)$ 关于变换的乘法构成群，称为 A 的**一一变换群**，其子群称为 A 的**变换群**. 包含 n 个元的有限集合的所有置换（有限集合的一一变换）构成的群称为 n **次对称群**，记作 S_n. 对称群的子群称为**置换群**；S_n 中所有偶置换构成 S_n 的子群，称为 n **次交代群**，记作 A_n.

n 次对称群 S_n 的阶是 $n!$. 特别地，$|S_3|=6$，其元素分别为

$$(1)=\begin{pmatrix}1&2&3\\1&2&3\end{pmatrix},\quad (1\,2)=\begin{pmatrix}1&2&3\\2&1&3\end{pmatrix},\quad (1\,3)=\begin{pmatrix}1&2&3\\3&2&1\end{pmatrix}$$

$$(2\,3)=\begin{pmatrix}1&2&3\\1&3&2\end{pmatrix},\quad (1\,2\,3)=\begin{pmatrix}1&2&3\\2&3&1\end{pmatrix},\quad (1\,3\,2)=\begin{pmatrix}1&2&3\\3&1&2\end{pmatrix}$$

其中 $(2\,3)(1\,2)=(1\,3\,2)$，$(1\,2)(2\,3)=(1\,2\,3)$，所以 $S_3=\{(1),(1\,2),(1\,3),(2\,3),(1\,2\,3),(1\,3\,2)\}$ 是非交换群.

定义 1.2.10 设 H 是 G 的一个子群. 在 G 中定义两个等价关系：对 $\forall a,b\in G$，

$$R_l: aR_l b\Leftrightarrow b^{-1}a\in H,\quad R_r: aR_r b\Leftrightarrow ab^{-1}\in H$$

则称由等价关系 R_l 所决定的分类为 H 的**左陪集**，由等价关系 R_r 所决定的分类为 H 的**右陪集**.

定理 1.2.3 设 $H\leqslant G$，则包含元素 a 的左陪集等于 aH，包含元素 a 的右陪集等于 Ha.

注意，对 $\forall a\in G$，aH 不一定等于 Ha. 例如，$S_3=\{(1),(1\,2),(1\,3),(2\,3),(1\,2\,3),(1\,3\,2)\}$，$H=\{(1),(1\,2)\}$ 是 S_3 的一个子群. 易知

$$(1)H=\{(1),(1\,2)\},\qquad H(1)=\{(1),(1\,2)\}$$

$$(1\,3)H=\{(1\,3),(1\,2\,3)\},\qquad H(1\,3)=\{(1\,3),(1\,3\,2)\}$$

$$(2\,3)H=\{(2\,3),(1\,3\,2)\},\qquad H(2\,3)=\{(2\,3),(1\,2\,3)\}$$

但 $S_l=\{aH \mid a\in G\}$ 与 $S_r=\{Ha \mid a\in G\}$ 之间存在一个双射 $f: Ha\mapsto a^{-1}H$ $(\forall a\in G)$.

定义 1.2.11 设 $H\leqslant G$,H 在 G 中左陪集(或右陪集)的个数称为 H 在 G 中的**指数**,记作$[G:H]$.

定理 1.2.4(Lagrange(拉格朗日)) 设 G 是有限群,$H\leqslant G$,则 $|G|=|H|[G:H]$.

定义 1.2.12 设 $N\leqslant G$.若对 $\forall a\in G$,都有

$$aN=Na$$

则称 N 是 G 的**正规子群**(或**不变子群**),记作 $N\lhd G$.

注意,G 关于正规子群 N 的左、右陪集的分类是完全一样的,可记为

$$G/N=\{aN \mid a\in G\}$$

例 1.2.8 群 G 的中心 $C(G)=\{x\in G \mid xg=gx,\forall g\in G\}$ 是 G 的正规子群.交换群 G 的子群都是 G 的正规子群.

定理 1.2.5 设 G 是群,$N\lhd G$.对 $\forall aN,bN\in G/N$,规定

$$aN\cdot bN=(ab)N$$

则$(G/N,\cdot)$是一个群.

群 G/N 称为 G 关于 N 的商群.当 G 是加群时,正规子群 N 的陪集为 $a+N$,商群 G/N 的运算为

$$(a+N)+(b+N)=(a+b)+N$$

模 n 的剩余类加群 $\mathbb{Z}_n$ 就是整加群 $\mathbb{Z}$ 关于正规子群(n)的商群.

定义 1.2.13 设 G 与 G' 都是群,f 是 G 到 G' 的映射.若 f 保持运算,即对 $\forall x,y\in G$,有

$$f(xy)=f(x)f(y)$$

则称 f 是 G 到 G' 的**同态**.

若同态 f 是单射,则称 f 是**单同态**;若同态 f 是满射,则称 f 是**满同态**,并称 G 与 G' 同态,记作 $G\sim G'$;若同态 f 是双射,则称 f 是**同构**,并称 G 与 G' 同构,记作 $G\cong G'$.

例 1.2.9 设 G 与 G' 都是群,e' 是 G' 的单位元.对 $\forall x\in G$,令

$$f(x)=e'$$

则 f 是 G 到 G' 的同态,称为**零同态**.

例 1.2.10 设$(\mathbb{Z},+)$是整数加群,$(\mathbb{Z}_n,+)$是模 n 的剩余类加群.对 $\forall m\in\mathbb{Z}$,令

$$f(m)=\bar{m}$$

则 f 是$(\mathbb{Z},+)$到$(\mathbb{Z}_n,+)$的满同态.

定理 1.2.6 设 f 是群 G 到群 G' 的同态,那么:

(1) 若 e 是 G 的单位元,则 $f(e)$ 是 G' 的单位元;

(2) 对 $\forall a\in G, f(a^{-1})=f(a)^{-1}$;

(3) 对 $\forall a\in G$,若 $|a|$ 有限,则 $|f(a)|$ 也有限,且 $|f(a)|\,\big|\,|a|$;

(4) 若 $H\leqslant G$,则 $f(H)\leqslant G'$;

(5) 若 $H'\leqslant G'$,则 $f^{-1}(H')\leqslant G$,其中

$$f^{-1}(H')=\{a\in G\mid f(a)\in H'\}$$

定义 1.2.14 设 f 是群 G 到群 G' 的同态,e' 是 G' 的单位元.称

$$\operatorname{im} f=f(G)=\{f(x)\mid x\in G\}$$

为 f 的**同态像**,称

$$f^{-1}(e')=\{x\in G\mid f(x)=e'\}$$

为 f 的**同态核**,记作 $\ker f$.

下面利用同态的知识讨论一下循环群的构造.

定理 1.2.7 设 $G=(a)$ 是循环群,那么:

(1) 若 $|a|=n$,则 $G\cong(\mathbb{Z}_n,+)$;

(2) 若 $|a|=\infty$,则 $G\cong(\mathbb{Z},+)$.

定理 1.2.7 刻画了循环群的构造,从同构的意义上说,循环群有且只有两种类型,并且它们的构造由其生成元的阶决定.

定理 1.2.8 群 G 与它的每一个商群 G/N 同态.

此同态映射为 $\pi: a\mapsto aN(\forall a\in G)$.易证 π 是满同态,通常称它为**自然同态**.

定理 1.2.9(群同态基本定理) 设 f 是群 G 到群 G' 的同态,那么:

(1) $\ker f\lhd G$;

(2) $G/\ker f\cong\operatorname{im} f$.

例 1.2.11 $GL(n,\mathbb{R})/SL(n,\mathbb{R})\cong\mathbb{R}^*$.其中 $GL(n,\mathbb{R})$ 为一般线性群,$SL(n,\mathbb{R})$ 是实数域 $\mathbb{R}$ 上行列式为 1 的 n 阶矩阵的全体关于矩阵乘法构成的群——特殊线性群.对 $\forall \boldsymbol{A}\in GL(n,R)$,作 $GL(n,R)$ 到 R^* 的映射 $f: A\mapsto|A|$,这是一个满同态,再求出 $\ker f=SL(n,R)$,由定理 1.2.10 即可得证.

定理 1.2.10(第一同构定理) 设 f 是群 G 到群 G' 的满同态,$N'\lhd G'$,$N=f^{-1}(N')$,则 $N\lhd G$,且 $G/N\cong G'/N'$.

1.3 环

环是具有两种代数运算的代数系,它也是抽象代数中的一个重要分支.本节主

要介绍环的一些初步理论.

定义 1.3.1 设 R 是一个非空集合,且具有两种代数运算:加法(记作"+")与乘法(记作"·").若:

(1) $(R,+)$是一个加群;

(2) $(R,\cdot)$是一个加群;

(3) 对 $\forall a,b,c\in R$,有

$$a\cdot(b+c)=a\cdot b+a\cdot c \quad (\text{左分配律})$$
$$(b+c)\cdot a=b\cdot a+c\cdot a \quad (\text{右分配律})$$

则称 R 是一个结合环,简称**环**,记作$(R,+,\cdot)$.

因为环 R 关于加法是一个加群,所以 R 有零元 0,$\forall a\in R$ 有负元 $-a$.

例 1.3.1 整数集 $\mathbb{Z}$ 关于数的加法和乘法构成一个环,称为整数环.偶数集 $2\mathbb{Z}$ 关于数的加法和乘法也构成一个环,称为偶数环.同样,有理数集 $\mathbb{Q}$、实数集 $\mathbb{R}$、复数集 $\mathbb{C}$ 关于数的加法和乘法都构成一个环.我们通常把数集关于数的加法和乘法所构成的环称为数环.

例 1.3.2 数环 $\mathbb{R}$ 上全体 n 阶矩阵所组成的集合 $M_n(\mathbb{R})$ 关于矩阵的加法和乘法构成一个环,称为 $\mathbb{R}$ 上的 n 阶全矩阵环.

例 1.3.3 数域 P 上全体一元多项式所组成的集合 $P[x]$ 关于多项式的加法和乘法构成一个环,称为 P 上的一元多项式环.

例 1.3.4 设 G 是一个加群,0 是其零元.对 $\forall a,b\in G$,规定

$$a\cdot b=0$$

则$(G,+,\cdot)$构成一个环,称为零乘环或零环.

例 1.3.5 设 $\mathbb{Z}[\mathrm{i}]=\{m+n\mathrm{i}\mid m,n\in\mathbb{Z},\mathrm{i}\text{ 是虚单位}\}$. $\mathbb{Z}[\mathrm{i}]$ 关于复数的加法和乘法构成一个环,称为 Gauss(高斯)整数环.

例 1.3.6 商集 $\mathbb{Z}_n$ 关于加法 $\bar{a}+\bar{b}=\overline{a+b}$ 与乘法运算 $\bar{a}\cdot\bar{b}=\overline{ab}$ 构成一个环.环$(\mathbb{Z}_n,+,\cdot)$称为模 n 的剩余类环.

定义 1.3.2 若环 R 的乘法运算"·"适合交换律,则称 R 为**交换环**.若在环 R 中,半群$(R,\cdot)$有单位元,则称 R 为有**单位元环**,或称 R 为带 1 的环.

例如,数环、零环、数域 P 上的一元多项式环 $P[x]$、Gauss 整环 $\mathbb{Z}[\mathrm{i}]$、模 n 的剩余类环 $\mathbb{Z}_n$ 都是交换环,而 $n\geqslant 2$ 时全矩阵环 $M_n(\mathbb{R})$ 是非交换环.此外,除偶数环 $2\mathbb{Z}$ 外,其他各环都有单位元.

定义 1.3.3 设 R 是一个环,$0\neq a\in R$.若 $\exists\, 0\neq b\in R$,使得 $ab=0$ 或 $ba=0$ 成立,则称 a 是 R 的一个左(右)零因子.当 a 既是 R 的左零因子,又是 R 的右零因子时,称 a 是 R 的零因子.

显然,对于交换环,左、右零因子都是零因子.若环 R 有左零因子,则 R 必定有

右零因子.例如,在整数环$\mathbb{Z}$上的二阶全矩阵环$M_2(\mathbb{Z})$中,

$$\begin{pmatrix}0 & 1\\0 & 0\end{pmatrix}\neq\begin{pmatrix}0 & 0\\0 & 0\end{pmatrix},\quad \begin{pmatrix}1 & 0\\0 & 0\end{pmatrix}\neq\begin{pmatrix}0 & 0\\0 & 0\end{pmatrix}$$

但是

$$\begin{pmatrix}0 & 1\\0 & 0\end{pmatrix}\begin{pmatrix}1 & 0\\0 & 0\end{pmatrix}=\begin{pmatrix}0 & 0\\0 & 0\end{pmatrix}$$

所以$\begin{pmatrix}0 & 1\\0 & 0\end{pmatrix}$是$M_2(\mathbb{Z})$的左零因子,$\begin{pmatrix}1 & 0\\0 & 0\end{pmatrix}$是$M_2(\mathbb{Z})$右零因子.

定义 1.3.4 一个有单位元、无零因子的交换环称为**整环**.一个至少含有两个元素、有单位元且每一个非零元都可逆的环称为**除环**(又称为**体**或**斜域**).一个交换除环称为**域**.

并不是所有的除环都是交换环,**Hamilton**(**哈密顿**)四元数除环H(或四元数体)就是一个典型的非交换除环:

$$H=\{a_0\boldsymbol{e}+a_1\boldsymbol{i}+a_2\boldsymbol{j}+a_3\boldsymbol{k}\mid a_0,a_1,a_2,a_3\in R\}$$

其中$\boldsymbol{e},\boldsymbol{i},\boldsymbol{j},\boldsymbol{k}$是实数域$\mathbb{R}$上四维向量空间的一个基,加法“+”为向量加法,乘法“·”的运算如表1.3.1所示.因为$\boldsymbol{ij}=-\boldsymbol{ji}$,故乘法不满足交换律,$H$不是域.

表 1.3.1 乘法“·”的运算

·	$\boldsymbol{e}$	$\boldsymbol{i}$	$\boldsymbol{j}$	$\boldsymbol{k}$
$\boldsymbol{e}$	$\boldsymbol{e}$	$\boldsymbol{i}$	$\boldsymbol{j}$	$\boldsymbol{k}$
$\boldsymbol{i}$	$\boldsymbol{i}$	$-\boldsymbol{e}$	$\boldsymbol{k}$	$-\boldsymbol{j}$
$\boldsymbol{j}$	$\boldsymbol{j}$	$-\boldsymbol{k}$	$-\boldsymbol{e}$	$\boldsymbol{i}$
$\boldsymbol{k}$	$\boldsymbol{k}$	$\boldsymbol{j}$	$-\boldsymbol{i}$	$-\boldsymbol{e}$

命题 1.3.1 若p是素数,则模p的剩余类环$\mathbb{Z}_p$是域.

利用域的定义即可证明.

定义 1.3.5 设R是一个环.若存在最小正整数n,使得对所有$a\in R$,都有$na=0$,则称n是环R的特征(数);若这样的n不存在,则称环R的特征(数)是零.

环R的特征(数)记作$\mathrm{ch}\,R$.

例如,数域P的特征是0,因为对$\forall\, a\in P$,$na=0\Leftrightarrow n=0$.又如,模12的剩余类环$\mathbb{Z}_{12}$的特征是12.

命题 1.3.2 在特征是素数p的域F中,对$\forall\, a,b\in F,n\in\mathbb{N}$,都有

$$(a+b)^{p^n}=a^{p^n}+b^{p^n}$$

$$(a-b)^{p^n}=a^{p^n}-b^{p^n}$$

定义 1.3.6 设 R 是一个环，$\varnothing \neq S \subseteq R$. 若 S 关于 R 的加法和乘法构成环，则称 S 是 R 的一个子环，R 是 S 的扩环，记作 $S \leqslant R$.

例如，任意一个环 R 都有两个子环：R，$\{0\}$. 这两个子环称为 R 的平凡子环. 若 $S \leqslant R$，且 $S \neq R$，$S \neq \{0\}$，则称 S 是 R 的非平凡子环. 若 $S \leqslant R$，且 $S \neq R$，则称 S 是 R 的真子环，记作 $S < R$.

定理 1.3.1 (1) 设 R 是一个环，$\varnothing \neq S \subseteq R$，则 $S \leqslant R \Leftrightarrow$ 对 $\forall a, b \in S$，有 $a - b, ab \in S$；

(2) 设 R 是一个除环(域)，$\varnothing \neq S \subseteq R$，则

$$S \text{ 是 } R \text{ 的子除环(子域)} \quad \Leftrightarrow \quad \text{对 } \forall a, b \in S, \text{有 } a - b, ab^{-1}(b \neq 0) \in S$$

例 1.3.7 $2\mathbb{Z} < \mathbb{Z} < \mathbb{Q} < \mathbb{R} < \mathbb{C}$.

例 1.3.8 在实数域 $\mathbb{R}$ 上的一元多项式环 $\mathbb{R}[x]$ 中，所有常数组成的集合是 $\mathbb{R}[x]$ 的一个子环；所有常数项为零的一元多项式组成的集合

$$S = \{a_n x^n + a_{n-1} x^{n-1} + \cdots + a_1 x \mid a_i \in \mathbb{R}, n \in \mathbb{N}^*\}$$

也是 $\mathbb{R}[x]$ 的一个子环.

例 1.3.9 设 R 是一个环，R 的中心 $C(R) = \{c \in R \mid xc = cx, \forall x \in R\}$ 是 R 的交换子环.

注意，当 S 是 R 的一个子环时，S 与 R 在是否可交换、有无零因子、有无单位元等性质上有一定的联系，但是并不完全一致.

命题 1.3.3 设 R 是一个环，$S \leqslant R$，则：

(1) 若 R 是交换环，则 S 也是交换环，反之不一定；

(2) 若 R 是无零因子环，则 S 也是无零因子环，反之不一定；

(3) 若 R 有单位元，S 可以没有单位元，若 S 有单位元，R 也可以没有单位元；而且若 S 与 R 都有单位元，它们的单位元可以不同.

定义 1.3.7 设 S 是环，$\varnothing \neq T \subseteq R$，则

$$S = \left\{ \sum \pm x_1 x_2 \cdots x_n \mid x_i \in T, n \in \mathbb{N}^* \right\}$$

构成 R 的一个子环，称为由 T 生成的子环，记作 $[T]$.

设 T 是 $[T]$ 的生成元集. 若 $T = \{t_1, t_2, \cdots, t_n\}$ 是有限集，则称 $[T]$ 是有限生成的，并可以记作 $[t_1, t_2, \cdots, t_n]$. 特别地，$[T] = \left\{ \sum_{i=1}^{m} n_i t^i \mid n_i \in \mathbb{Z}, m \in \mathbb{N}^* \right\}$.

定义 1.3.8 设 $(R, +, \cdot)$ 是环，$(A, +)$ 是 $(R, +)$ 的子加群，那么：

(1) 若对 $\forall r \in R, a \in A$，有 $ra \in A$，则称 A 是 R 的左理想；

(2) 若对 $\forall r \in R, a \in A$，有 $ar \in A$，则称 A 是 R 的右理想；

(3) 若 A 既是 R 的左理想，又是 R 的右理想，则称 A 是 R 的**理想**，记作 $A \lhd R$.

若 $A \lhd R$，且 $A \neq R$，则称 A 是 R 的**真理想**. 由定义可知，理想一定是子环.

例 1.3.10 任意一个环 $R \neq \{0\}$ 都有两个理想：$\{0\}$（零理想），R（单位理想）. 只有零理想与单位理想的环称为单环.

命题 1.3.4 设 R 是一个环，$A_1 \lhd R$，$A_2 \lhd R$，则 $A_1 \cap A_2 \lhd R$.

这个命题还可以推广. 一般地，我们有：

命题 1.3.5 设 R 是一个环，I 是一个指标集，$A_i \lhd R(i \in I)$，则 $\bigcap\limits_{i \in I} A_i \lhd R$.

定义 1.3.9 设 R 是一个环，$\varnothing \neq T \subseteq R$，$M = \{A_i \mid T \subseteq A_i \lhd R, i \in I\}$ 是 R 中所有包含 T 的理想族，则称 $\bigcap\limits_{i \in I} A_i$ 是由 T 生成的理想，记作 (T). 称 T 的元素是 (T) 的生成元，T 是 (T) 的生成元集.

显然，(T) 是 R 中包含 T 的最小理想. 若 $T = \{t_1, t_2, \cdots, t_n\}$ 是有限集，则 (T) 可以记作 $(t_1, t_2, \cdots, t_n)$. 特别地，由一个元素 a 生成的理想 (a) 称为主理想，下面讨论主理想.

定理 1.3.2 设 R 是一个环，$a \in R$，则

$$(a) = \left\{ \sum x_i a y_i + sa + at + na \mid x_i, y_i, s, t \in R, n \in \mathbb{Z}^* \right\}$$

注 1.3.1 (1) 若 R 是有单位元的环，则 $(a) = \left\{ \sum x_i a y_i x_i \mid y_i \in R \right\}$；

(2) 若 R 是交换环，则 $(a) = \{ra + na \mid r \in R, n \in \mathbb{Z}^*\}$；

(3) 若 R 是有单位元的交换环，则 $(a) = \{ra \mid r \in R\}$.

命题 1.3.6 整数环 $\mathbb{Z}$ 的每一个理想都是主理想.

域 F 上的一元多项式环 $F[x]$ 的理想是什么样的？实际上，就像整数环 $\mathbb{Z}$ 一样，$F[x]$ 也可以实施带余除法.

定理 1.3.3 对于一元多项式环 $F[x]$ 中的任意多项式 $f(x)$ 和 $g(x) \neq 0$，存在唯一的多项式 $p(x)$，$r(x)$，使得

$$f(x) = p(x)g(x) + r(x)$$

其中 $r(x) = 0$，或者 $\deg r(x) < \deg g(x)$（$\deg g(x)$ 表示非零多项式 $g(x)$ 的次数）.

这样，非零理想 I 可以找到次数最低的首 1 多项式 $p(x)$，使得理想中其余多项式都是 $p(x)$ 的倍数，即：

命题 1.3.7 一元多项式环 $F[x]$ 中的任意理想 I 都是由某个首 1 多项式 $p(x)$ 生成的，即

$$I = (p(x)) = \{p(x)h(x) \mid h(x) \in F[x]\}$$

$p(x)$ 是理想 I 的**生成元**. 域 F 上的一元多项式环 $F[x]$ 的每一个理想也都是主理想（与整数环 $\mathbb{Z}$ 的情况相似）. $\mathbb{Z}$ 与 $F[x]$ 在代数中称为**主理想整环**.

定理 1.3.4 设 R 是环，$A \lhd R$. 在商群

$$R/A=\{\bar{x}\mid x\in R\}=\{x+A\mid x\in R\}$$

中,再规定

$$\bar{x}\cdot\bar{y}=\overline{xy}$$

则$(R/A,+,\cdot)$是一个环.R/A 称为R 模A 的**商环或剩余类环**,$\bar{x}=x+A$ 称为R 模A 的剩余类.

注 1.3.2　整数环$\mathbb{Z}$关于主理想(n)的商环$\mathbb{Z}/(n)$就是模 n 的剩余类环$\mathbb{Z}_n$.

定义 1.3.10　设 R 与R'都是环,f 是R 到R'的映射.若 f 保持运算,即对$\forall x,y\in R$,有

$$f(x+y)=f(x)+f(y),\quad f(xy)=f(x)f(y)$$

则称 f 是R 到R'的**同态**.

若同态 f 是单射,则称 f 是**单同态**;若同态 f 是满射,则称 f 是**满同态**,并称 R 与 R'同态,记作 $R\sim R'$;若同态 f 是双射,则称 f 是同构,并称 R 与R'同构,记作$R\cong R'$.特别地,R 与R 的同态又称为 R 的自同态,R 与R 的同构又称为 R 的自同构.

例 1.3.11　设 R 与R'都是环,$0'$是R'的零元.对$\forall x\in R$,令

$$f(x)=0'$$

则 f 是R 到R'的一个同态,称为**零同态**.

例 1.3.12　设$\mathbb{Z}$是整数环,$\mathbb{Z}_n$ 是模 n 的剩余类环.对$\forall m\in\mathbb{Z}$,令

$$f(m)=\bar{m}$$

则 f 是$\mathbb{Z}$到$\mathbb{Z}_n$ 的满同态.

定理 1.3.5　设 f 是环R 到环R'的同态,那么:

(1) 若 0 是 R 的零元,则 $f(0)$是 R'的零元;

(2) 对$\forall a\in R$,有 $f(-a)=-f(a)$;

(3) 若 $S\leqslant R$,则 $f(S)\leqslant R'$;

(4) 若 $S'\leqslant R'$,则 $f^{-1}(S')\leqslant R$,其中 $f^{-1}(S')=\{a\in R\mid f(a)\in S'\}$.

注意,当 f 是环R 到环R'的满同态时,R 与R'在是否可交换、有无零因子、有无单位元等性质上有一定的联系,但是并不完全一致.

命题 1.3.8　设 f 是环R 到环R'的满同态,那么:

(1) 若 R 是交换环,则 R'也是交换环,反之不一定;

(2) 若 R 有单位元 1,则 R'有单位元$f(1)$,反之不一定;

(3) 若 R 是无零因子环,R'未必是无零因子环,若 R'是无零因子环,R 未必是无零因子环.

若 $R\cong R'$,则环 R 到环R'的代数性质完全一致,我们有:

定理 1.3.6　设环 $R\cong R'$,则

$$R\text{ 是整环(除环、域)} \quad \Leftrightarrow \quad R'\text{ 是整环(除环、域)}$$

定义 1.3.11 设 f 是环 R 到环 R' 的同态,$0'$ 是 R' 的零元. 称

$$\operatorname{im} f = f(R) = \{f(x) \mid x \in R\}$$

为 f 的同态像,称

$$\ker f = \{x \in R \mid f(x) = 0'\}$$

为 f 的同态核.

定理 1.3.7 对 $\forall a \in R$,定义一个环 R 到它的一个商环 R/A 的映射

$$\pi: a \mapsto \bar{a} = a + A$$

则 π 是环的满同态,通常称它为**自然同态**.

定理 1.3.8(环同态基本定理) 设 f 是环 R 到环 R' 的同态,那么:

(1) $\ker f \lhd R$;

(2) $R/\ker f \cong \operatorname{im} f$.

定理 1.3.9(第一同构定理) 设 f 是环 R 到环 R' 的满同态,$A' \lhd R'$,$A = f^{-1}(A')$,则 $A \lhd G$,并且 $R/A \cong R'/A'$.

1.4 域的构造方法、扩域及分裂域

本节首先介绍两种构造域的方法.

定义 1.4.1 设 M 是环 R 一个真理想. 若对 R 的理想 N,$M \subset N \Rightarrow N = R$,则称 M 是环 R 的**极大理想**.

由定义可见,R 中包含极大理想 M 的理想只有 R 与 M.

注意,环 R 本身不是 R 的极大理想. 又若 R 只有平凡理想,则零理想是 R 的极大理想.

例 1.4.1 设 p 是素数,则 (p) 是整数环 $\mathbb{Z}$ 的极大理想.

由例 1.4.1 可见,一个环可以有多个极大理想.

定理 1.4.1 设 M 是有单位元的交换环 R 的一个理想,则

$$M\text{ 是环 }R\text{ 的极大理想} \quad \Leftrightarrow \quad R/M\text{ 是域}$$

定理 1.4.1 给出了利用极大理想构造域的方法,下面介绍另一个通过环的扩充构造域的方法. 为此,先介绍一个常用的定理.

定理 1.4.2(挖补定理) 设 S 是环 R 的一个子环,$S \cong S'$,$S' \cap R = \varnothing$,则存在 S' 的扩环 R',使得 $R \cong R'$.

我们知道整数环 $\mathbb{Z}$ 是一个整环,不是域. 但是可以将 $\mathbb{Z}$ 扩充得到有理数域. 一

般的环是否也可以扩充为除环(或域)呢? 因为除环(或域)没有零因子,所以环 R 若被除环(或域)包含,则必须没有零因子.

定理 1.4.3 每一个无零因子交换环 R 都可以扩充为一个域.

证明 分三步证明.

(a) 在 Descartes 积

$$R \times R^* = \{(a,b) \mid a \in R, b \in R^*\}$$

中,定义等价关系~:

$$(a,b) \sim (a',b') \Leftrightarrow ab' = ba'$$

于是~确定 $R \times R^*$ 的一个分类,现将包含(a,b)的等价类记作$\frac{a}{b}$,显然,

$$\frac{a}{b} = \frac{a'}{b'} \Leftrightarrow (a,b) \sim (a',b') \Leftrightarrow ab' = ba'$$

(b) 令

$$Q = \left\{\frac{a}{b} \mid a \in R, b \in R'\right\}, \quad \frac{a}{b} + \frac{c}{d} = \frac{ad + bc}{bd}, \quad \frac{a}{b} \cdot \frac{c}{d} = \frac{ac}{bd}$$

容易证明,$(Q, +, \cdot)$构成一个域.零元是$\frac{0}{b}$,$\frac{a}{b}$的负元是$\frac{-a}{b}$,单位元是$\frac{b}{b}$;当 $a \neq 0$ 时,$\frac{a}{b}$的逆元是$\frac{b}{a}$.

(c) 对$\forall a \in R, q \in R^*$,令

$$\varphi: R \to Q$$

$$a \mapsto \frac{aq}{q}$$

则 φ 是R 到Q 的一个单同态.令

$$Q_0 = \varphi(R) = \left\{\frac{aq}{q} \mid a \in R, q \in R^*\right\}$$

则 $Q_0 \leqslant Q$,且 $R \cong Q_0$.由构造知 $Q \cap R = \varnothing$.

综上所述,由定理 1.4.2 知,存在 R 的扩环$F = R \cup (Q \setminus Q_0)$,使得 $F \cong Q$.由于 Q 是一个域,故由定理 1.4.2 知 F 也是一个域.

定理 1.4.3 中所构造的无零因子交换环 R 的扩域F 为

$$F = \{ab^{-1} \mid a \in R, b \in R^*\}$$

我们将这个域 F 称为R 的**商域**(或**分式域**).

由定理 1.4.3 知,每一个无零因子交换环 R 都存在商域F.下面的定理指出,在同构的意义下 R 的商域是唯一的.

定理 1.4.4 设 F 是环R 的商域,F'是环R'的商域.若 $R \cong R'$,则 $F \cong F'$.

在定理 1.4.3 中,若 $R = R'$,则易知在同构的意义下 R 的商域是唯一的,环 R

的商域是 R 的最小扩域.

下面介绍一下扩域及其性质.

定义 1.4.2 设 E 是 F 的一个扩域,S 是 E 的一个子集,则称 E 的所有包含 $F\cup S$ 的子域的交为 F 添加 S 得到的**扩域**,记作 $F(S)$.

当 S 是有限集 $\{\alpha_1,\alpha_2,\cdots,\alpha_n\}$ 时,$F(S)$ 又可记作 $F(\alpha_1,\alpha_2,\cdots,\alpha_n)$. 特别地,$F(\alpha)$ 称为 F 的单纯扩域.

由定义知,$F(S)$ 是包含 F 与 S 的 E 的最小子域,且 $F(S)$ 是由 E 中一切形如

$$\frac{f_1(\beta_1,\beta_2,\cdots,\beta_m)}{f_2(\beta_1,\beta_2,\cdots,\beta_m)}$$

的元素构成的,其中 $f_1,f_2(\neq 0)\in F[\beta_1,\beta_2,\cdots,\beta_m]$,$\beta_1,\beta_2,\cdots,\beta_m\in S$,$m\in\mathbb{N}^*$.

定理 1.4.5 设 E 是 F 的一个扩域,S_1,S_2 是 E 的两个子集,则

$$F(S_1\cup S_2)=F(S_1)F(S_2)=F(S_2)F(S_1)$$

由定理 1.4.5,我们可将在域 F 中添加有限集合 $\{\alpha_1,\alpha_2,\cdots,\alpha_n\}$ 归结为有限次单纯扩张,即

$$F(\alpha_1,\alpha_2,\cdots,\alpha_n)=F(\alpha_1)F(\alpha_2)\cdots F(\alpha_n)$$

由此可知,要想搞清楚 $F(\alpha_1,\alpha_2,\cdots,\alpha_n)$ 的构造,就必须先弄明白 $\alpha_i(i=1,2,\cdots,n)$ 与域 F 之间的关系,先看下面的定义.

定义 1.4.3 设 E 是 F 的一个扩域,$\alpha\in E$. 若 $\exists\, 0\neq f(x)\in F[x]$,使得 $f(\alpha)=0$,则称 α 是 F 上的**代数元**;反之,若对 $\forall\, 0\neq f(x)\in F[x]$,都有 $f(\alpha)\neq 0$,则称 α 是 F 上的**超越元**.

若 α 是 F 上的代数元,则称 $F(\alpha)$ 是 F 的**单代数扩域**;若 α 是 F 上的超越元,则称 $F(\alpha)$ 是 F 的**单超越扩域**. 又若 E 的元均为 F 上的代数元,则称 E 为 F 的**代数扩域**.

例 1.4.2 域 F 中的元素都是 F 上的代数元.

例 1.4.3 $\sqrt{2},\sqrt{3},\mathrm{i}$ 都是有理数域 $\mathbb{Q}$ 上的代数元.

例 1.4.4 $\pi,\mathrm{e},3^{\sqrt{2}}$ 都是有理数域 $\mathbb{Q}$ 上的超越元.

下面讨论单纯扩域 $F(\alpha)$ 的结构,它与 α 的性质有关. 先考虑单代数扩域.

定义 1.4.4 设 F 是域,$p(x)\in F[x]$,且 $\deg p(x)\geqslant 1$. 若对 $g(x),h(x)\in F[x]$,$p(x)=g(x)h(x)\Rightarrow g(x)\in F$ 或者 $h(x)\in F$,则称 $p(x)$ 是 F 上的**不可约多项式**.

例如,当 $\alpha\in F$ 时,一次多项式 $x-\alpha$ 是 F 上的不可约多项式. 又如,x^2-2 是有理数域 $\mathbb{Q}$ 上的不可约多项式.

定义 1.4.5 设 E 是 F 的扩域,$\alpha\in E$. 将 $F[x]$ 中使 $p(\alpha)=0$ 的次数最低的首项系数为 1 的多项式

$$p(x) = x^n + a_{n-1}x^{n-1} + \cdots + a_1 x + a_0$$

称为 α 的**极小多项式**，n 称为 α 在 F 上的**次数**.

定理 1.4.6 设 E 是 F 的一个扩域，$\alpha \in E$，则下列命题等价：

(1) α 是 F 上的代数元；

(2) 同态

$$\varphi: F[x] \to F[\alpha]$$
$$f(x) \mapsto f(\alpha)$$

的核 $\ker \varphi = (p(x)) \neq \{0\}$，且 $F[\alpha] \cong F[x]/(p(x))$；

(3) 存在不可约多项式 $p(x) \in F[x]$，使得 $p(\alpha) = 0$；

(4) 存在 α 的极小多项式 $p(x)$；

(5) 域 F 上的线性空间 $F[\alpha]$ 是有限维的；

(6) $F[\alpha]$ 是域，且 $F[\alpha] = F(\alpha)$.

相应地，单超越扩域 $F(\alpha)$ 有下列结构：

定理 1.4.7 设 E 是 F 的一个扩域，$\alpha \in E$，则下列命题等价：

(1) α 是 F 上的超越元；

(2) 同态

$$\varphi: F[x] \to F[\alpha]$$
$$f(x) \mapsto f(\alpha)$$

的核 $\ker \varphi = \{0\}$，且 $F[\alpha] \cong F[x]$；

(3) 域 F 上的线性空间 $F[\alpha]$ 是无限维的；

(4) $F[\alpha]$ 不是域.

定义 1.4.6 设 E 是 F 的一个扩域，将 E 看作 F 上的线性空间，其维数记作 $[E:F]$，并称为 E 在 F 上的次数. 若 $[E:F]$ 是有限的，则称 E 是 F 的**有限扩域**；若 $[E:F]$ 是无限的，则称 E 是 F 的**无限扩域**.

例如，复数域 $\mathbb{C}$ 是实数域 $\mathbb{R}$ 的有限扩域，且 $[\mathbb{C}:\mathbb{R}] = 2$；实数域 $\mathbb{R}$ 是有理数域 $\mathbb{Q}$ 的无限扩域.

由定理 1.4.6 知，α 是 F 上的代数元 $\Leftrightarrow F[\alpha]$ 是 F 的有限扩域.

定理 1.4.8 设 K 是 F 的一个有限扩域，E 是 K 的一个有限扩域，则 E 是 F 的一个有限扩域，且

$$[E:F] = [E:K][K:F]$$

命题 1.4.1 若 E 是 F 的一个有限扩域，则 E 是 F 的代数扩域.

定义 1.4.7 设 $f(x)$ 是域 F 上的一个非零多项式. 若 $f(x)$ 在 F 的扩域 K 上可以分解成一次因式的积，而在 K 的任意真子域上都不能分解成一次因式的积，则称 K 是 $f(x)$ 的**分裂域**.

定理 1.4.9 设 K 是 F 上多项式 $f(x)$ 的分裂域：

$$f(x) = a_n(x - \alpha_1)(x - \alpha_2)\cdots(x - \alpha_n) \quad (\alpha_i \in K)$$

则 $K = F(\alpha_1, \alpha_2, \cdots, \alpha_n)$.

由定理 1.4.9 可知，$f(x)$ 在 F 上的分裂域 K 恰好是把 $f(x)$ 的根添加到 F 中所得的扩域. 因此，我们也把多项式的分裂域称为根域，而且域 F 上任意多项式的分裂域一定是 F 的有限扩域，从而也是 F 的代数扩域.

下面简单地介绍一下有限域.

定义 1.4.8 只含有限个元素的域称为**有限域**.

例如，模素数 p 的剩余类域 $\mathbb{Z}_p$ 是有限域.

定义 1.4.9 设 E 是一个域，E 的所有子域的交称为**素域**.

由定义可知，E 的素域是 E 的最小子域，而且素域没有真子域. 例如，有理数域 $\mathbb{Q}$、模素数 p 的剩余类域 $\mathbb{Z}_p$ 都是素域.

定理 1.4.10 设 E 是一个域，P 是 E 的素域，p 是一个素数，则

$$\mathrm{ch}\,E = p \quad \Leftrightarrow \quad P \cong \mathbb{Z}_p$$

$$\mathrm{ch}\,E = 0 \quad \Leftrightarrow \quad P \cong \mathbb{Q}$$

由定理 1.4.10 可知，每个域的素域取决于这个域的特征，与其所包含的元素多少无关；而且在同构的意义下有限域是 $\mathbb{Z}_p$ 的有限扩域.

定理 1.4.11 设 E 是一个有限域. 若 $\mathrm{ch}\,E = p$，则 E 所含的元素个数为 p^n，其中 n 是 E 在其素域 P 上的次数.

包含 p^n 个元素的有限域也称为 p^n 阶 **Galois(伽罗瓦)**域，记作 $GF(p^n)$.

定理 1.4.12 设 E 是一个 $q = p^n$ 阶 Galois 域，P 是 E 的素域，则 E 是多项式

$$x^q - x$$

在 P 上的分裂域.

下面讨论有限域的结构.

定理 1.4.13 一个有限域是其素域的单纯扩张.

定义 1.4.10 有限域 E 的全体非零元所构成的乘群 E^* 的生成元称为 E 的**本原元**.

例 1.4.5 设 E 是包含 4 个元的域，讨论 E 的结构.

解 因为 $4 = 2^2$，所以 E 的素域 $P \cong \mathbb{Z}_2$，且 $[E : P] = 2$. 取 $\mathbb{Z}_2$ 上的不可约多项式

$$p(x) = x^2 + x + 1$$

并设 α 是 $p(x)$ 的根，则 $p(\alpha) = \alpha^2 + \alpha + 1 = 0$，于是

$$E = p[\alpha] = \{0, 1, \alpha, 1 + \alpha\}$$

又因为

$$E^* = \{1, \alpha, 1+\alpha\} = \{1, \alpha, \alpha^2\}$$

故 E 的运算表为

$+$	0	1	α	$1+\alpha$
0	0	1	α	$1+\alpha$
1	1	0	$1+\alpha$	α
α	α	$1+\alpha$	0	1
$1+\alpha$	$1+\alpha$	α	1	0

$\cdot$	0	1	α	$1+\alpha$
0	0	0	0	0
1	0	1	α	$1+\alpha$
α	0	α	$1+\alpha$	1
$1+\alpha$	0	$1+\alpha$	1	α

第 2 章　有限域基础

这一章我们正式讨论有关有限域的知识,包括第 1 章已经论及但未展开的内容.我们已知:每个有限域的元素个数必须为 p^k,其中 p 是素数,而 k 是正整数.本章的主要结果有:

(1) 不用分裂域的语言说明 p^k 个元的有限域存在;

(2) 相同元素个数的有限域同构.

2.1 基本知识

本节对于任意域 F 给出多项式整除的一些简单实用的判别法.这些判别法将在有限域理论发展过程里扮演关键角色.

定义 2.1.1　设 F 是一个域.多项式 $f(x)\in F[x]$称为**无平方因子**的,如果它不被任意正次数的多项式的平方整除.

容易看出,如果在多项式 $f(x)$的分裂域中研究 $f(x)$的分解,无平方因子与无重根是一回事.

定义 2.1.2　设 F 是一个域.F 上的多项式$f(x)=a_nx^n+\cdots+a_1x+a_0$ 的**形式导数**定义为

$$f'(x) = na_nx^{n-1}+\cdots+a_1$$

命题 2.1.1　设 F 是一个域.若多项式 $f(x)\in F[x]$满足 $\gcd(f(x),f'(x))=1$,则 $f(x)$是无平方因子的.

证明　假设 $f(x)$不是无平方因子的,则存在某两个多项式 $g(x),h(x)\in F[x]$,使得 $f(x)=g^2(x)h(x)$,并且 $g(x)$的次数 $\deg g(x)\geqslant 1$.对该式两边取形式导数,得

$$f'(x) = 2g'(x)g(x)h(x)+g^2(x)h'(x)$$

即 $g(x)\mid\gcd(f(x),f'(x))$,矛盾.

定义 2.1.3　设 F 是一个域,多项式 $f(x),g(x),h(x)\in F[x]$,且 $\deg f(x)$

$\geqslant 1$. 当 $f(x)$ 整除 $g(x)-h(x)$ 时,称 $g(x)$,$h(x)$ 模 $f(x)$ 同余,记为 $g(x)\equiv h(x)\ (\mathrm{mod}\ f(x))$.

命题 2.1.2 设 F 是一个域,k,l 是正整数,则在 $F[x]$ 中,x^k-1 整除 x^l-1 当且仅当 k 整除 l.

证明 当 k 整除 l 时,结论显然.反之,作带余除法,$l=qk+r$,其中 $0\leqslant r<k$,则有

$$x^l\equiv x^{qk+r}\equiv x^r\ (\mathrm{mod}\ x^k-1)$$

因此 $x^r\equiv 1\ (\mathrm{mod}\ x^k-1)$,重复这一过程即得结论.

推论 2.1.1 设 k,l 是正整数,a 是不小于 2 的正整数,则 a^k-1 整除 a^l-1 当且仅当 k 整除 l.

综合以上两个结论,得到:

定理 2.1.1 设 k,l 是正整数,a 是不小于 2 的正整数,F 是一个域,则在 $F[x]$ 中,$x^{a^k}-x$ 整除 $x^{a^l}-x$ 当且仅当 k 整除 l.

证明 $x^{a^k}-x$ 整除 $x^{a^l}-x$ 当且仅当 $x^{a^k-1}-1$ 整除 $x^{a^l-1}-1$.根据命题 2.1.2,这等价于 a^k-1 整除 a^l-1,再根据推论 2.1.1 即得.

回忆前一章的概念.设 F 是一个域,E 是 F 的扩域,或者说 F 是 E 的子域.我们可以把 E 看成是 F 上的线性空间,其中加法与数乘是域 F 中对应的加法与乘法运算.在这种情况下,因为 E 中的"向量"之间有自然的乘法,所以我们称 E 为 **F 代数**.如果 E' 也是 F 的扩域,$\rho:E'\to E$ 是环同态,且对于任意的 $a\in F$,$\rho(a)=a$,则称 ρ 为 **F 代数同态**.

进一步假设,作为 F 线性空间,E 是有限维的.在讨论扩域 E/F 时,通常把 E 在 F 上的维数称为**次数**,记为 $[E:F]$.

定义 2.1.4 设 E 是 F 的扩域.$u\in E$ 称为 F 上的**代数元**,如果存在 F 上的非零多项式 $f(x)$ 以 u 为根.如果 u 是 F 上的代数元,且 $E=F[u]$,则称 E 是 F 的**单代数扩域**.

在上一章已经看到 E 是 F 的单代数扩域的情况,这时 $[E:F]$ 其实等于 u 在 F 上极小多项式的次数.

2.2 有限域的存在性

首先来看有限域与有理数域 $\mathbb{Q}$ 以及实数域 $\mathbb{R}$、复数域 $\mathbb{C}$ 的区别.

定义 2.2.1 如果有单位元的环 R 中乘法单位元 1_R 的加法的阶是正整数 n,

则环 R 的**特征**（记为 $\mathrm{ch}\,R$）定义为 n；如果等于 ∞，定义其特征为 0.

命题 2.2.1　域 F 的特征为素数或 0. 特别地，有限域的特征是素数，而有理数域 $\mathbb{Q}$ 以及实数域 $\mathbb{R}$、复数域 $\mathbb{C}$ 的特征都为 0.

证明　当然只需讨论 1_F 为正整数 n 的情况. 如果 n 是合数，则 n 必能写成更小的正整数的乘积，$n = n_1 n_2$. 此时，$0 = n1_F = (n_1 n_2)1_F = (n_1 1_F)(n_2 1_F)$，但是 $n_1 1_F$ 与 $n_2 1_F$ 都不为 0，因而可逆，从而得到 $n_2 1_F = (n_1 1_F)^{-1} \cdot 0 = 0$，矛盾.

推论 2.2.1　设 F 是特征为素数 p 的有限域，则对于任意元素 $x, y \in F$ 以及非负整数 n，有

$$(x + y)^{p^n} = x^{p^n} + y^{p^n}$$

在上一章已经看到，如果 F 是特征为素数 p 的有限域，则对于某个正整数 k，域 F 必须含有 p^k 个元素. 上一章借助分裂域的概念，已简单地说明了这种域的存在性. 现在我们从另一个角度出发来看这个问题.

首先重申，在这种情况下，可以把 $\mathbb{Z}_p$ 看成 F 的子域. 因为 F 中所含元素 0，$1_F, \cdots, (p-1)1_F$ 形成一个子域，且同构于 $\mathbb{Z}_p$，而且此时 $k = [F : \mathbb{Z}_p]$（证明留作练习）.

我们要证明的结果具有更一般的形式.

定理 2.2.1　如果 F 是有限域，则对于每个正整数 l，存在 F 的 l 次扩域.

本节的以下部分，设 F 为含 $q = p^k$ 个元素的有限域.

假设 E 是 F 的 l 次扩域. 注意以下基本事实：首先，E 的元素个数为 q^l；其次，我们有：

定理 2.2.2　如果 F 是 q 元有限域，那么 F 的乘法群 F^* 是循环群.

证明　首先，F^* 是 $q-1$ 阶交换群. 根据第 1 章的知识，每个元素的阶都整除 $q-1$. 设其中阶数最大的一个是 α，下面证明：对任意的 $\beta \in F^*$，$|\beta|$ 整除 $|\alpha|$.

如果结论不正确，则存在 $\beta \in F^*$，$|\beta|$ 不整除 $|\alpha|$. 此时存在素数 p，使得如果 m 是 $|\alpha|$ 素分解中 p 出现的次数，n 是 $|\beta|$ 素分解中 p 出现的次数，则 $m < n$. 构造元素 $\gamma = \alpha^a \beta^b$，其中 $a = p^m$，$b = |\beta| / p^n$，则 $|\gamma| = p^n \cdot |\alpha| / p^m > |\alpha|$（证明留作练习）.

设 $s = |\alpha|$. 由以上可知 $s \leqslant q-1$，另外，其余元素的阶整除 s，所以 F^* 中的元素都满足方程 $x^s = 1$，但是在域中这一方程至多有 s 个互异根，所以 $s \geqslant q-1$，因而 α 生成整个群 F^*.

α 称为有限域的**本原元**.

这样，E^* 是 $q^l - 1$ 个元素的循环群. 每个 E^* 中的元素都是本原元 α 的方幂，自然是 α 的多项式，故 $E = F[\alpha]$. 设 $p(x)$ 是 α 的极小多项式，则 $\deg p(x) = l$. 因此有域同构 $E \cong F[x]/(p(x))$.

综上,我们说明了 F 的所有 l 次扩域作为 F 代数必然同构于 $F[x]/(p(x))$,其中 $p(x)$ 是某个 l 次不可约多项式.反之,给出 l 次不可约多项式 $p(x)$,可以构造 $F[x]/(p(x))$,它是 F 的 l 次扩域.这样,F 的 l 次扩域的存在性可以转化为 F 的 l 次不可约多项式的存在性.

命题 2.2.2 如果 F 是 q 元有限域,那么有多项式分解:

$$x^q - x = \prod_{a \in F}(x - a)$$

证明 F^* 中的元是 $x^{q-1}-1$ 的根,而 0 满足 $x^q - x = 0$,因而结论成立.

命题 2.2.3 如果 F 是 q 元有限域,E 是 F 的 l 次扩域,则把 $\alpha \in E$ 映成 α^q 的映射 $\sigma: E \to E$ 是 F 代数自同构.

证明 由推论 2.2.1 知 σ 是域同构,只需说明 σ 保持 F 中的元素不动,显然这由命题 2.2.2 可得.

命题 2.2.3 中的映射称为 E 在 F 上的 **Frobenius(弗罗贝尼乌斯)映射**.这一映射在研究有限域的过程中扮演着重要角色.

假设 E 是 F 的有限次扩域.因为两个 F 代数自同构 μ, λ 的**复合**定义为:对于任意的 $x \in E$,有

$$\mu \circ \lambda(x) = \mu(\lambda(x))$$

所以复合 $\mu \circ \lambda$ 仍是 F 代数自同构.特别地,取 $\mu = \lambda$ 等于 Frobenius 映射 σ,这样对于任意的 $i \geqslant 0$,σ^i 都是 F 代数自同构,且满足对于任意的 $\alpha \in E$,$\sigma^i(\alpha) = \alpha^{q^i}$.实际上,即使 $i < 0$,σ^i 这一记号仍有意义.因为自同构是可逆映射,故 σ^{-1} 有意义,从而可以定义 $\sigma^i = (\sigma^{-1})^{-i}$.

另外,如果 E 是 F 的 l 次扩域,则 E 中有 q^l 个元素,因而每个元素满足方程 $x^{q^l} - x = 0$,从而有 $\sigma^l = 1$.一般地,我们有:

定理 2.2.3 假设 E 是 F 的 l 次扩域,σ 是 E 在 F 上的 Frobenius 映射,则对于任意的整数 i, j,$\sigma^i = \sigma^j$ 当且仅当 $i \equiv j \pmod{l}$.

证明 不妨假设 $i \geqslant j$,则

$$\begin{aligned}
\sigma^i = \sigma^j \quad &\Leftrightarrow \quad \sigma^{i-j} = \sigma^0 \quad \Leftrightarrow \quad \alpha^{q^{i-j}} - \alpha = 0\ (\forall \alpha \in E) \\
&\Leftrightarrow \quad \Big(\prod_{\alpha \in E}(x - \alpha)\Big) \,\Big|\, (x^{q^{i-j}} - x) \\
&\Leftrightarrow \quad (x^{q^l} - x) \,|\, (x^{q^{i-j}} - x)\ (\text{命题 } 2.2.2) \\
&\Leftrightarrow \quad l \,|\, (i - j)\ (\text{定理 } 2.1.1) \\
&\Leftrightarrow \quad i \equiv j \pmod{l}
\end{aligned}$$

下面的定理是命题 2.2.2 的推广.

定理 2.2.4 F 是 q 元有限域.对于 $k \geqslant 1$,令 P_k 是 $F[x]$ 上所有 k 次首 1 的不可约多项式的乘积,则对于所有正整数 l,有

$$x^{q^l} - x = \prod_{k|l} P_k$$

证明　首先说明 $x^{q^l} - x$ 无平方因子，这可以由命题 2.1.1 直接导出：

$$(x^{q^l} - x)' = q^l x^{q^l - 1} - 1 = -1$$

因此，只要说明 k 次首 1 的不可约多项式整除 $x^{q^l} - x$ 当且仅当 k 整除 l.

令 $f(x)$ 是 $F[x]$ 上 k 次首 1 的不可约多项式. 如上一章，设 $E = F[x]/(f(x)) = F[u]$，其中 $u = \bar{x}$. 这样 E 是 F 的 k 次扩域，令 σ 是 E 在 F 上的 Frobenius 映射.

首先，我们证明 $f(x)$ 整除 $x^{q^l} - x$ 当且仅当 $\sigma^l(u) = u$. 事实上，$f(x)$ 是 u 在 F 上的极小多项式，因而 $f(x)$ 整除 $x^{q^l} - x$ 当且仅当 u 是 $x^{q^l} - x$ 的一个根，这等价于 $u^{q^l} = u$，即 $\sigma^l(u) = u$.

其次，说明 $\sigma^l(u) = u$ 当且仅当对于任意的 $\alpha \in E$，$\sigma^l(\alpha) = \alpha$. 当然充分性显然，为说明必要性，只需注意 $E = F[u]$，故存在 $g(x) \in F[x]$，使得 $\alpha = g(u)$，而 σ 是 F 代数自同构，因此

$$\sigma^l(\alpha) = \sigma^l(g(u)) = g(\sigma^l(u)) = g(u) = \alpha$$

最后，对于任意的 $\alpha \in E$，$\sigma^l(\alpha) = \alpha \Leftrightarrow \sigma^l = \sigma^0 \Leftrightarrow k$ 整除 l（定理 2.2.3）.

对于 $l \geqslant 1$，记 $\Pi_F(l)$ 为 $F[x]$ 上所有 l 次首 1 的不可约多项式的个数. 计算定理 2.2.4 等式两边多项式的次数，得到：

推论 2.2.2　对于任意的 $l \geqslant 1$，有

$$q^l = \sum_{k|l} k \Pi_F(k) \tag{2.2.1}$$

由推论 2.2.2 即可对于任意 $l \geqslant 1$ 导出结果：$\Pi_F(l) > 0$. 事实上，可以得到 $\Pi_F(l)$ 的如下取值范围：

定理 2.2.5　对于任意的 $l \geqslant 1$，有

$$\frac{q^l}{2l} \leqslant \Pi_F(l) \leqslant \frac{q^l}{l} \tag{2.2.2}$$

以及

$$\Pi_F(l) = \frac{q^l}{l} + O\left(\frac{q^{l/2}}{l}\right) \tag{2.2.3}$$

其中 $O(q^{l/2}/l)$ 表示当 l 充分大时与 $q^{l/2}/l$ 同阶的量.

证明　首先式(2.2.1)的右边全部是非负的，而 $l\Pi_F(l)$ 是其中的一项，从而导出 $l\Pi_F(l) \leqslant q^l$，这等价于式(2.2.2)中的第二个不等式. 因这个等价形式对于所有 $l \geqslant 1$ 都成立，故由式(2.2.1)得到

$$l\Pi_F(l) = q^l - \sum_{\substack{k|l \\ k<l}} k\Pi_F(k) \geqslant q^l - \sum_{\substack{k|l \\ k<l}} q^k \geqslant q^l - \sum_{k=1}^{\lfloor l/2 \rfloor} q^k$$

此处设

$$S(q,l)=\sum_{k=1}^{\lfloor l/2\rfloor} q^k=\frac{q}{q-1}(q^{\lfloor l/2\rfloor}-1)$$

因此 $l\Pi_F(l)\geqslant q^l-S(q,l)$，易见 $S(q,l)=O(q^{l/2})$，即得式(2.2.3). 欲证明式(2.2.2)中的第一个不等式，只要证明 $S(q,l)\leqslant q^l/2$，可以对 $l=1,2,3$ 直接验证(练习). 当 $l\geqslant 4$ 时，有

$$S(q,l)\leqslant q^{l/2+1}-q\leqslant q^{l/2+1}\leqslant q^{l-1}\leqslant \frac{q^l}{2}$$

注 注意到不等式(2.2.2)在 $q=2,l=2$ 时，为 $\Pi_F(l)=q^l/2l$；当 $l=1$ 时为 $\Pi_F(l)=q^l$. 式(2.2.2)中的第一个不等式蕴涵 $\Pi_F(l)>0$，且在所有 l 次首1的多项式(个数为 q^l)中，不可约多项式所占的比例至少为 $1/(2l)$，而式(2.2.3)表明这一比例当 q 或 l 充分大时可以任意接近于 $1/l$.

2.3 有限域的子域结构与唯一性

命题 2.3.1 设 E 是 F 的 l 次扩域，K 是中间域(即满足条件 $F\subseteq K\subseteq E$ 的域). 我们有扩域次数的公式：

$$[E:F]=[E:K][K:F]$$

证明 考虑扩域 E/K 与 K/F，显然其次数都不超过 l. 设 $n=[E:K]$，$m\doteq[K:F]$，则 E 存在一组 K 基(作为 K 线性空间的基)：$\alpha_1,\alpha_2,\cdots,\alpha_n$，$K$ 存在一组 F 基：$\beta_1,\beta_2,\cdots,\beta_m$. 要证明次数公式，只要说明 $\{\alpha_i\beta_j\mid i=1,2,\cdots,n;j=1,2,\cdots,m\}$ 是 E 中的一组 F 基. 即证明：任意的 $\gamma\in E$ 可以表示为这组 F 线性组合；这组向量是 F 线性无关的(练习).

在 F 是有限域的情况下可以对中间域了解得更多.

设 $\rho:E\to E$ 是 F 代数同态，定义 $K=\{\alpha\in E\mid\rho(\alpha)=\alpha\}$ 是 ρ 固定的子集，易知 K 也是 F 代数，称为 ρ 的**固定子代数**. 事实上，在 E 是 F 的扩域的情况下，K 不仅是代数(或者说是环)，更准确地说是一个域，这样 K 就是中间域.

定理 2.3.1 设 E 是 q 元有限域 F 的 l 次扩域，σ 是 E 在 F 上的 Frobenius 映射，则中间域 K 与 l 的因子 k 之间存在一一对应. 此处，k 对应着被 σ^k 固定的子代数，在 F 上的次数等于 k.

证明 假设 k 是 l 的因子. 根据命题 2.2.2，多项式 $x^{q^l}-x$ 在 E 中可分解为一次因式的积. 再根据定理 2.1.1，多项式 $x^{q^k}-x$ 可整除 $x^{q^l}-x$，故 $x^{q^k}-x$ 也在 E 中可分解为一次因式的积. 而 E 被 σ^k 固定的子代数完全由 $x^{q^k}-x$ 的根组成，有 q^k 个元素，从而是 F 上次数等于 k 的扩域.

现在假设 K 是任意的中间域，扩域的次数等于 k. 由命题 2.3.1，可知 $k \mid l$. 而元素 α 被 σ^k 固定当且仅当 $\alpha^{q^k}=\alpha$，所以 K 是被 σ^k 固定的子代数.

定理 2.3.2　令 E' 与 E 都是 q 元有限域 F 的 l 次扩域，则作为 F 代数，E' 与 E 同构.

证明　前面指出了，对于 E'，存在 $\alpha' \in E'$，使得 $E' = F[\alpha']$，因此 E' 同构于 F 代数 $F[x]/(f(x))$，其中 $f(x)$ 是 α' 在 F 上的极小多项式. 因 $f(x)$ 是 l 次不可约多项式，根据定理 2.2.4，$f(x)$ 可整除 $x^{q^l}-x$，再根据命题 2.2.2，$x^{q^l}-x=\prod\limits_{\alpha\in E}(x-\alpha)$. 这样 $f(x)$ 在 E 中有根 $\alpha \in E$. 因 $f(x)$ 不可约，所以 $f(x)$ 也是 α 在 F 上的极小多项式，这样 $F[\alpha]$ 同构于 F 代数 $F[x]/(f(x))$. 因 α 在 F 上的次数等于极小多项式的次数，即 l，所以 $E = F[\alpha]$，从而有

$$E = F[\alpha] \cong F[x]/(f(x)) \cong F[\alpha'] = E'$$

2.4　共轭、范与迹

本节令 F 是 q 元有限域，E 是 F 的 l 次扩域，σ 是 E 在 F 上的 Frobenius 映射.

考虑元素 $\alpha \in E$. 如果对于 $\beta \in E$，存在某个 $i \in \mathbb{Z}$，使得 $\beta = \sigma^i(\alpha)$，则称 β 是 α 在 F 上的**共轭**，或者直接称 β 与 α 共轭. 所有 E 中与 α 共轭的元素形成一个子集，称为 α 所在的**共轭类**. 显然，同一共轭类的元彼此共轭.

如果把 α 所在共轭类的元素全部列出，则有以下形式：

$$\cdots, \sigma^{-1}(\alpha), \alpha, \sigma(\alpha), \sigma^2(\alpha), \cdots$$

但是 $\sigma^l(\alpha) = \alpha$，所以上述序列只是有限个不同的元素周期性地出现.

这样可以设 $\alpha, \sigma(\alpha), \cdots, \sigma^{k-1}(\alpha)$ 是全部互异元，即 k 是满足 $\sigma^k(\alpha) = \alpha$ 的最小正整数. 这样 $\sigma^i(\alpha) = \alpha$ 当且仅当 k 整除 i，而由 $\sigma^l(\alpha) = \alpha$ 得到 k 整除 l. 并且由于 α 共轭的元素是其方幂，所以都属于 $F[\alpha]$.

假设 α 与 k 的含义如上，作多项式

$$f(x) = \prod_{i=0}^{k-1}(x - \sigma^i(\alpha))$$

其系数明显在 E 中，下面证明准确地说在 F 中. 把 σ 的定义由 E 扩大到 $E[x]$，其中 σ 作用在 $E[x]$ 中的多项式相当于作用在所有系数上，这样因为 $\sigma^k(\alpha) = \alpha$，故有

$$\sigma(f(x)) = \prod_{i=0}^{k-1}\sigma(x - \sigma^i(\alpha)) = \prod_{i=0}^{k-1}(x - \sigma^{i+1}(\alpha))$$
$$= \prod_{i=0}^{k-1}(x - \sigma^i(\alpha)) = f(x)$$

把上式展开，则得 $f(x)=\sum_{i=0}^{k}a_ix^i$. 根据上式知 $\sigma(a_i)=a_i$，而此式等价于 $a_i=a_i$，故 $a_i\in F$.

进一步，我们证明 $f(x)$是 α 在 F 上的极小多项式 $g(x)$. 因 α 是 $f(x)$的根，所以 $g(x)\mid f(x)$. 又因 $f(x)$是首 1 多项式，所以只需说明 $\deg f(x)\leqslant\deg g(x)$. 由于 α 是 $g(x)$的根，故 $g(\alpha)=0$，即得 $0=\sigma(g(\alpha))=g(\sigma(\alpha))$，所以 $\sigma^i(\alpha)$是 $g(x)$的根且互异，故 $\deg f(x)\leqslant\deg g(x)$. 这样我们总结出下面的命题：

命题 2.4.1 令 $\alpha\in E$ 是 F 上的 k 次代数元，$f(x)$是 α 在 F 上的极小多项式，则 k 是满足 $\sigma^k(\alpha)=\alpha$ 的最小正整数，$\alpha,\sigma(\alpha),\cdots,\sigma^{k-1}(\alpha)$是其全部共轭元. $f(x)$ 在 E 中的分解式为

$$f(x)=\prod_{i=0}^{k-1}(x-\sigma^i(\alpha))$$

假设 $\alpha\in E^*$，r 是 α 的乘法阶，则每个共轭 $\sigma^i(\alpha)$也有相同的阶 r. 这是因为对于任意整数 s，$\alpha^s=1$ 当且仅当$(\sigma^i(\alpha))^s=1$. 而且注意到 $r\mid |E^*|=q^l-1$，或者等价地说 $q^l\equiv1(\mathrm{mod}\ r)$. 又注意到 σ 是 q 方幂映射，而 α 的次数 k 是满足 $\alpha^{q^k}=\alpha$ 的最小正整数，等价于 $\alpha^{q^k-1}=1$ 成立，即 $q^k\equiv1(\mathrm{mod}\ r)$，所以 α 的次数 k 是 q 模 r 的乘法阶. 这样我们得到讨论的结果为：

命题 2.4.2 假设 $\alpha\in E^*$，r 是 α 的乘法阶，则 α 的次数等于 q 模 r 的乘法阶.

对于 $\alpha\in E$，定义多项式

$$\chi(x)=\prod_{i=0}^{l-1}(x-\sigma^i(\alpha))$$

容易看出它与命题 2.4.1 中 α 的极小多项式 $f(x)$的关系应该是

$$\chi(x)=(f(x))^{l/k}$$

式中 k 是 α 的次数. $\chi(x)$称为 α 由 E 到 F 的**特征多项式**.

与特征多项式相关的是范函数与迹函数. α 由 E 到 F 的范与迹分别定义为

$$N_{E/F}(\alpha)=\prod_{i=0}^{l-1}\sigma^i(\alpha),\quad \mathrm{tr}_{E/F}(\alpha)=\sum_{i=0}^{l-1}\sigma^i(\alpha)$$

易见 α 的范与迹都是 F 中的元素，因为它们都被 σ 固定；或者可以考虑特征多项式 $\chi(x)$，范与迹作为 $\chi(x)$的系数出现(最多相差一个负号. 实际上，多项式 $\chi(x)$的常数项等于$(-1)^lN_{E/F}(\alpha)$，而 x^{l-1}前的系数为 $-\mathrm{tr}_{E/F}(\alpha)$)，而由特征多项式 $\chi(x)$ 与 $f(x)$的关系知 $\chi(x)\in F[x]$. 下面关于范与迹的事实较为重要.

定理 2.4.1 范函数 $N_{E/F}$限制在 E^* 上是群 E^* 到 F^* 的满同态.

证明 范函数 $N_{E/F}$保持运算是自然的，因此只要说明此时 $N_{E/F}$的像是整个 F^*. 根据定义，可得

$$N_{E/F}(\alpha) = \prod_{i=0}^{l-1} \alpha^{q^i} = \alpha^{\sum_{i=0}^{l-1} q^i} = \alpha^{(q^l-1)/(q-1)}$$

显然 $\alpha^{(q^l-1)/(q-1)}$ 的阶整除 $q-1$，所以 $N_{E/F}$ 的像包含在 F^* 中，而如果 α 是 E^* 的生成元，则元素 $\alpha^{(q^l-1)/(q-1)}$ 的阶恰好是 $q-1$，故 $N_{E/F}$ 是满射.

定理 2.4.2 迹函数 $\mathrm{tr}_{E/F}$ 是 E 到 F 的 F 线性满射.

证明 像定理 2.4.1 的证明一样，只要说明 $\mathrm{tr}_{E/F}$ 的像是整个 F. 注意，$\mathrm{tr}_{E/F}$ 的像是 F 线性空间，而像在 F 中，所以维数只能是 0 或 1（等于 F），所以只要说明 $\mathrm{tr}_{E/F} \neq 0$. 注意 $\mathrm{tr}_{E/F}(\alpha) = 0$ 当且仅当 α 是多项式

$$x + x^q + \cdots + x^{q^{l-1}}$$

的根，但是这个多项式的次数为 q^{l-1}，至多有 q^{l-1} 个互异根，而 E 中元素的个数为 q^l，所以有 $\mathrm{tr}_{E/F} \neq 0$.

例 2.4.1 考虑在 q 元有限域 F 上多项式 x^r-1 的分解. 假设指数 $r>0$ 与 q 互素，E 是 x^r-1 的分裂域. 因此 E 是 F 的有限扩域，x^r-1 在 E 中分解为线性因子的乘积：

$$x^r - 1 = \prod_{i=1}^{r}(x - \alpha_i)$$

因为 $\gcd(x^r-1, rx^{r-1}) = 1$，所以 x^r-1 的根互异，这是命题 2.1.1 的直接推论.

其次，x^r-1 的 r 个根实际上形成了 E^* 的一个子群. 因为 E^* 是循环群，所以根据第 1 章，可知该子群是 r 阶循环群. 令 ζ 是这个群的生成元，故 x^r-1 的全部根包含在域 $F[\zeta]$ 中. 由分裂域的极小性得到 $E = F[\zeta]$.

现在看 ζ 在 F 上的次数 l. 根据命题 2.4.2，ζ 在 F 上的次数等于 q 模 r 的乘法阶. x^r-1 中阶等于 r 的元假设有 $\varphi(r)$（这里 $\varphi(r)$ 表示由 1 到 r 的正整数中与 r 互素的整数的个数，通常称为 **Euler 函数**. 因为与 ζ 属于同一极小多项式的根相互共轭，所以具有相同的阶，从而 ζ 极小多项式的根必在 $\varphi(r)$ 个元中）个，所以按共轭关系，这 $\varphi(r)$ 个元被分为 $\varphi(r)/l$ 个共轭类. 例如，ζ 所在的共轭类 $\zeta, \zeta^q, \cdots, \zeta^{q^{l-1}}$ 正好是 ζ 的极小多项式的全部根.

下面来看一个迹函数的应用. 一般来说，直接构造一个有限域的本原元是困难的. 但是对有些简单情况我们却可以尝试递归地生成. 例如，当 $p=2$ 时，已知 x^2+x+1 的根是 F_4 的本原元，而很容易造出这一个根，因为 $F_4 = F_2[x]/(x^2+x+1)$.

引理 2.4.1 如果 $a \in F_{2^m}$，则 x^2+x+a 是 $F_{2^m}[x]$ 上不可约多项式当且仅当 $\mathrm{tr}_{F_{2^m}/F_2}(a) = 1$.

证明 考虑映射

$$\varepsilon: F_{2^m} \to F_{2^m}$$
$$x \mapsto x^2 + x$$

显然 ε 是 F_2 线性映射且 $\ker\varepsilon = F_2$，所以像 $\operatorname{im}\varepsilon \cong F_{2^m}/F_2$. 另外，$\operatorname{tr}_{F_{2^m}/F_2}(x^2+x)=0$，因而 $\operatorname{im}\varepsilon \subseteq \ker(\operatorname{tr}_{F_{2^m}/F_2})$. 但是 $\operatorname{tr}_{F_{2^m}/F_2}$ 是满射，故 $\operatorname{im}\varepsilon = \ker(\operatorname{tr}_{F_{2^m}/F_2})$. 二次多项式不可约当且仅当其无根，而 x^2+x+a 的根显然是 a 在映射 ε 下的某个原像. 因此 x^2+x+a 不可约当且仅当 a 在 $\operatorname{im}\varepsilon$ 之外，即 $\operatorname{tr}_{F_{2^m}/F_2}(a)=1$.

定理 2.4.3 对于 $n \geqslant 0$，定义 $\alpha_0 = 1$，α_n 是多项式 $x^2+\alpha_{n-1}x+1$ 的根，则 $F_{2^{2^n}} = F_2(\alpha_n)$.

证明 易知 $\alpha_{n-1}^{-2}(x^2+\alpha_{n-1}x+1) = (\alpha_{n-1}^{-1}x)^2 + \alpha_{n-1}^{-1}x + \alpha_{n-1}^{-2}$. 用归纳法证明 $\operatorname{tr}_{F_{2^{2^{n-1}}}/F_2}(\alpha_{n-1}^{-2}) = 1$.

由共轭关系 $\operatorname{tr}_{F_{2^{2^{n-1}}}/F_2}(\alpha_{n-1}^{-2}) = \operatorname{tr}_{F_{2^{2^{n-1}}}/F_2}(\alpha_{n-1}^{-1})$，而 $\alpha_{n-1}^2 + \alpha_{n-2}\alpha_{n-1} + 1 = 0$，可得

$$\operatorname{tr}_{F_{2^{2^{n-1}}}/F_2}(\alpha_{n-1}^{-1}) = \operatorname{tr}_{F_{2^{2^{n-1}}}/F_2}(\alpha_{n-1}) + \operatorname{tr}_{F_{2^{2^{n-1}}}/F_2}(\alpha_{n-2})$$

根据本节习题中的第 7 题和第 8 题，可知

$$\begin{aligned}\operatorname{tr}_{F_{2^{2^{n-1}}}/F_2}(\alpha_{n-2}) &= \operatorname{tr}_{F_{2^{2^{n-2}}}/F_2}(\operatorname{tr}_{F_{2^{2^{n-1}}}/F_{2^{2^{n-2}}}}(\alpha_{n-2}))\\ &= \operatorname{tr}_{F_{2^{2^{n-2}}}/F_2}(2\alpha_{n-2}) = 0\end{aligned}$$

而 α_{n-1} 是多项式 $x^2+\alpha_{n-2}x+1$ 的根，所以

$$\begin{aligned}\operatorname{tr}_{F_{2^{2^{n-1}}}/F_2}(\alpha_{n-1}) &= \operatorname{tr}_{F_{2^{2^{n-2}}}/F_2}(\operatorname{tr}_{F_{2^{2^{n-1}}}/F_{2^{2^{n-2}}}}(\alpha_{n-1}))\\ &= \operatorname{tr}_{F_{2^{2^{n-2}}}/F_2}(\alpha_{n-2}) = 1\end{aligned}$$

证毕.

这样人们猜测 α_n 是 $F_{2^{2^n}}$ 的本原元.

习题

1. 证明推论 2.1.1.

2. Möbius(默比乌斯)函数 $\mu(n)$ 定义为

$$\mu(n) = \begin{cases} 1 & n = 1 \\ (-1)^k & n = p_1p_2\cdots p_k\ (p_1,p_2,\cdots,p_k \text{ 是互异的素数}) \\ 0 & p^2 \mid n\ (p \text{ 是素数}) \end{cases}$$

证明：$\Pi_F(l) = l^{-1}\sum_{k|l}\mu(k)q^{l/k}$

3. 计算 $\mathbb{Z}_2$ 上 24 次不可约多项式的个数.

4. 令 F 是 q 元有限域，l 是正整数. E 是 $F[x]$ 中多项式 $x^{q^l}-x$ 的分裂域，σ 是 E 在 F 上的 Frobenius 映射. K 是 E 中被 σ^l 固定的子代数，证明：K 是 F 的 l 次扩域.

5. 假设 E 是 q 元有限域 F 的 l 次扩域. 证明：E 中至少一半的元素在 F 上的次数为 l，而 l 次元素的总数为 $q^l + O(q^{l/2})$.

6. 假设 E 是域 F 的有限扩域，同时令 $\alpha,\beta \in E$，其中 α 在 F 上的次数为 a，β 在 F 上的次

数为 b,$\gcd(a,b)=1$.证明:β 在$F[\alpha]$上的次数为 b,α 在$F[\beta]$上的次数为 a,$\alpha+\beta$ 在F 上的次数为 ab.

7. 设 F 是q 元有限域,E 是F 的l 次扩域.证明:对于 $a\in F$,$N_{E/F}(a)=a^l$,$\mathrm{tr}_{E/F}(a)=la$.

8. 设 F 是q 元有限域,E 是F 的l 次扩域;令 K 是中间域,即 $F\subseteq K\subseteq E$.证明:对于任意的 $\alpha\in E$,有

$$N_{E/F}(\alpha)=N_{K/F}(N_{E/K}(\alpha)),\quad \mathrm{tr}_{E/F}(\alpha)=\mathrm{tr}_{K/F}(\mathrm{tr}_{E/K}(\alpha))$$

9. 设 F 是q 元有限域,$f(x)\in F[x]$是 l 次首1的不可约多项式;令 $E=F[x]/(f(x))=F[u]$,其中 $u=\bar{x}$.证明:

$$\frac{f'(x)}{f(x)}=\sum_{j=1}^{\infty}\mathrm{tr}_{E/F}(u^{j-1})x^{-j}$$

10. 设 F 是q 元有限域,$f(x)\in F[x]$是 k 次首1不可约多项式,E 是F 的l 次扩域.证明:$f(x)$在 E 上可以分解为d 个互不相同的不可约因式之积,且每个次数等于 k/d,其中 $d=\gcd(k,l)$.

11. 设 E 是特征为p 的有限域F 的有限次扩域.证明:如果对于 $\alpha\in E$,$0\neq a\in F$,满足 α 与 $\alpha+a$ 共轭,则 p 整除α 在F 上的次数.

12. 设 F 是特征为p 的有限域.对于 $a\in F$,考虑多项式 $f(x)=x^p-x-a\in F[x]$.证明:

(1) 如果 $F=\mathbb{Z}_p$,且 $a\neq 0$,则 $f(x)$不可约;

(2) 如果 $\mathrm{tr}_{F/\mathbb{Z}_p}(a)\neq 0$,则 $f(x)$不可约,否则 $f(x)$在 F 上可分解为线性因子之积.

13. 设 E 是有限域F 的有限次扩域.证明:E 上的每个F 自同构都必然是E 在F 上的 Frobenius 映射 σ 的方幂.

14. 证明:对于任意的素数 p,多项式 x^4+1 在$\mathbb{Z}_p[x]$中可约.

第3章　有限域上的算法

本章讨论在有限域上分解多项式的有效算法，这对编码理论，特别是循环码有着特别重要的意义.其中主要的问题是如何判断多项式是否不可约，如何生成给定次数的不可约多项式.

本章中，设 F 为特征为 p 的有限域，元素的个数为 p^k，其中 k 为正整数.

3.1　算法与复杂度的含义

算法是对特定问题求解步骤的一种描述，它是**指令**的有限序列，其中每条指令表示一个或多个操作.一个算法有五个主要特性：有穷性——有限步结束；确定性——唯一执行路径；可行性——可以通过基本运算实现；输入——0个或多个输入；输出——1个或多个输出.

如果算法对于每个输入都给出确定的结果，则称为**确定性算法**；如果算法只是按照**某个概率**输出所要的结果，则称为**概率算法**.

算法的复杂度的相关概念主要有：

(1) **问题的规模**(大小)，可以理解成自变量 n，例如矩阵的阶，图论中图的顶点、边的个数，整数的十进制或二进制表示的位数，等等.

(2) **时间复杂度**，是指算法执行时间的长短，是问题规模的函数，可以记为 $T(n)$.一个算法执行所花费的时间，从理论上是不能算出来的，必须上机运行测试才能知道.但我们不可能也没有必要对每个算法都上机测试，只需知道哪个算法花费的时间多，哪个算法花费的时间少就可以了.并且一个算法花费的时间与算法中语句的执行次数成正比，哪个算法中语句执行次数多，花费时间就多.一个算法中的语句执行次数称为语句频度或时间频度.

(3) **空间复杂度**，是指算法所需存储空间的大小，也是问题规模的函数，可以记为 $S(n)$.一个算法在计算机存储器上所占用的存储空间，包括存储算法本身所占用的存储空间、算法的输入/输出数据所占用的存储空间和算法在运行过程中临时占用的存储空间这三个方面.

下面我们主要关注的对象是时间复杂度.既然它是问题规模的函数,那么要看算法的好坏,当然不可避免涉及函数之间大小的比较,特别是问题规模充分大时.

设 $f(x)$ 与 $g(x)$ 是定义在正整数集合上的两个函数,假设 $g(x)$ 对于充分大的 x 为正值.下面是一些基本的**渐近记号**:

(1) $f(x)=O(g(x))$,是指存在正常数 c,使得对于一切充分大的 x,$|f(x)|\leqslant cg(x)$;

(2) $f(x)=\Omega(g(x))$,是指存在正常数 c,使得对于一切充分大的 x,$f(x)\geqslant cg(x)$;

(3) $f(x)=\Theta(g(x))$,是指存在正常数 c,d,使得对于一切充分大的 x,有

$$cg(x)\leqslant f(x)\leqslant dg(x)$$

(4) $f(x)=o(g(x))$,是指当 $x\to\infty$ 时,$f(x)/g(x)\to 0$;

(5) $f(x)\sim g(x)$,是指当 $x\to\infty$ 时,$f(x)/g(x)\to 1$.

例 3.1.1 设 $f(x)=x^2$,$g(x)=2x^2-10x+1$,则 $f(x)=O(g(x))$,并且 $f(x)=\Omega(g(x))$.实际上,$f(x)=\Theta(g(x))$ 表达得最准确.

例 3.1.2 设 $f(x)=x^2$,$g(x)=x^2-10x+1$,则 $f(x)\sim g(x)$.

例 3.1.3 设 $f(x)=x^2$,$g(x)=x^3-10x+1$,则 $f(x)=o(g(x))$.

例 3.1.4 设 $f(x)=x^3-2x^2+x-3$.此时如果只考虑渐近性质,可写成 $f(x)=x^3+O(x^2)$,或者 $f(x)=x^3-(2+o(1))x^2$.

定义 3.1.1 如果一个算法的时间复杂度 $T(n)$ 与问题规模 n 相比,其阶至多为 an^b+c(a,b,c 是常数)则称此算法为**多项式时间算法**,有时又称为实效算法.

3.2 整数的四则运算及模运算

把一个通常的十进制整数 $a\in\mathbb{Z}$ 表示为二进制整数的过程是这样的:

$$a=\pm\sum_{i=0}^{k-1}a_ib^i=\pm(a_{k-1}\cdots a_1a_0)_{\mathrm{b}}$$

此处,对于 $i=0,1,\cdots,k-1$,$a_i=0,1$.经计算可知,其中 a 的二进制位数 $k=\lfloor\log_2|a|\rfloor+1$,称 a 为 k 比特数.

如果把一次二进制加法的时间复杂度记为1,那么对于 k 比特数 x 和 l 比特数 y,在 $k\geqslant l$ 时,基本四则运算的复杂度如下:

(1) 计算 $x+y$ 的时间复杂度为 $O(k)$;

(2) 计算 $x-y$ 的时间复杂度为 $O(k)$;

(3) 计算 xy 的时间复杂度为 $O(kl)$,经常粗略地认为是 $O(k^2)$;

(4) 计算 x/y 的时间复杂度为 $O(l(k-l))$,经常粗略地认为是 $O(k^2)$;

(5) 计算 $\gcd(x,y)$的时间复杂度粗略地认为不超过 $O(k^3)$.

最后一项求 $\gcd(x,y)$用的是通常的 Euclid(欧几里得)算法(即辗转相除法),需要迭代的次数不超过 $O(k)$,而每步迭代都在作带余除法,因此每步所需的时间不超过 $O(k^2)$,所以总的时间不超过 $O(k^3)$(实际上,经更细致的分析会发现求 $\gcd(x,y)$的时间复杂度为 $O(k^2)$).

有限域中经常遇到的运算是模算术. $\mathbb{Z}_n$ 中的基本运算的复杂度怎样呢?假设 n 是一个 k 比特数,$0\leqslant x,y\leqslant n-1$,那么:

(1) 计算$(x+y)(\bmod n)$的时间复杂度为 $O(k)$;

(2) 计算$(x-y)(\bmod n)$的时间复杂度为 $O(k)$;

(3) 计算$(xy)(\bmod n)$的时间复杂度为 $O(k^2)$;

(4) 计算 x^{-1}的时间复杂度为 $O(k^3)$.

前三个运算相当于相应的整数运算后再作模 n 的一次"约化"(注意 x 与 y 加减法的取值范围在 $-n+1$ 到 $2(n-1)$之间,所以根据所得结果可以适当加上 $\pm n$ 使其在 0 到 $n-1$ 之间,而无须作带余除法,因此模算术加减法的复杂度与整数加减法相当).

3.3 多项式的四则运算

本节中,设多项式固定在某个域 F 上.

可以把 $g(x)=\sum_{i=0}^{k-1}a_ix^i$ 与系数向量$(a_0,a_1,\cdots,a_{k-1})$建立对应,其中 $a_{k-1}\neq 0$.

多项式的四则运算因为没有"进位"而变得比整数运算更简单. 对于加减法,只需要对系数向量作加减.

对于乘法,令

$$g(x)=\sum_{i=0}^{k-1}a_ix^i,\quad h(x)=\sum_{i=0}^{l-1}b_ix^i\in F[x]$$

此处 $k,l\geqslant 0$. 令

$$f(x)=g(x)h(x)=\sum_{i=0}^{k+l-2}c_ix^i$$

在 F 中,如果假设一次加法运算的复杂度为 1,$f(x)$系数的计算要执行 $O(kl)$次运算(算法 3.3.1).

对于(带余)除法,要算出多项式 $q(x),r(x)\in F[x]$,使得 $g(x)=h(x)q(x)+r(x)$,此处 $r(x)=0$ 或者 $\deg r(x)<l-1$. 如果 $k<l$,直接设 $q(x)\leftarrow 0,r(x)\leftarrow g(x)$;否则计算 $q(x),r(x)$ 要用 F 中 $O(l(k-l+1))$ 个运算(算法 3.3.2).

算法 3.3.1

$$
\begin{aligned}
&\text{for}\quad i\leftarrow 0\quad \text{to}\quad k+l-2\quad \text{do}\quad c_i\leftarrow 0\\
&\text{for}\quad i\leftarrow 0\quad \text{to}\quad k-1\quad \text{do}\\
&\qquad \text{for}\quad j\leftarrow 0\quad \text{to}\quad l-1\quad \text{do}\\
&\qquad\quad c_{i+j}\leftarrow c_{i+j}+a_ib_j
\end{aligned}
$$

算法 3.3.2

$$
\begin{aligned}
&t\leftarrow b_{l-1}^{-1}\in F\\
&\text{for}\quad i\leftarrow 0\quad \text{to}\quad k-1\quad \text{do}\quad r_i\leftarrow a_i\\
&\text{for}\quad i\leftarrow k-l\quad \text{down to}\quad 0\quad \text{do}\\
&\qquad q_i\leftarrow t\cdot r_{i+l-1}\\
&\qquad \text{for}\quad j\leftarrow 0\quad \text{to}\quad l-1\quad \text{do}\\
&\qquad\quad r_{i+j}\leftarrow r_{i+j}-q_ib_j\\
&q(x)\leftarrow \sum_{i=0}^{k-l} q_ix^i,\ r(x)\leftarrow \sum_{i=0}^{l-2} r_ix^i
\end{aligned}
$$

在讨论多项式的四则运算时定义多项式的长度为系数向量的分量数更为便利,长度和次数之间的关系为

$$
\operatorname{len} g(x)=\begin{cases}\deg g(x)+1, & g(x)\neq 0\\ 1, & g(x)=0\end{cases}
$$

同样可以定义**整数的长度**:

$$
\operatorname{len} a=\begin{cases}\lfloor \log_2(|a|)\rfloor+1, & a\neq 0\\ 1, & a=0\end{cases}
$$

下面用长度来表示一下多项式基本算术的复杂度.

定理 3.3.1　令 $g(x)$ 与 $h(x)$ 是 $F[x]$ 中的任意多项式,则:

(1) 在 F 中计算 $g(x)\pm h(x)$ 要执行 $O(\operatorname{len} g(x)+\operatorname{len} h(x))$ 次运算.

(2) 在 F 中计算 $g(x)\cdot h(x)$ 要执行 $O(\operatorname{len} g(x)\operatorname{len} h(x))$ 次运算.

(3) 如果 $h(x)\neq 0$,算出多项式 $q(x),r(x)\in F[x]$,使得 $g(x)=h(x)q(x)+r(x)$,且 $\deg r(x)<\deg h(x)$ 或者 $r(x)=0$,要执行 $O(\operatorname{len} h(x)\operatorname{len} q(x))$ 次运算.

类似于整数的模算术,可以在剩余类环 $F[x]/(f(x))$ 中作算术. 根据前面的知识,对于每个 $\bar{0}\neq\alpha\in F[x]/(f(x))$,存在唯一一个多项式 $g(x)\in F[x]$,满足 $\deg g(x)<\deg f(x)$ 并且 $\overline{g(x)}=\alpha$,称 $g(x)$ 为 α 的**自然代表元**.

使用自然代表元在剩余类环 $F[x]/(f(x))$ 中作算术时，加减法要执行 $O(\text{len } f(x))$ 次 F 中的运算，乘法要执行 $O(\text{len }(f(x))^2)$ 次运算.

3.4 多项式的 Euclid 算法

在线性代数或高等代数的课程里，我们已经熟悉求两个多项式最大公因子的 **Euclid 算法**.

输入两个多项式 $g(x), h(x) \in F[x]$，满足 $\deg g(x) \geqslant \deg h(x)$，且 $g(x) \neq 0$. 以 $\text{lc } r(x)$ 表示多项式 $r(x)$ 的首项系数，计算 $d(x) = \gcd(g(x), h(x))$ 如算法 3.4.1 所示（下面为方便起见，算法中略掉多项式的自变量）.

定理 3.4.1 多项式的 Euclid 算法要执行 $O(\text{len } g(x) \text{len } h(x))$ 次 F 中的运算.

已知如果 $d(x) = \gcd(g(x), h(x))$，则存在多项式 $s(x), t(x) \in F[x]$，使得下面的等式成立：

$$g(x)s(x) + h(x)t(x) = d(x)$$

实际计算中，经常不仅要求算出 $d(x) = \gcd(g(x), h(x))$，还要求算出 $s(x)$，$t(x)$. 同时完成两件事的算法称为扩展的 Euclid 算法（算法 3.4.2）.

算法 3.4.1（Euclid 算法）

$r \leftarrow g$，$r' \leftarrow h$

while $r' \neq 0$ do

　　$r'' \leftarrow r \bmod r'$

　　$(r, r') \leftarrow (r', r'')$

$d \leftarrow r/\text{lc } r$

output d

1 算法 3.4.2（扩展的 Euclid 算法）

$r \leftarrow g$，$r' \leftarrow h$

$s \leftarrow 1$，$s' \leftarrow 0$

$t \leftarrow 0$，$t' \leftarrow 1$

while $r' \neq 0$ do

　　compute q，r'' such that $r = r'q + r''$, with $\deg r'' < \deg r'$

　　$(r, s, t, r', s', t') \leftarrow (r', s', t', r'', s - s'q, t - t'q)$

$c \leftarrow \text{lc } r$

$d \leftarrow r/c \quad s \leftarrow s/c \quad t \leftarrow t/c$

output d, s, t

定理 3.4.2　多项式扩展的 Euclid 算法要执行 $O(\text{len } g(x) \text{ len } h(x))$ 次 F 中的运算.

3.5　判别与构造不可约多项式

本节开始讨论有限域上的算法.

在有限域的众多计算问题中,判别多项式是否不可约无疑是较为基本的一个.这一节我们首先发展判别不可约性的有效方法.基本的想法是应用定理 2.2.4.该定理是说,对于任意的 $k \geqslant 0$, $x^{q^k} - x$ 是所有次数整除 k 的首 1 的不可约多项式的乘积.因此,对于 l 次多项式 $f(x)$, $\gcd(x^q - x, f(x))$ 是 $f(x)$ 的所有 1 次因式的乘积, $\gcd(x^{q^2} - x, f(x))$ 是 $f(x)$ 的所有 2 次因式的乘积,等等.

如果 $f(x)$ 是可约的,则必然被某个次数至多为 $l/2$ 的不可约多项式整除.如果 $g(x)$ 是 $f(x)$ 的次数最低的因子,设为 k,则有 $k \leqslant l/2$, $\gcd(x^{q^k} - x, f(x)) \neq 1$.如果 $f(x)$ 是不可约的,则对于所有至多为 $l/2$ 的正整数 k, $\gcd(x^{q^k} - x, f(x)) = 1$;反之,同样可得 $f(x)$ 是不可约的.为有效计算,可以应用多项式的模运算.注意到,如果 $h(x) \equiv x^{q^k} \pmod{f(x)}$,则 $\gcd(h - x, f(x)) = \gcd(x^{q^k} - x, f(x))$.输入 $f(x) \in F[x]$ 是首 1 多项式,判别 $f(x)$ 的可约性可用下面的算法:

算法 3.5.1(不可约多项式的判别(IPT))

$h \leftarrow x \pmod f$

for $k \leftarrow 1$ do

　　$h \leftarrow h^q \pmod f$

　　if $\gcd(h - x, f) \neq 1$ then return false

return true

定理 3.5.1　算法 3.5.1 需执行 $O(l^3 \text{len } q)$ 次 F 中的运算.

证明　下面仅给出证明的一个概要.考虑主循环的一个单循环. q 次方需要进行 $O(\text{len } q)$ 次模 $f(x)$ 的乘积,因此需执行 $O(l^2 \text{len } q)$ 次 F 中的运算.求最大公因子需执行 $O(l^2)$ 次 F 中的运算.所以执行一次循环需要执行 $O(l^2 \text{len } q)$ 次 F 中的运算.整个算法执行的运算次数为 $O(l^3 \text{len } q)$.

根据定义 3.1.1,算法 3.5.1 是一个多项式时间的算法.

现在考虑怎样构造不可约多项式的问题.这一算法的主要根据是定理 2.2.5.

该定理如果用概率的语言重新描述一下，即在 F 上随机选取一个 l 次首 1 的多项式，那么该多项式不可约的概率至少为 $1/(2l)$. 这样就产生了下面的算法：

算法 3.5.2（不可约多项式的随机生成(RIP)）

repeat

  choose $c_0, \cdots, c_{l-1} \in F$ at random

  set $f \leftarrow x^l + \sum_{i=0}^{l-1} c_i x^i$

  test if f is irreducible using Algorithm IPT

until f irreducible

output f

定理 3.5.2 算法 3.5.2 需执行 $O(l^4 \operatorname{len} q)$ 次 F 中的运算.

证明 下面给出证明的概要. 根据定理 2.2.5，执行循环的次数为 $O(l)$，而定理 3.5.1 说 IPT 算法需执行 $O(l^3 \operatorname{len} q)$ 次 F 中的运算，即得结论.

3.6 计算极小多项式

设 F 是 q 元有限域，令 $f(x) \in F[x]$ 是首 1 的 $l(>0)$ 次不可约多项式. 像前一章一样令 $u = \bar{x}$，则 $E = F[x]/(f(x)) = F[u]$. 给定 $\alpha \in E$，本节基于有限域的理论给出计算 α 的极小多项式 $p(x) \in F[x]$ 的方法.

根据命题 2.4.1，已知 α 在 F 上的次数 k 是满足方程 $\alpha^{q^k} = \alpha$ 的最小正整数. 通过连续的 q 次方运算可以确定次数 k 及 α 的共轭 $\alpha, \alpha^q, \cdots, \alpha^{q^{k-1}}$. 这一过程需执行 E 中 $O(k \operatorname{len} q)$ 次运算，因此转换成 F 中的运算需运行 $O(kl^2 \operatorname{len} q)$ 次.

这样计算极小多项式 $p(x)$ 只需用公式

$$p(x) = \prod_{i=0}^{k-1} (x - \alpha^{q^i})$$

所以算出 $p(x)$ 的系数需要执行 $O(k^2)$ 次 E 中的运算，因此转换成 F 中的运算需运行 $O(k^2 l^2)$ 次.

更加有效的方法为，直接把 $\prod_{i=0}^{k-1} (x - \alpha^{q^i})$ 中的 x 替换为 u，这样得到 E 中的元素：

$$p(u) = \prod_{i=0}^{k-1} (u - \alpha^{q^i})$$

算出 $p(u)$ 需要执行 $O(k)$ 次 E 中的运算，因此转换成 F 中的运算需运行 $O(kl^2)$

次.根据前面的知识,在多项式环 $F[x]$中存在唯一一个次数小于 l 的多项式 $g(x)$,使得$\overline{g(x)}=p(u)=\overline{p(x)}$,所以 $p(x)\equiv g(x)(\bmod f(x))$.而 α 的次数小于或等于 u 的次数,所以 $\deg p(x)\leqslant \deg f(x)$,因此 $g(x)=p(x)$,或者 $g(x)=p(x)-f(x)$.在这两种情况下,由 $g(x)$得到 $p(x)$额外增加 F 中的运算$O(l)$次.

因此在给定 α 的共轭的情况下,计算 $p(x)$需要 F 中的运算次数为$O(kl^2)$,从而改进了前面的算法.

3.7 分解多项式:无平方因子分解

本章其余的内容研究在有限域上怎样分解多项式.本节的算法可以把一个多项式分解成一些无平方因子的多项式之积.因此,以后我们只要关心无平方因子的多项式的分解即可.

本节假设 F 是q 元有限域,其中 $q=p^k$,而 p 是F 的特征.

设 $f(x)\in F[x]$是首 1 的 $l(>0)$次多项式.假设 $f(x)$不是无平方因子的,根据命题 2.1.1,我们有 $d(x)=\gcd(f(x),f'(x))\neq 1$.我们希望通过计算 $d(x)$获得 $f(x)$的非平凡分解(即不是 $f(x)=ag(x)(a\in F)$这样的分解),然而的确可能发生 $d(x)$与 $f(x)$只相差一个非零常数的情况(如 $d(x)$为首 1 的,即 $d(x)=f(x)$,下面为了方便即采用这一假设),但仍然可以得到 $f(x)$的非平凡分解.

定理 3.7.1 设 $f(x)\in F[x]$ 是首 1 的 $l(>0)$ 次多项式,且 $d(x)=\gcd(f(x),f'(x))=f(x)$,则对于某一多项式 $g(x)\in F[x]$,$f(x)=g(x^p)$.而且如果 $g(x)=\sum_i a_i x^i$,则 $f(x)=h(x)^p$,其中

$$h(x)=\sum_i a_i^{p^{k-1}}x^i \tag{3.7.1}$$

证明 既然 $f'(x)=0$或者$\deg f'(x)<\deg f(x)$,而 $d(x)=f(x)$,则必须有 $f'(x)=0$.

如果 $f(x)=\sum_i c_i x^i$,则有 $f'(x)=\sum_i ic_i x^{i-1}$,故 $ic_i=0$,即 $c_i=0$或者 $i\equiv 0(\bmod p)$,即对于某一多项式 $g(x)\in F[x]$,$f(x)=g(x^p)$.根据 $h(x)$ 的定义,得

$$h(x)^p=\left(\sum_i a_i^{p^{k-1}}x^i\right)^p=\sum_i a_i^{p^k}x^{ip}=\sum_i a_i x^{ip}=g(x^p)=f(x)$$

下面的目的是设计有效的算法,当输入 $f(x)\in F[x]$是一个首 1 的 $l(>0)$次多项式时,输出一张表$((g_1(x),s_1),(g_2(x),s_2),\cdots,(g_t(x),s_t))$,满足:

(1) 每个 $g_i(x)\in F[x]$ 是首 1 的、非常数的、无平方因子的；

(2) 每个 s_i 是正整数；

(3) 多项式族 $\{g_i(x)\}_{i=1}^t$ 是两两互素的；

(4) $f(x)=\prod_{i=1}^{t}(g_i(x))^{s_i}$.

称此表为 $f(x)$ 的无平方因子分解.有很多方法可以实现这一点，下面的方法基于如下命题：

命题 3.7.1 设 $f(x)\in F[x]$ 是首 1 的 $l(>0)$ 次多项式.假设 $f(x)$ 分解为不可约因式的乘积

$$f(x)=(f_1(x))^{e_1}(f_2(x))^{e_2}\cdots(f_r(x))^{e_r}$$

则

$$\frac{f(x)}{\gcd(f(x),f'(x))}=\prod_{\substack{1\leqslant i\leqslant r\\ e_i\equiv 0(\mathrm{mod}\ p)}}f_i(x)$$

证明 证明可以由下面的断言推出：对于所有 $i=1,2,\cdots,r$，有

(1) 如果 $e_i\equiv 0(\mathrm{mod}\ p)$，则 $f_i(x)^{e_i}\mid f'(x)$；

(2) 如果 $e_i\not\equiv 0(\mathrm{mod}\ p)$，则 $f_i(x)^{e_i-1}\mid f'(x)$，但是 $(f_i(x))^{e_i}\nmid f'(x)$.

证明这两个断言可以对 $f(x)$ 的分解式取形式导数，得

$$f'(x)=\sum_j e_j(f_j(x))^{e_j-1}f_j'(x)\prod_{k\neq j}(f_k(x))^{e_k}$$

考虑指标 i.如果 $e_i\equiv 0(\mathrm{mod}\ p)$，则和式中相应的第 i 项消失，其余项都被 $(f_i(x))^{e_i}$ 整除；如果 $e_i\not\equiv 0(\mathrm{mod}\ p)$，则和式中相应的第 i 项被 $(f_i(x))^{e_i-1}$ 整除.根据定理 3.7.1，$f_i(x)$ 不是任意多项式的 p 次方，因此 $f_i'(x)\neq 0$ 且次数小于 $f_i(x)$ 的次数.由 $f_i(x)$ 不可约的事实知相应的第 i 项不被 $(f_i(x))^{e_i}$ 整除，因此结论成立.

设 $f(x)\in F[x]$ 是首 1 的 $l(>0)$ 次多项式，本命题提供了下面无平方因子分解算法 3.7.1.

关于此算法的复杂度如下定理 3.7.2，我们略去证明.

定理 3.7.2 算法 3.7.1 执行 $O(l^2+l(k-1)\mathrm{len}\ p/p)$ 次 F 中的运算，得到 $f(x)$ 的无平方因子分解.

算法 3.7.1（无平方因子分解(SFD)）

initialize an empty list L

$s\leftarrow 1$

repeat

  $j\leftarrow 1$, $g\leftarrow f/\gcd(f,f')$

```
    while g≠1 do
        f←f/g, h←gcd(f,g), m←g/h
        if m≠1 then append (m, js) to L
        g←h, j←j+1
    if f≠1 then //f is pth power
        //compute a pth root as in (3.7.1)
        f←f^{1/p}, s←ps
until f=1
output L
```

3.8　分解多项式:Cantor-Zassenhaus 算法

本节给出分解有限域上多项式为不可约因式之积的**Cantor-Zassenhaus 算法**. 根据上一节的结果可以假设输入多项式是无平方因子的. 本算法分为两大步:

(1) **异次数分解**:输入多项式被分解为一些因式之积,要求每个因式是互不相同的同次数多项式的乘积;

(2) **等次数分解**:在异次数分解的基础上进一步把同次数多项式之积的因子分解为互不相同的不可约因式之积.

本算法中异次数分解是多项式时间的算法,起决定性作用,而等次数分解是概率型、非多项式时间的算法.

3.8.1　异次数分解

本小节要研究的问题是:当输入 $f(x)\in F[x]$是一个首 1 的 $l(>0)$次无平方因子多项式时,输出一张表

$$((g_1(x),k_1),(g_2(x),k_2),\cdots,(g_t(x),k_t))$$

满足:

(1) 每个 $g_i(x)\in F[x]$是一些首 1 的 k_i 次不可约多项式之积;

(2) $f(x)=\prod_{i=1}^{t}(g_i(x))^{s_i}$.

这一问题用定理 2.2.4 很容易解决,只需要把算法 3.5.1 做简单的变形. 基本想法是这样的:可以通过计算 $g(x)=\gcd(x^q-x,f(x))$求出 $f(x)$的全部线性因子,从 $f(x)$中除掉 $g(x)$(得到的新多项式仍记为 $f(x)$),再计算二次因子

$\gcd(x^{q^2}-x, f(x))$. 这时因为线性因子已经除掉，所以得到的 $\gcd(x^{q^2}-x, f(x))$只有 $f(x)$的二次不可约因子之积. 以此类推，对于 $k=1,2,\cdots,l$，可以除掉所有次数小于 k 的因子，然后计算 $\gcd(x^{q^k}-x, f(x))$得出 $f(x)$的 k 次的因子.

由上面的探讨得到下面的算法.

算法 3.8.1(异次数分解(DDF))

```
initialize an empty list L
h←x (mod f)
k←0
while f≠1 do
    h←h^q (mod f), k←k+1
    g←gcd (h-x,f)
    if g≠1 then
        append (g,k) to L
        f←f/g
        h←h (mod f)
output L
```

定理 3.8.1 算法 3.8.1 执行 $O(l^3 \operatorname{len} q)$次 F 中的运算.

证明 主循环至多执行 l 次，因为重复 l 次后 $f(x)$没有真因子. 这样 q 次方的步骤至多有 l 次，每次执行 $O(l^2 \operatorname{len} q)$次 F 中的运算，故总的时间为 $O(l^3 \operatorname{len} q)$. 每次循环在 F 中求最大公因子与除法运算的复杂度也不超过 $O(l^2)$次，故总的复杂度不超过 $O(l^3)$，所以算法的复杂度完全由求 q 次方的步骤决定.

3.8.2 等次数分解

这一小节的主要问题可以精确地叙述如下：给定 $f(x)\in F[x]$是一个首 1 的 $l(>0)$次多项式，正整数 $k>0$，已知 $f(x)$可分解为如下形式：

$$f(x) = f_1(x)f_2(x)\cdots f_r(x)$$

其中互异的不可约因式 $f_1(x), f_2(x), \cdots, f_r(x)$的次数都为 k，等次数分解的任务即算出这些因子. 另外，注意到 l, k, r 的关系为 $r=l/k$.

先探讨一下有效分解 $f(x)$为两个非平凡因子的算法. 这个算法主要依赖于下面著名的定理 3.8.2.

先引入一些记号. 给定 $f(x)\in F[x]$是一个首 1 的 $l(>0)$次多项式，已知$f(x)$可分解为如下形式：

$$f(x) = f_1(x)f_2(x)\cdots f_r(x)$$

其中 $f_1(x),f_2(x),\cdots,f_r(x)$ 是互异的不可约多项式．记

$$E=F[x]/(f(x)),\quad E_i=F[x]/(f_i(x))$$

其中的元素

$$\overline{g(x)}=g(x)+(f(x)),\quad \overline{g(x)}_i=g(x)+(f_i(x))$$

在 Descartes 积 $E_1\times E_2\times\cdots\times E_r=\{(a_1,a_2,\cdots,a_r)\mid a_i\in E_i\}$ 中定义加法、乘法与数乘（对于任意的 $k\in F$）：

$$(a_1,a_2,\cdots,a_r)+(b_1,b_2,\cdots,b_r)=(a_1+b_1,a_2+b_2,\cdots,a_r+b_r)$$
$$(a_1,a_2,\cdots,a_r)\cdot(b_1,b_2,\cdots,b_r)=(a_1b_1,a_2b_2,\cdots,a_rb_r)$$
$$k(a_1,a_2,\cdots,a_r)=(ka_1,ka_2,\cdots,ka_r)$$

此时 $E_1\times E_2\times\cdots\times E_r$ 成为一个 F 代数．

定理 3.8.2（孙子剩余定理（CRT））　所有记号意义如上．此时有 F 代数同构：

$$\theta: E\rightarrow E_1\times E_2\times\cdots\times E_r$$
$$\overline{g(x)}\mapsto(\overline{g(x)}_1,\overline{g(x)}_2,\cdots,\overline{g(x)}_r)$$

证明　显然 θ 是 F 代数同态，而且如果 $\theta(\overline{g(x)})=(0,0,\cdots,0)$，则 $g(x)$ 被 $f_1(x),f_2(x),\cdots,f_r(x)$ 整除，因此 $\overline{g(x)}=\bar{0}$，所以 θ 是单射．

对于满射，可以先考虑 $(1,0,\cdots,0),(0,1,\cdots,0),\cdots,(0,0,\cdots,1)$ 的原像．不妨以 $(1,0,\cdots,0)$ 为例．因为 $f_1(x)$ 与 $f_2(x)f_3(x)\cdots f_r(x)$ 互素，即存在多项式 $a(x)$，$b(x)\in F[x]$，使得

$$f_1(x)a(x)+f_2(x)f_3(x)\cdots f_r(x)b(x)=1$$

取 $u_1(x)=f_2(x)f_3(x)\cdots f_r(x)b(x)=1-f_1(x)a(x)$，则 $\overline{u_1(x)}$ 的像

$$(\overline{u_1(x)}_1,\overline{u_1(x)}_2,\cdots,\overline{u_1(x)}_r)=(1,0,\cdots,0)$$

以此类推，得到 $(1,0,\cdots,0),(0,1,\cdots,0),\cdots,(0,0,\cdots,1)$ 的原像分别为 $\overline{u_1(x)}$，$\overline{u_2(x)},\cdots,\overline{u_r(x)}$．这时任意 $(\overline{g_1(x)}_1,\overline{g_2(x)}_2,\cdots,\overline{g_r(x)}_r)\in E_1\times E_2\times\cdots\times E_r$ 的原像为 $\overline{u_1(x)g_1(x)+u_2(x)g_2(x)+\cdots+u_r(x)g_r(x)}$．

注意到 $q=p^k$．需要考虑 $p=2$ 与 $p>2$ 两种情况．在此，我们先处理 $p=2$ 的情况．我们定义多项式

$$M_w=\sum_{j=2}^{kw-1}x^{2j}\in F[x]\tag{3.8.1}$$

对于 $\alpha\in E$，如果 $\theta(\alpha)=(\alpha_1,\alpha_2,\cdots,\alpha_r)$，则有

$$\theta(M_w(\alpha))=M_w(\theta(\alpha))=(M_w(\alpha_1),M_w(\alpha_2),\cdots,M_w(\alpha_r))$$

式中 E_i 是 $\mathbb{Z}_2$ 的 kw 次扩域，且

$$M_w(\alpha_i)=\sum_{j=2}^{kw-1}\alpha^{2j}=\mathrm{tr}_{E_l/\mathbb{Z}_2}(\alpha)$$

其中 $\mathrm{tr}_{E_l/\mathbb{Z}_2}:E_i\rightarrow\mathbb{Z}_2$ 是迹函数，且是满射，也是 $\mathbb{Z}_2$ 线性的．

现在随机选取 $\alpha\in E$. $\theta(\alpha)=(\alpha_1,\alpha_2,\cdots,\alpha_r)$ 可以看成是 r 个相互独立的随机变量 $\{\alpha_i\}_{i=1}^r$，每个 α_i 在 E_i 上均匀分布. 这样随机变量 $\{M_w(\alpha_i)\}_{i=1}^r$ 相互独立，而 $M_w(\alpha_i)$ 在 $\mathbb{Z}_2$ 上均匀分布. 因此如果 $g(x)\in F[x]$ 是 $M_w(\alpha_i)$ 的代表元（即 $\overline{g(x)}_i=M_w(\alpha_i)$，且 $\deg g(x)<l$ 或者 $g(x)=0$，$g(x)$ 通常记为 $\mathrm{rep}\ M_w(\alpha)$），则 $\gcd(g(x),f(x))$ 是 $f(x)$ 的那些满足 $M_w(\alpha_i)=0$ 的因子 $f_i(x)$ 的乘积. 只有在 $M_w(\alpha_i)$ 全为 0 或 1 的情况下求的公因子才会无意义，而这种情况发生的概率在 $r\geqslant 2$ 时至多为 1/2.

以上是等次数分解的基本步骤. 整个算法按以下步骤进行. 在任何一步，我们有部分分解 $f(x)=\prod\limits_{h(x)\in H}h(x)$，此处 H 是一族非常值的首 1 的多项式. 在第一步，$H=\{f(x)\}$. 在每一步我们都期望使用上述基本步骤得到关于 $f(x)$ 的更细的分解. 如果我们成功地得到了两个非平凡因子，即可把 $h(x)$ 替换为新的因子，这样直到 $|H|=r$ 就完成了整个分解.

整个算法总结为：给定 $f(x)\in F[x]$ 是一个首 1 的 $l(>0)$ 次多项式，正整数 $k>0$，已知 $f(x)$ 是 $r=l/k$ 个等次数互异的不可约因式之积，M_w 的定义如式 (3.8.1) 所示，则有分解算法如下：

算法 3.8.2（等次数分解(EDF)）

```
H ← {f}
while |H| < r do
    H' ← ∅
    for each h ∈ H do
        choose α ∈ F[x]/(h) at random
        d ← gcd (rep M_w(α), h)
        if d = 1 or d = h
            then H' ← H' ∪ {h}
            else H' ← H' ∪ {d, h/d}
    H ← H'
output H
```

关于算法 3.8.2 的复杂度，我们可以粗略估计一下其上界：

(1) 对于给定的多项式 $h(x)$ 以及元素 $\alpha\in F[x]/(h(x))$，$M_w(\alpha)$ 的计算要执行 $O(k(\deg h)^2\mathrm{len}\ q)$ 次 F 中的运算. 因此主循环每次重复执行 F 中的运算的次数至多为常数倍：

$$
\begin{aligned}
k\,\mathrm{len}\ q\sum_{h\in H}(\deg h)^2 &\leqslant k\,\mathrm{len}\ q\left(\sum_{h\in H}\deg h\right)^2\\
&= kl^2\mathrm{len}\ q
\end{aligned}
$$

(2) 得到非平凡分裂(分解为两个非平凡因式的积)时，主循环重复的期望次数为 $O(1)$；

(3) 算法在 $r-1$ 次分裂后结束；

(4) F 中的运算总的执行次数的期望值为 $O(rkl^2 \operatorname{len} q)$ 或 $O(l^3 \operatorname{len} q)$.

对于 $p>2$ 的情况，等次数分解的算法与算法 3.8.2 几乎一样，只是对多项式 M_w 的定义作了如下修改：

$$M_w = x^{(q^k-1)/2} - 1 \in F[x] \tag{3.8.2}$$

和上面一样，对于 $\alpha \in E$，如果 $\theta(\alpha)=(\alpha_1,\alpha_2,\cdots,\alpha_r)$，则有

$$\theta(M_w(\alpha)) = M_w(\theta(\alpha)) = (M_w(\alpha_1), M_w(\alpha_2), \cdots, M_w(\alpha_r))$$

注意到每个乘法群 E_i^* 是 q^k-1 阶循环群，所以式(3.8.2)中的任意元 $\alpha \in E$ 作 $q^k-1/2$ 次方幂后的结果为 ± 1.

随机选取 $\alpha \in E$. $\theta(\alpha)=(\alpha_1,\alpha_2,\cdots,\alpha_r)$ 可以看成是 r 个相互独立的随机变量 $\{\alpha_i\}_{i=1}^r$，每个 α_i 在 E_i 上均匀分布. 这样随机变量 $\{M_w(\alpha_i)\}_{i=1}^r$ 相互独立. $\alpha_i=0$ 的概率为 $1/q^k$，此时 $M_w(\alpha_i)=-1$；否则，$\alpha_i^{q^k-1/2}$ 在 $\{\pm 1\}$ 上均匀分布，故 $M_w(\alpha_i)$ 在 $\{0,-2\}$ 上均匀分布. 总的来说，如果以 $P(X=a)$ 表示随机变量 $X=a$ 的概率，则有

$$P(M_w(\alpha_i) = 0) = \frac{q^k-1}{2q^k}$$

$$P(M_w(\alpha_i) = -1) = \frac{1}{q^k}$$

$$P(M_w(\alpha_i) = -2) = \frac{q^k-1}{2q^k}$$

如果 $g(x)=\operatorname{rep} M_w(\alpha)$，则 $\gcd(g(x),f(x))$ 是 $f(x)$ 的那些满足 $M_w(\alpha_i)=0$ 的因子 $f_i(x)$ 的乘积. 只有在 $M_w(\alpha_i)$ 全为 0 或者全不等于 0 的情况下求的公因子才会无意义. 假设 $r\geqslant 2$，当然最坏的情况是 $r=2$. 此时上述情况发生的概率为

$$\left(\frac{q^k-1}{2q^k}\right)^2 + \left(\frac{q^k+1}{2q^k}\right)^2 = \frac{1}{2}\left(1+\frac{1}{q^k}\right)$$

当 $q^k=3$ 时，发生的概率为 5/9.

关于复杂度上界的粗略估计与 $p=2$ 时完全一致.

3.9　分解多项式：Berlekamp 算法

本节介绍分解多项式为不可约因式的 Berlekamp(伯利卡普)算法. 同样，我们

假设要分解的多项式是无平方因子的. 为简捷起见, 我们略去了算法复杂度的证明.

本节仍假设 F 是 q 元有限域. 给定 $f(x)\in F[x]$是一个首 1 的 $l(>0)$次多项式, 首先看看 Berlekamp 算法的思想.

令 E 是 F 代数 $F[x]/(f(x))$; σ 是由 E 在 F 上的 Frobenius 映射, 把 α 映成 $\alpha^q\in E$. 已知 σ 是 F 代数同态, 考虑由 σ 固定的子代数 B, 定义为

$$B=\{\alpha\in E\mid\sigma(\alpha)=\alpha^q=\alpha\}$$

这一子代数称为 **Berlekamp 子代数**. 让我们仔细看看它的性质.

假设 $f(x)$可分解为如下形式:

$$f(x)=f_1(x)f_2(x)\cdots f_r(x)$$

根据孙子剩余定理, 有 F 代数同构

$$\theta:E\to E_1\times E_2\times\cdots\times E_r$$
$$\overline{g(x)}\mapsto(\overline{g(x)}_1,\overline{g(x)}_2,\cdots,\overline{g(x)}_r)$$

其中对于 $i=1,2,\cdots,r$, $E_i=F[x]/(f_i(x))$是 F 的有限扩域.

现在对于 $\alpha\in E$, $\theta(\alpha)=(\alpha_1,\alpha_2,\cdots,\alpha_r)$, 因此 $\alpha^q=\alpha$ 当且仅当对于 $i=1,2,\cdots,r$, $\alpha_i^q=\alpha_i$. 而且根据第 2 章的知识, 知 $\alpha_i^q=\alpha_i$ 等价于 $\alpha_i\in F$. 所以, 可以把 Berlekamp 子代数特征化为

$$B=\{\theta^{-1}(c_1,c_2,\cdots,c_r)\mid c_1,c_2,\cdots,c_r\in F\}$$

它是 E 的子代数, 从而是 E 的 F 子空间. E 在 F 上的维数等于 $f(x)$的次数 l, 有一组自然基 $\{u^{i-1}\}_{i=1}^l$, 其中 $u=\bar{x}$. 根据上述特征化, Berlekamp 子代数的一组基为

$$\theta^{-1}(1,0,\cdots,0),\quad\theta^{-1}(0,1,\cdots,0),\quad\cdots,\quad\theta^{-1}(0,0,\cdots,1)$$

因此 B 在 F 上的维数等于 r.

3.9.1 第一步:构造 B 的基

Berlekamp 分解算法的第一步是构造 B 在 F 上的基. 可以用 Gauss 消元法很容易做到这一点, 过程如下.

令 $\rho:E\to E$ 是把 $\alpha\in E$ 映成 $\sigma(\alpha)-\alpha=\alpha^q-\alpha$ 的映射. 因为 σ 是 F 线性的, 所以 ρ 也是 F 线性的, 而且 ρ 的核即是 B. 所以, 想要求出 B 在 F 上的基只需求出 ρ 的核的一组基.

首先选择 E 在 F 上的一组基 S, 然后构造出 ρ 在 S 下的矩阵 $Q\in M_l(F)$(其中 $M_l(F)$表示 F 上 l 阶方阵的全体). 由 E 的构造可以选择 $S=\{u^{i-1}\}_{i=1}^l$, 如果已知 u^q 在这组基下的坐标, 则因为 $\rho(u^{i-1})=(u^q)^{i-1}-u^{i-1}$, 只需不断计算 u^q 的方幂即可.

如果已作出 Q,则可以用 Gauss 消元法得到行向量 $\boldsymbol{v}_1,\boldsymbol{v}_2,\cdots,\boldsymbol{v}_r$ 而形成 $\boldsymbol{x}Q=\mathbf{0}$ 的解空间的一组基(即 ρ 的核的基). 此时相当于发现了 $f(x)$的不可约因子的个数 r. 令 $\mathrm{Row}_i(Q)$表示 Q 的第 i 行, $\mathrm{Vec}_S(\beta)$表示 β 在 S 下的坐标(行向量的形式). B 的基是$\{\beta_i\}_{i=1}^r$, $\mathrm{Vec}_S(\beta_i)=\boldsymbol{v}_i$, 把 Vec_S 看成映射, 则 $\beta_i=\mathrm{Vec}_S^{-1}(\boldsymbol{v}_i)$.

设输入 $f(x)\in F[x]$是一个首 1 的 $l(>0)$次无平方因子的多项式, E 是 F 代数 $F[x]/(f(x))$, $u=\bar{x}\in E$, $S=\{u^{i-1}\}_{i=1}^l$. 综上, 可得到如下算法:

算法 3.9.1(基的构造)

let Q be an $l\times l$ matrix over F (initially with undefined entries)

compute $\alpha\leftarrow u^q$ using repeated squaring

$\beta\leftarrow 1_E$

for $i\leftarrow 1$ to l do // invariant: $\beta=\alpha^{i-1}=(u^{i-1})^q$

  $\mathrm{Row}_i(Q)\leftarrow\mathrm{Vec}_S(\beta)$, $Q(i,i)\leftarrow Q(i,i)-1$, $\beta\leftarrow\beta\alpha$

compute a basis $\{v_i\}_{i=1}^r$ of the row null space of $xQ=0$

  using Guassian elimination

for $i=1,2,\cdots,r$ do $\beta_i\leftarrow\mathrm{Vec}_S^{-1}(v_i)$

output $\{\beta_i\}_{i=1}^r$

定理 3.9.1 算法 3.9.1 执行 $O(l^3+l^2\mathrm{len}\ q)$次 F 中的运算.

3.9.2 第二步:用 B 的基分解多项式

Berlekamp 分解算法的第二步是用 B 的基$\{\beta_i\}_{i=1}^r$分解多项式 $f(x)$, 也叫概率步骤. 就像在等次数分解算法 3.8.2 中一样, 我们首先讨论如何有效地把$f(x)$分裂为两个非平凡因子, 然后给出完全分解 $f(x)$的算法. 本节略去有关复杂度的估计.

仍然引用已定义的多项式(3.8.1)和式(3.8.2), 即

$$M_1=\begin{cases}\sum\limits_{j=2}^{k-1}x^{2j}, & p=2\\ x^{q-1/2}, & p>2\end{cases}$$

很容易用 B 的基随机生成 B 中的元素 β, 只需随机选择 $c_1,c_2,\cdots,c_r$, 计算 $\beta\overset{\mathrm{d}}{=}\sum\limits_i c_i\beta_i$. 如果 $\theta(\beta)=(b_1,b_2,\cdots,b_r)$, 则随机变量族$\{b_i\}_{i=1}^r$ 相互独立, 每个 b_i 在 F 上均匀分布. 就像在等次数分解算法 3.8.2 中一样, 如果 $p=2$, 那么 gcd (rep $M_1(\beta)$, $f(x)$) 是 $f(x)$ 的非平凡因子的概率至少是 1/2; 如果 $p>2$, 那么概率至少是 4/9.

这是基本的分裂步骤.完全分解 $f(x)$ 可以像算法 3.8.2 中一样把基本步骤加细.即在算法的任一步有部分分解 $f(x) = \prod_{h(x)\in H} h(x)$,我们将使用上面列出的步骤加细 $f(x)$ 的这一分解.一个技术困难是在分裂 $h(x)$ 时,如何有效生成 $F[x]/(h(x))$ 的 Berlekamp 子代数的一个随机元素.一个特别有效的方法是用 $F[x]/(h(x))$ 的 Berlekamp 子代数的基同时生成 $F[x]/(h(x))$ 的 Berlekamp 子代数的一个随机元素.对于 $i=1,2,\cdots,r$,令 $g_i(x)=\text{rep}\ \beta_i$.如果随机选择 $c_1,c_2,\cdots,c_r\in F$,设 $g(x)=c_1g_1(x)+c_2g_2(x)+\cdots+c_rg_r(x)$,那么 $\overline{g(x)}$ 是 $F[x]/(h(x))$ 的 Berlekamp 子代数的一个随机元素;如果令 $\overline{g(x)}_{h(x)}=g(x)+(h(x))$,那么 $\{\overline{g(x)}_{h(x)}\}_{h(x)\in H}$ 是互相独立的,每个 $\overline{g(x)}_{h(x)}$ 在 $F[x]/(h(x))$ 的 Berlekamp 子代数上均匀分布.

输入 $\{\beta_i\}_{i=1}^r$,$f(x)\in F[x]$ 是一个首 1 的 $l(>0)$ 次无平方因子的多项式,$\{\beta_i\}_{i=1}^r$ 是 $F[x]/(h(x))$ 的 Berlekamp 子代数的一组基,对于 $i=1,2,\cdots,r$,令 $g_i(x)=\text{rep}\ \beta_i$,则有如下算法:

算法 3.9.2(完全分解)

```
H←{f}
while |H|<r do
    choose c_1, c_2, …, c_r ∈ F at random
    g(x)←c_1 g_1(x) + c_2 g_2(x) + … + c_r g_r(x) ∈ F[x]
    H'←∅
    for each h(x) ∈ H do
        β←ḡ_h ∈ F[x]/(h)
        d←gcd (rep M_1(α), h)
        if d = 1 or d = h
            then H'←H' ∪ {h}
            else H'←H' ∪ {d, h/d}
    H←H'
output H
```

例 3.9.1 令 $q=2$,$f(x)=x^5+x+1$.$F_2[x]/(f(x))$ 的基为 $1,x,x^2,x^3,x^4$,则

$$\rho(1)=0,\quad \rho(x)=x^2+x,\quad \rho(x^2)=x^4+x^2$$
$$\rho(x^3)=x^3+x^2+x,\quad \rho(x^4)=x^3$$

设 ρ 在这组基下的矩阵为 $\boldsymbol{M}(\rho)$,则有

$$\rho(1,x,x^2,x^3,x^4)=(1,x,x^2,x^3,x^4)\boldsymbol{M}(\rho)$$

$$= (1,x,x^2,x^3,x^4)\begin{bmatrix}0&0&0&0&0\\0&1&0&1&0\\0&1&1&1&0\\0&0&0&1&1\\0&0&1&0&0\end{bmatrix}$$

求 $\ker \rho$ 的一组基，即求 $\boldsymbol{M}(\rho)\boldsymbol{x}=\boldsymbol{0}$ 的解空间的一组基. 根据 Gauss 消元法，可得 $1, x+x^3+x^4$ 是一组基. 但是 1 不对应非平凡分解，故考虑

$$\gcd(x+x^3+x^4, f) = x^3+x^2+1$$

$$\gcd(1+x+x^3+x^4, f) = x^2+x+1$$

即得

$$f(x) = x^5+x+1 = (x^3+x^2+1)(x^2+x+1)$$

3.10　分裂多项式与分裂值

本节继续讨论与多项式分解相关的内容. 仍假设 F 是 q 元有限域.

定理 3.10.1　令 $f(x)\in F[x]$ 是 n 次首 1 的无平方因子多项式. 如果 $u(x)\in F[x]$ 满足 $u^q(x)\equiv u(x) \pmod{f(x)}$，但是对于任意的 $c\in F$，$u(x)\not\equiv c \pmod{f(x)}$（用 3.9.1 小节的映射 ρ 来表示，即 $u(x)\in \ker\rho\backslash F$），则

$$\prod_{c\in F_q}(u(x)-c, f(x)) = f(x)$$

证明　设 $f(x)=f_1(x)f_2(x)\cdots f_r(x)$ 为不可约因子的分解. 根据题设，可以假设多项式 $u(x)\in F[x]/(f(x))$，设它在 θ 下的像为 $(c_1,c_2,\cdots,c_r)$. 因为

$$\rho(v(x)) = 0 \iff (\rho(c_1),\rho(c_2),\cdots,\rho(c_r)) = 0$$

即 $\rho(c_i)=c_i^q-c_i=0$，故 $c_i\in F$，并且根据 θ 的定义，$c\in F$ 在 θ 下的像为 $(c,c,\cdots,c)$. 因此 $u(x)-c$ 的像为 $(c_1-c,c_2-c,\cdots,c_r-c)$. 对任意一个 i，$c\neq c_i$，有 $f_i(x)\mid u(x)-c$，即 $\gcd(u(x)-c, f(x))=1$，所以只需证明其余的情况：

$$\prod_{c_i}(u(x)-c_i, f(x)) = f(x)$$

而此时 $f_i(x)\mid u(x)-c_i$，故

$$f(x) = \prod_{j=1}^{r} f_j(x) \mid \prod_{c_i}(u(x)-c_i, f(x))$$

另外，对于任意的 $c'\neq c\in F$，有 $d(x)=\gcd(u(x)-c', u(x)-c)=1$，这是因为

$$d(x)\mid (u(x)-c'-(u(x)-c)) = c'-c\in F^*$$

所以$(u(x)-c',f(x))$与$(u(x)-c,f(x))$互素且都整除$f(x)$，即证得等式成立.

定义 3.10.1 令$f(x)\in F[x]$是n次首1的无平方因子多项式.满足定理3.10.1中假设的多项式$u(x)$称为$f(x)$的**分裂多项式**；满足$\gcd(u(x)-c,f(x))\neq 1$的值$c\in F$称为$f(x)$与$u(x)$的**分裂值**.

定理 3.10.2 设$f(x)=f_1(x)f_2(x)\cdots f_r(x)$是首1的无平方因子多项式的不可约分解式.如果$m$是正整数，使得对于$i=1,2,\cdots,r,\deg f_i(x)\mid m$，则

$$T_j(x)=x^j+x^{jq}+x^{jq^2}+\cdots+x^{jq^{m-1}}$$

满足

$$T_j^q(x)\equiv T_j(x)(\bmod f(x))$$

其中j是正整数.而且存在$j\leqslant n$，使得$T_j(x)$是分裂多项式.

证明 因为如果$\deg f_i(x)=k,\deg f_i(x)\mid m$，则$F[x]/(f_i(x))\cong F_{q^k}\subseteq F_{q^m}$，所以$f_i(x)$的所有根都在$F_{q^m}$中，从而$x^{q^m}\equiv x\ (\bmod g_i)$，

$$\begin{aligned}T_j^q(x)&\equiv x^{jq}+x^{jq^2}+x^{jq^3}+\cdots+x^{jq^m}\\&\equiv x^{jq}+x^{jq^2}+x^{jq^3}+\cdots+x^j\\&\equiv T_j(x)\ (\bmod f_i(x))\end{aligned}$$

第二部分证明略.

对于$f(x)=x^l-1$的特殊情况，可以用下面的方法构造分裂多项式.

定理 3.10.3 设l是一个素数，且$l\nmid q$，H是$\mathbb{Z}_l^*$（见1.1节）的子群，且包含$\bar{q}$，C是H的一个陪集，则

$$u(x)=\sum_{\bar{c}\in C}x^c$$

满足

$$u^q(x)\equiv u(x)\ (\bmod x^l-1)$$

证明 因为H包含$\bar{q}$，所以$\bar{q}C=C$，从而有

$$u^q(x)=\sum_{\bar{c}\in C}x^{qc}\equiv\sum_{\bar{c}\in C}x^c=u(x)(\bmod x^l-1)$$

现在我们来研究怎样计算分裂值.首先引入结式的概念.

定义 3.10.2 令$f(x)=a_0+a_1x+\cdots+a_nx^n,g(x)=b_0+b_1x+\cdots+b_mx^m\in F[x]$. $f(x),g(x)$的结式定义成$n+m$阶矩阵的行列式

$$\det\begin{vmatrix}a_n & a_{n-1} & \cdots & a_1 & a_0 & & & \\ & a_n & a_{n-1} & \cdots & a_1 & a_0 & & \\ & & \ddots & \ddots & & \ddots & \ddots & \\ & & & a_n & a_{n-1} & \cdots & a_1 & a_0\\ b_m & b_{m-1} & \cdots & b_1 & b_0 & & & \\ & b_m & b_{m-1} & \cdots & b_1 & b_0 & & \\ & & \ddots & \ddots & & \ddots & \ddots & \\ & & & b_m & b_{m-1} & \cdots & b_1 & b_0\end{vmatrix}$$

记为 $\mathrm{Res}(f,g)$.

设 $f(x)$ 和 $g(x)$ 的全部根 $\alpha_1,\alpha_2,\cdots,\alpha_n$ 和 $\beta_1,\beta_2,\cdots,\beta_m$ 在 F 的某个扩域 E 中.结式最重要的结果之一是

$$\mathrm{Res}(f,g) = a_n^m b_m^n \prod_{i=1}^{n}\prod_{j=1}^{m}(\alpha_i - \beta_j)$$

因此 $f(x),g(x)$ 有公共根当且仅当 $\mathrm{Res}(f,g)=0$.

定理 3.10.4 设 $f(x)\in F[x]$ 是首 1 的无平方因子多项式,$u(x)$ 为 $f(x)$ 的分裂多项式,则多项式

$$h_1(y) = \mathrm{Res}(u(x) - y, f(x)) \in F[y]$$

在 F 中的根即为 $u(x)$ 对 $f(x)$ 的所有分裂值.

证明 如果 $c\in F$,则 $h_1(c)=0\Leftrightarrow \mathrm{Res}(u(x)-c,f(x))=0$,即 $u(x)-c$ 与 $f(x)$ 有公共根,或者 $u(x)-c$ 与 $f(x)$ 有非平凡的公因子,即 c 是分裂值.

记 C 为 $u(x)$ 对 $f(x)$ 的所有分裂值的集合.定义

$$h(y) = \prod_{c\in C}(y - c)$$

如果 $n+1\leqslant q$,则有更好的方法计算出 $h(y)$.选择 $c_1,c_2,\cdots,c_{n+1}\in F$,计算

$$h(c_i) = \mathrm{Res}(u(x) - c_i, f(x))$$

这仅仅是 F 上的线性代数.因为 $\deg h(y)\leqslant r\leqslant n$(至多有 r 个分裂值),所以 $n+1$ 个值能保证找到正确的 $h(y)$.根据 Lagrange 插值,可得

$$h(y) = \sum_{j=1}^{n+1} h(c_j) \prod_{i=1,i\neq j}^{n+1} \frac{y - c_i}{c_j - c_i}$$

定理 3.10.5 设 $f(x)\in F[x]$ 是首 1 的无平方因子多项式,$u(x)$ 为 $f(x)$ 的分裂多项式,则上面的 $h(y)$ 是首 1 的多项式中使得 $h(u(x))$ 被 $f(x)$ 整除的次数最低的多项式.

证明 考虑集合 $I=\{g(y)\in F[y]\mid f(x)\mid g(u(x))\}$.易证明它是 $F[y]$ 的一个理想.因 $F[y]$ 是主理想环,所以存在首 1 的次数最低的生成元 $g(y)$,下面即证明 $h(y)=g(y)$.

当然根据定义,首先要说明 $h(y)\in I$.因为 $f(x)=f_1(x)f_2(x)\cdots f_r(x)$ 是不可约分解,使用定理 3.10.1 的记号,有 $u(x)\equiv c_i(\mathrm{mod}\ f_i(x))$,所以 $f_i(x)$ 整除 $u(x)-c_i$,同样整除 $\prod_{c\in C}(u(x)-c)=h(u(x))$,所以 $h(u(x))$ 被 $f(x)$ 整除.因而 $g(y)\mid h(y)$.

如果 $g(y)\neq h(y)$,则存在分裂值集合的真子集 C',使得

$$g(y) = \prod_{c\in C'}(y - c)$$

即存在 $c_i\in C\backslash C'$.下面证明 $f_i(x)\mid g(u(x))$.如果 $f_i(x)$ 整除 $\prod_{c\in C'}(u(x)-c)$,

则因 $f_i(x)$ 不可约,所以必然存在 $c \in C'$,使得 $f_i(x)$ 整除 $u(x)-c$.从而由已知 $u(x) \equiv c_i (\mathrm{mod}\ f_i(x))$,$c \equiv c_i (\mathrm{mod}\ f_i(x))$,即知 $c = c_i$,这和 $c_i \in C \backslash C'$ 矛盾.所以 $f_i(x) \mid g(u(x))$,自然 $f(x)$ 不整除 $g(u(x))$,即 $g(y) \notin I$,矛盾.所以 $g(y) = h(y)$.

例 3.10.1 取 $f(x) = x^4 + 3x^2 + 2 \in F_7[x]$,那么 $T = 2x^2$ 是一个分裂多项式.现在计算 $h(y)$,根据定理 3.10.5,即要找到首 1 多项式,使得 $h(u(x)) \equiv 0 (\mathrm{mod}\ f(x))$.而一次多项式显然不可以,二次多项式中 $h(y) = y^2 - y + 1$ 满足条件.$h(y)$的两个根 5,3 为分裂值.故

$$
\begin{aligned}
f(x) &= \gcd(2x^2 - 5, f(x)) \cdot \gcd(2x^2 - 3, f(x)) \\
&= (x^2 + 1)(x^2 + 2)
\end{aligned}
$$

3.11 多项式的重构

在实际应用中经常遇到多项式的**重构**问题.令 F 为任意的域,$x_1, x_2, \cdots, x_n \in F$ 是 n 个不同的元素,t, d 是两个整数.

问题 3.11.1 给定 $y_1, y_2, \cdots, y_n \in F$,找到所有满足 $\deg f(x) < d$ 的多项式 $f(x) \in F[x]$,使得至少有 t 个 i,满足

$$f(x_i) = y_i$$

命题 3.11.1 如果满足 $2t - n > d$,则问题 3.11.1 至多有一个解 $f(x) \in F[x]$.

证明 考虑集合 $I, J \subseteq \{1, 2, \cdots, n\}$,其元素个数都大于 t.设有两个多项式满足问题 3.11.1:

$$f(x_i) = y_i (i \in I) \quad g(x_i) = y_i (i \in J)$$

则对于任意的 $I \cap J$,都有 $f(x_i) = g(x_i)$.由于一元多项式根的个数小于或等于次数,所以如果 $|I \cap J| > d$,则 $f = g$.根据假设,可知

$$|I \cap J| = |I| + |J| - |I \cup J| \geqslant 2t - n > d$$

证毕.

如果 $t = n$ 且 $n > d$,则至多有一个解.根据 Lagrange 插值定理,用 $x_1, x_2, \cdots, x_n$ 前 $d+1$ 个元,得

$$f(x) = \sum_{j=1}^{d+1} y_j \prod_{i=1, i \neq j}^{d+1} \frac{x - x_i}{x_j - x_i}$$

然后对 $i > d+1$ 检查是否有 $f(x_i) = y_i$.

如果 $t>d+1$，解决问题 3.11.1 的一种办法是取出每个 $I\subseteq\{1,2,\cdots,n\}$，其中 $|I|=d+1$，并计算对应的次数 $\leqslant d$ 的唯一多项式 f_I，满足 $f_I(x_i)=y_i(i\in I)$，然后对 $i\notin I$ 计算 $f_I(x_i)$，保留那些在至少 $t-(d+1)$ 个 $i\notin I$ 处满足 $f_I(x_i)=y_i$ 的 f_I. 这样本过程需要考虑的多项式的个数为 $\binom{n}{d+1}$.

一般重构问题的描述为：给定两组序列 $\{x_1,x_2,\cdots,x_n\},\{y_1,y_2,\cdots,y_n\}\in F$，找出多项式 $f(x)\in F[x]$ 使得在足够多的 i 处，$f(x_i)=y_i$.

重构与插值的明显差别是，重构不需要取特殊的 i，使得 $f(x_i)=y_i$.

通过限制 $f(x)$ 的次数以及设定满足 $f(x_i)=y_i$ 的 i 的个数的下界，我们可以使得解的个数为 1 或 0，因此得到找出一个解的简单算法. 特别地，令 F 为给定域，$x_1,x_2,\cdots,x_n\in F$ 是 n 个不同的元素，$y_1,y_2,\cdots,y_n\in F$，选择正整数 $k<n$，寻找 $f(x)$，使得：

(1) $\deg f(x)<k$；

(2) i 的个数 $|\{i\,|\,f(x_i)\neq y_i\}|\leqslant(n-k)/2$.

则根据命题 3.11.1，算法或者给出唯一满足条件的解，或者显示 $f(x)$ 不存在.

为了找到满足上述限制的 $f(x)$，用算法找到多项式 $E(x),N(x)\in F[x]$，使得：

(1) $E(x)$ 是首 1 的，且 $\deg E(x)\leqslant(n-k)/2$；

(2) $\deg N(x)\leqslant(n+k)/2-1$；

(3) 对于任意的 $i=1,2,\cdots,n$，$N(x_i)=y_iE(x_i)$.

若 $E(x)\,|\,N(x)$，则 $\deg(N(x)/E(x))<k$，在至多 $\deg(E(x))\leqslant(n-k)/2$ 处，有 $N(x_i)/E(x_i)\neq y_i$，因此 $f(x)=N(x)/E(x)$ 是原问题的一个解. 如果 $E(x)\,|\,N(x)$ 或者 $\deg(N(x)/E(x))\geqslant k$，则原问题无解.

为了找出 $E(x),N(x)\in F[x]$，注意最后一个条件对于所有 (x_i,y_i)，蕴涵

$$N(x_i)=\sum_{j=0}^{(n+k)/2-1}n_jx_i^j=y_i\sum_{j=0}^{(n-k)/2}e_jx_i^j=y_iE(x_i)$$

但这是一含 $(n+k)/2+(n-k)/2+1=n+1$ 个未知数、n 个方程的齐次线性方程组，因此至少有一个非零解，可以除以适当的常数，使得 $E(x)$ 为首 1 的. 注意存在一个 $E(x)\neq0$ 的解，因为如果 $E(x)=0$，则 $N(x)=0$（因为 $\deg N(x)<n$，而对于所有的 $i=1,2,\cdots,n$，$N(x_i)=0$）.

虽然上述线性方程组的解不是唯一的，但是下面说明 $N(x)/E(x)$ 是唯一的.

引理 3.11.1　对于 $i=1,2$，如果 $E_i(x),N_i(x)\in F[x]$ 满足上述三个条件，且 $E_i(x)\,|\,N_i(x)$，则 $N_1(x)/E_1(x)=N_2(x)/E_2(x)$.

证明　根据条件(3)，对所有的 $i=1,2,\cdots,n$，有

$$y_i(N_1(x_i)E_2(x_i)-N_2(x_i)E_1(x_i))=0$$

如果 $y_i \neq 0$,则 $N_1(x_i)E_2(x_i) - N_2(x_i)E_1(x_i) = 0$;如果 $y_i = 0$,则有 $N_1(x_i) = N_2(x_i) = 0$,同样有 $N_1(x_i)E_2(x_i) - N_2(x_i)E_1(x_i) = 0$. 由于

$$\deg(N_1(x)E_2(x) - N_2(x)E_1(x)) \leqslant \frac{n+k}{2} + \frac{n-k}{2} - 1 = n - 1$$

所以 $N_1(x)E_2(x) = N_2(x)E_1(x)$,即得引理.

我们想知道是否在解存在的情况下,算法始终产生一个解. 假设 $f(x)$是原问题的解,定义 $E(x)$为

$$E(x) = \prod_{\substack{i=1 \\ f(x_i) \neq y_i}}^{n} (x - x_i)$$

定义 $N(x) = f(x)E(x)$,使得 $N(x)/E(x) = f(x)$.

验证 $E(x)$,$N(x)$满足三个条件. 首先,$|\{i \mid f(x_i) \neq y_i\}| \leqslant (n-k)/2$,即有 $\deg E(x) \leqslant (n-k)/2$,$E(x)$是首 1 的,故条件(1)成立. 其次,因为 $\deg f(x) < k$,$\deg E(x) \leqslant (n-k)/2$,故

$$\deg N(x) = \deg f(x) + \deg E(x) \leqslant k - 1 + \frac{n-k}{2} = \frac{n+k}{2} - 1$$

所以条件(2)成立. 最后,由于 $N(x_i) = f(x_i)E(x_i)$,所以当 $f(x_i) = y_i$ 时,$N(x_i) = y_iE(x_i)$. 如果 $f(x_i) \neq y_i$,由于 $N(x_i) = E(x_i) = 0$,所以 $N(x_i) = y_iE(x_i)$亦成立. 根据前面的讨论,可知 $E(x)$,$N(x)$满足条件 $E(x) \mid N(x)$,则 $N(x)/E(x)$是唯一的. 所以,如果算法没有找到适当的 $E(x)$,$N(x)$,则原问题无解.

例 3.11.1 考虑 $n = 3, k = 1$ 的情况. 寻找 $f(x)$,使得至少有两个 i 满足 $f(x_i) = y_i$. 用上面的算法,找出 $N(x) = n_0 + n_1 x$,$E(x) = e_0 + e_1 x$,使得 $N(x_i) = y_iE(x_i)$. 为简单起见,令 $x_i = i$,即得

$$\begin{bmatrix} 1 & 1 & -y_1 & -y_1 \\ 1 & 2 & -y_2 & -2y_2 \\ 1 & 3 & -y_3 & -3y_3 \end{bmatrix} \begin{bmatrix} n_0 \\ n_1 \\ e_0 \\ e_1 \end{bmatrix} = 0$$

除了 $y_1 = y_2 = y_3$ 的解为 $N(x) = y_1 x$,$E(x) = x$,或者 $N(x) = y_1$,$E(x) = 1$ 之外,一般解为

$$\begin{bmatrix} n_0 \\ n_1 \\ e_0 \\ e_1 \end{bmatrix} = c \begin{bmatrix} 3y_1y_2 - 4y_1y_3 + y_2y_3 \\ -y_1y_2 + 2y_1y_3 - y_2y_3 \\ -y_1 + 4y_2 - 3y_3 \\ y_1 - 2y_2 + y_3 \end{bmatrix} \quad (c \in F)$$

如果 $y_1 = y_2 \neq y_3$,则

$$N(x) = 3y_1(y_1 - y_3) + y_1(y_3 - y_1)x$$
$$E(x) = 3(y_1 - y_3) + (y_3 - y_1)x$$
$$N(x)/E(x) = y_1$$

当 y_1, y_2, y_3 互异时,结果相当复杂.例如,取 $y_1 = 1, y_2 = 2, y_3 = 4$,得 $N(x) = -2 - 2x, E(x) = -5 + x$,使得 $N(x_i) = y_i E(x_i)$,但是 $E(x) \nmid N(x)$,因而原问题无解.

对于问题 3.11.1 还有其他的方法.例如,**Sudan(苏丹)算法**(具体情况参考 9.7 节)考虑构造两变量多项式 $Q(x,y) \in F[x,y]$,使得对于 $i = 1, 2, \cdots, n$, $Q(x_i, y_i) = 0$,然后把 $Q(x,y)$ 作不可约分解来求得所需的解.

3.12　素性测试

所谓素性测试,即输入一个正整数 n,判断 n 是否为素数.当然素性测试有很多应用,特别是在编码密码学中.这一节介绍一种多项式时间的决定性算法:**AKS 算法**,它被认为是近年来该领域中的重大进展.

3.12.1　基本想法

定理 3.12.1　令 $n > 1$ 是一个整数.如果 n 是素数,则对任意的 $a \in \mathbb{Z}_n$,在环 $\mathbb{Z}_n[x]$ 中成立恒等式

$$(x + a)^n = x^n + a \tag{3.12.1}$$

反之,如果 n 是合数,则对所有 $a \in \mathbb{Z}_n^*$,等式(3.12.1)不成立.

证明　如果 n 是素数,恒等式成立的证明可以参照推论 2.2.1,并注意在 $\mathbb{Z}_n$ 中,$a^n = a$.反之,如果 n 是合数,考虑 n 的素因子 p,且 $n = p^k m\ (p \nmid m)$.考虑二项展开式

$$(x + a)^n = x^n + \binom{n}{1} a x^{n-1} + \cdots + \binom{n}{p} a^p x^{n-p} + \cdots + a^n$$

其中系数 $\binom{n}{p}$ 不能被 p^k 整除.因为

$$\binom{n}{p} = \frac{n(n-1)\cdots(n-p+1)}{p!}$$

的分子中只有 n 能够被 p 整除(若 $n - i$ 能够被 p 整除,则 p 整除 $i = n - (n - i)$,

但是 $1\leqslant i\leqslant p-1$,矛盾),$\binom{n}{p}$不能被 n 整除,即$\binom{n}{p}\equiv 0 \pmod n$,而 $n-p>0$,所以式(3.12.1)不成立.

当然,由定理 3.12.1 不能立即给出有效的素性测试的方法.实际上,$(x+a)^n$ 的计算较为困难. Agrawal(阿格拉沃尔)、Kayal(卡亚尔)与 Saxena(萨克塞纳)(AKS)的关键想法是:如果式(3.12.1)对于适当的 r 模去 x^r-1 后对于充分多的 a 都成立,则 n 是素数.

现在列出 **AKS 素性测试**的步骤.

(1) 输入奇数 n. 如果 $n=a^b$,$b\geqslant 2$,则输出 n 是"合数". 当然,验证这一点很简单,只需不断地开方,看看开方的结果是否是整数.

(2) 找到最小整数 $r>1$,满足

$$\gcd(r,n)>1$$

或者

$$\gcd(r,n)=1$$

且 $\bar{n}$ 在 $\mathbb{Z}_r^*$ 中的乘法阶大于 $4\operatorname{len} n^2$.

(3) 如果 $r=n$,则 n 是"素数".

(4) 如果 $\gcd(r,n)>1$,则 n 是"合数".

(5) 对 $j\leftarrow 1$ 到 $2\operatorname{len} n\lfloor r^{1/2}\rfloor+1$,在环 $\mathbb{Z}_n[x]$中判断:

如果$(x+j)^n\not\equiv x^n+j \pmod{x^r-1}$,则 n 是"合数".

(6) 返回 n 是"素数".

定理 3.12.2 对于整数 $n>1$,$m\geqslant 1$,使得 $r\mid n$ 且 $\bar{n}$ 在 $\mathbb{Z}_r^*$ 中的乘法阶大于 m 的最小素数 r 大小为 $O(m^2\operatorname{len} n)$.

证明 为简便起见,如果素数 r 满足 $r\nmid n$ 且 $\bar{n}$ 在 $\mathbb{Z}_r^*$ 中的乘法阶大于 m,则称之为"好的",否则称之为"坏的".如果 r 是坏的,则 $r\mid n$,或者对于 $d=1,2,\cdots,m$,$r\mid n^d-1$. 因此任意坏的素数 r 满足

$$r \mid n\prod_{d=1}^{m}(n^d-1)$$

如果所有小于或等于 $x(\geqslant 2)$ 的素数 r 是坏的,则所有至多不超过 x 的素数之积整除 $n\prod_{d=1}^{m}(n^d-1)$,特别地

$$\prod_{r\leqslant x} r\leqslant n\prod_{d=1}^{m}(n^d-1)$$

两边取对数,得

$$\sum_{r\leqslant x}\ln r\leqslant \ln\left(n\prod_{d=1}^{m}(n^d-1)\right)\leqslant(\ln n)\left(1+\sum_{d=1}^{m}d\right)$$

$$= (\ln n)\left(1 + \frac{m(m+1)}{2}\right)$$

如果我们承认较弱形式的**素数定理**(可以在很多关于数论的教程中找到)：

$$\sum_{r \leqslant x} \ln r \geqslant cx$$

($c>0$ 是某个常数)，则可以得到

$$x \leqslant c^{-1}(\ln n)\left(1 + \frac{m(m+1)}{2}\right)$$

因此结论成立.

根据定理 3.12.2，在 AKS 素性测试的第 2 步中找到的 r(不必是素数)的大小应为 $O((\mathrm{len}\ n)^5)$，因此得到：

定理 3.12.3　若 AKS 素性测试正确，则算法需要的运行次数为 $O((\mathrm{len}\ n)^{16.5})$.

因此，AKS 素性测试是多项式时间的算法.

3.12.2　算法的正确性

定理 3.12.4　在 AKS 素性测试中，如果输入的是素数，则输出的是"素数".

证明　显然，若输入的是素数，则跳到第 2 步. 如果第 3 步没有返回"素数"，第 4 步也不会返回"合数". 如果算法进行到第 5 步，则由定理 3.12.1，知第 5 步的循环中所有测试失败，这样返回"素数".

定理 3.12.5　在 AKS 素性测试中，如果输入的是合数，则输出的是"合数".

定理 3.12.5 的证明较长，需要后面的几个引理. 根据算法的第 1 步，首先可以假设 n 不是素数的方幂. 再假设算法在第 2 步找到了合适的 r，即第 3 步失败，如果第 4 步成立，则算法结束. 最后可以假设第 4 步失败，即 n 的所有素因子全都大于 r，我们要证明第 5 步中必然有一次测试的结果是"合数". 证明的方法是反证法：要是没有一次返回"合数"，则矛盾.

假设第 5 步的测试没有一次成立，即假设

$$(x+j)^n \equiv x^n + j \pmod{x^r - 1} \quad (j = 1, 2, \cdots, 2\mathrm{len}\ n\lfloor r^{1/2}\rfloor + 1) \tag{3.12.2}$$

在以下证明中，我们固定 n 的一个素因子 p. 因为 $p \mid n$，所以有自然的环同态：

$$\pi: \mathbb{Z}_n[x] \to \mathbb{Z}_p[x]$$

$$\bar{a}_0 + \bar{a}_1 x + \cdots + \bar{a}_m x^m \mapsto [a_0] + [a_1]x + \cdots + [a_m]x^m$$

其中 $\bar{a}_i$ 表示整数 a_i 模 n 的剩余，而 $[a_i]$ 表示整数 a_i 模 p 的剩余. 因此式(3.12.2)在 $\mathbb{Z}_n[x]$ 中成立，从而在 $\mathbb{Z}_p[x]$ 中也成立.

为导出矛盾，下面精确地描述一下我们的假设：

(1) $n>1, r>1$ 且 $l\geqslant 1$, p 是 n 的一个素因子且 $\gcd(n,r)=1$;

(2) n 不是素数的方幂;

(3) $p>r$;

(4) 同余式

$$(x+j)^n \equiv x^n + j \pmod{x^r-1} \quad (j=1,2,\cdots,l)$$

在 $\mathbb{Z}_p[x]$ 中成立;

(5) $\bar{n}$ 在 $\mathbb{Z}_r^*$ 中的乘法阶大于 $4(\operatorname{len} n)^2$;

(6) $l>2\operatorname{len} n\lfloor r^{1/2}\rfloor$.

定义 $\mathbb{Z}_p$ 代数 $E:\mathbb{Z}_p[x]/(x^r-1)$. 令 $\xi=\bar{x}$,则 $E=\mathbb{Z}_p[\xi]$,且 E 中的每个元素可以唯一地表示为 $g(\xi)$,其中 $g(x)\in\mathbb{Z}_p[x]$ 是一个次数小于 r 的多项式. 对于任意的多项式 $g(x)\in\mathbb{Z}_p[x]$,如果 $g(\xi)=0$,则 $x^r-1\mid g(x)$. 而 ξ 在乘法群 E^* 中的阶是 r,因为 $s<r$ 时 $\xi^s-1\neq 0$,否则 $x^r-1\mid x^s-1$,矛盾.

假设(4)在 E 中写成

$$(\xi+j)^n = \xi^n + j \quad (j=1,2,\cdots,l)$$

这一等式的形式是 $g_j(\xi)^n=g_j(\xi^n)$,其中 $g_j(x)=x+j$. 为了更好地了解这一等式,我们从更一般的角度研究它.

引理 3.12.1 对于任意的 $\bar{k}\in\mathbb{Z}_r^*$,定义 $\hat{\sigma}_k:\mathbb{Z}_p[x]\to E, g(x)\mapsto g(\xi^k)$,则 $\hat{\sigma}_k$ 是 $\mathbb{Z}_p$ 代数同态,且 $\ker\hat{\sigma}_k=(x^r-1)$, $\operatorname{im}\hat{\sigma}_k=E$.

证明 容易验证 $\hat{\sigma}_k$ 是 $\mathbb{Z}_p$ 代数同态(留作习题). 令 $J=\ker\hat{\sigma}_k$,则 J 是 $\mathbb{Z}_p[x]$ 的理想. 由于 $\hat{\sigma}_k(x^r-1)=\xi^r-1=\bar{x}^r-1=\overline{x^r-1}=0$,所以 $\ker\hat{\sigma}_k\supseteq(x^r-1)$.

反之,如果 $g(x)\in J$,则 $g(\xi^k)=0$. 令 $h(x)=g(x^k)$,则 $h(\xi)=0$,所以 $x^r-1\mid h(x)$,即存在 $f(x)\in\mathbb{Z}_p[x]$,使得 $h(x)=(x^r-1)f(x)$. 又因为 $\bar{k}\in\mathbb{Z}_r^*$,所以存在 $\bar{k}'\in\mathbb{Z}_r^*$,使得 $\bar{k}\bar{k}'=\bar{1}$,即 $kk'\equiv 1\pmod r$,从而得

$$g(\xi) = g(\xi^{kk'}) = h(\xi^{k'}) = (\xi^{rk'}-1)f(\xi) = 0$$

因此 $x^r-1\mid g(x)$. 这样有 $\ker\hat{\sigma}_k=(x^r-1)$.

最后证明 $\hat{\sigma}_k$ 是满射. 由于 E 中的每个元素可以表示为 $g(\xi)$,其中 $g(x)\in\mathbb{Z}_p[x]$,再根据上面的讨论,可设 $h(x)=g(x^{k'})$,则得

$$\hat{\sigma}_k(h(x)) = g(\xi^{kk'}) = g(\xi)$$

这样对于 $\bar{k}\in\mathbb{Z}_r^*$,可以定义映射 $\sigma_k:E\to E, g(\xi)\mapsto g(\xi^k)$,可以验证这是一个环同构(根据引理 3.12.1,对 $\hat{\sigma}_k$ 使用同态基本定理),准确地说,这是 $\mathbb{Z}_p$ 代数同构. 而且对于所有 $\bar{k},\bar{k}'\in\mathbb{Z}_r^*$,有:

(1) $\sigma_k=\sigma_{k'}\Leftrightarrow\xi^k=\xi^{k'}\Leftrightarrow\bar{k}=\bar{k}'$;

(2) $\sigma_k\circ\sigma_{k'}=\sigma_{k'}\circ\sigma_k=\sigma_{kk'}$.

实际上,集合$\{\sigma_k \mid \bar{k}\in\mathbb{Z}_r^*\}$在映射的复合下形成一个交换群,该群同构于$\mathbb{Z}_r^*$.

已知E中的Frobenius映射是代数同态,且

$$\sigma: g(\xi)\mapsto g(\xi)^p = g(\xi^p) = \sigma_p(g(\xi))$$

所以σ_p与E中的Frobenius映射一致.

这样我们可以把假设(4)改写为

$$\sigma_n(\xi+j) = (\xi+j)^n \quad (j=1,2,\cdots,l)$$

当然这是一个相当强的条件.为了由这一条件导出矛盾,我们进一步定义两个集合.首先,对于固定的$\alpha\in E$,定义

$$C(\alpha) = \{\bar{k}\in\mathbb{Z}_r^* \mid \sigma_k(\alpha) = \alpha^k\}$$

对于固定的$\bar{k}\in\mathbb{Z}_r^*$,定义

$$D(\bar{k}) = \{\alpha\in E \mid \sigma_k(\alpha) = \alpha^k\}$$

引理 3.12.2　对于任意的$\alpha\in E$,$\bar{k},\bar{k}'\in C(\alpha)$,有$\bar{k}\bar{k}'\in C(\alpha)$.

证明　根据定义,有$\sigma_k(\alpha)=\alpha^k$,$\sigma_{k'}(\alpha)=\alpha^{k'}$,则

$$\sigma_{kk'}(\alpha) = \sigma_k(\sigma_{k'}(\alpha)) = \sigma_k(\alpha^{k'}) = (\sigma_k(\alpha))^{k'} = ((\alpha)^k)^{k'} = \alpha^{kk'}$$

引理 3.12.3　对于任意的$\bar{k}\in\mathbb{Z}_r^*$,$\alpha,\beta\in D(\bar{k})$,则$\alpha\beta\in D(\bar{k})$.

证明　根据定义$\sigma_k(\alpha)=\alpha^k$,$\sigma_k(\beta)=\beta^k$,则

$$\sigma_k(\alpha\beta) = \sigma_k(\alpha)\sigma_k(\beta) = \alpha^k\beta^k = (\alpha\beta)^k$$

现在我们定义:

(1) s是$\bar{p}$在$\mathbb{Z}_r^*$中的乘法阶;

(2) t是$\bar{p}$与$\bar{n}$在$\mathbb{Z}_r^*$中生成的乘法子群的阶.

因此$r\mid p^s-1$.如果我们取$\mathbb{Z}_p$的任意s次扩域F,则定理2.2.2是说,F^*是p^s-1阶循环群,所以F^*有r阶元$\zeta\in F^*$.这样可以定义多项式的赋值映射$\hat{\tau}:\mathbb{Z}_p[x]\to F$,把多项式$g(x)\in\mathbb{Z}_p[x]$映为$g(\zeta)$.显然$\ker\hat{\tau}\supseteq(x^r-1)$,从而可以定义$\tau:E\to F$,把$g(\xi)$映为$g(\zeta)$,这是一个$\mathbb{Z}_p$代数同态.更准确地说,我们已知$F\cong\mathbb{Z}_p[x]/(f(x))$,其中$f(x)$是$\zeta$,映射$\hat{\tau}$是自然同态.

现在的关键是考虑集合$S=\tau(D(\bar{n}))$.

引理 3.12.4　在前面假设(2)下,可得

$$|S|\leqslant n^{2\lfloor t^{1/2}\rfloor}$$

证明　考虑集合

$$I = \{n^u p^v \mid u,v = 0,1,\cdots,\lfloor t^{1/2}\rfloor\}$$

我们证明$|I|>t$.首先证明由不同的(u,v)可给出不同的$n^u p^v$.(2)假设n不是素数的方幂,所以n可以被素数$q\neq p$整除.因此$(u',v')\neq(u,v)$,则:

(1) $u'\neq u$,此时$n^u p^v$的素因子分解式中素数q的方幂与$n^{u'}p^{v'}$不相等;

(2) $u'=u, v'\neq v$，此时 $n^u p^v$ 的素因子分解式中素数 p 的方幂与 $n^{u'}p^{v'}$ 不相等.

这样 I 中整数的个数为 $(\lfloor t^{1/2}\rfloor+1)^2>t$. 前面已知 t 是 $\bar{p}$ 与 $\bar{n}$ 在 $\mathbb{Z}_r^*$ 中生成的乘法子群的阶，所以 I 中至少有两个不同的整数 k 与 k' 模 r 同余. 但是 I 中的每个整数都是 2 个或至多 $n^{\lfloor t^{1/2}\rfloor}$ 个正整数的乘积，所以 k 与 k' 的取值范围为 $1,2,\cdots,n^{2\lfloor t^{1/2}\rfloor}$.

假设 $\alpha\in D(\bar{n})$，即 $\bar{n}\in C(\alpha)$. 显然，我们始终有 $\bar{1},\bar{p}\in C(\alpha)$（$\bar{p}$ 对应 Frobenius 映射），所以 $\bar{n}^u\bar{p}^v\in C(\alpha)$. 特别地，$k,k'\in C(\alpha)$，即

$$\sigma_k(\alpha)=\alpha^k \quad 且 \quad \sigma_{k'}(\alpha)=\alpha^{k'}$$

因为 k 与 k' 模 r 同余，所以 $\sigma_k=\sigma_{k'}$，因此 $\alpha^k=\alpha^{k'}$. 应用同态 τ，得到

$$\tau(\alpha)^k=\tau(\alpha)^{k'}$$

因为这一等式对所有 $\alpha\in D(\bar{n})$ 成立，所以 S 中所有元素（在 F 中）是多项式 $x^k-x^{k'}$ 的根，而此多项式的次数 $\leqslant\max(k,k')\leqslant n^{2\lfloor t^{1/2}\rfloor}$，从而至多有 $n^{2\lfloor t^{1/2}\rfloor}$ 个根.

引理 3.12.5 在假设(3)与(4)下，有

$$|S|\geqslant 2^{\min(t,l)}-1$$

证明 取 $m=\min(t,l)$. 在假设(4)下，有 $\xi+j\in D(\bar{n})$ $(j=1,2,\cdots,m)$. 在假设(3)下，有 $p>r>t\geqslant m$，所以 $j=1,2,\cdots,m$ 模 p 互不同余. 定义

$$P=\{\prod_{j=1}^{m}(x+j)^{e_j}\in\mathbb{Z}_p[x]\mid e_j\in\{0,1\},j=1,2,\cdots,m,\sum_{j=1}^{m}e_j<m\}$$

即 P 取遍所有真子集 $T\subset\{x+j\mid j=1,2,\cdots,m\}$ 的元素乘积，因此 $|P|=2^m-1$.

定义

$$P(\xi)=\{f(\xi)\in E\mid f(x)\in P\},\quad P(\zeta)=\{f(\zeta)\in F\mid f(x)\in P\}$$

注意 $\tau(P(\xi))=P(\zeta)$，从而由引理 3.12.3，得 $P(\xi)\subseteq D(\bar{n})$.

因此为了证明引理，只需证明 $|P(\zeta)|=2^m-1$. 如果不是这样，则有次数至多为 $t-1$ 的互异多项式 $g(x),h(x)\in\mathbb{Z}_p[x]$，使得

$$g(\xi),h(\xi)\in P(\xi)\subseteq D(\bar{n}) \quad 且 \quad \tau(g(\xi))=\tau(h(\xi))$$

所以 $\bar{n}\in C(g(\xi))$，而且 $\bar{1},\bar{p}\in C(g(\xi))$. 同理，$\bar{1},\bar{p},\bar{n}\in C(h(\xi))$. 根据引理 3.12.2，所有形如 $n^u p^v$（u,v 取遍所有非负整数）的整数 k 满足

$$\bar{k}\in C(g(\xi)) \quad 且 \quad \bar{k}\in C(h(\xi))$$

已知 $\tau(g(\xi))=\tau(h(\xi))$，所以 $\tau(g(\xi))^k=\tau(h(\xi))^k$，因此

$$\begin{aligned}0&=\tau(g(\xi))^k-\tau(h(\xi))^k\\&=\tau(g(\xi)^k)-\tau(h(\xi)^k) \quad (\tau\ 是同态)\\&=\tau(g(\xi^k))-\tau(h(\xi^k)) \quad (\bar{k}\in C(g(\xi))\cap C(h(\xi)))\\&=g(\zeta^k)-h(\zeta^k) \quad (\tau\ 的定义)\end{aligned}$$

因此，$f(x)=g(x)-h(x)\in\mathbb{Z}_p[x]$是次数至多为 $t-1$ 的非零多项式，对于所有形如 $n^u p^v$ 的整数k，在域 F 中有根ζ^k. 而根据定义，在$\mathbb{Z}_r^*$ 中所有形如 $\bar{n}^u\bar{p}^v$ 的元素即为$\bar{p}$ 与$\bar{n}$ 在$\mathbb{Z}_r^*$ 中生成的乘法子群，其阶为 t. 而 ζ 的乘法阶为r，对于任意的 k，k'，$\zeta^k=\zeta^{k'}$当且仅当$\bar{k}=\bar{k}'$. 因此当 k 取遍所有形如$n^u p^v$ 的整数时，ζ^k 取遍F 中的t 个值. 但是$f(x)$如果是非零多项式，则至多有 $t-1$ 个根，矛盾.

现在，我们来完成定理 3.12.2 的证明. 在假设(2)～(4)下，我们得到引理 3.12.4 与引理 3.12.5，即

$$2^{\min(t,l)}-1\leqslant|S|\leqslant n^{2\lfloor t^{1/2}\rfloor}\tag{3.12.3}$$

引理 3.12.6 在假设(5)与(6)下，我们有

$$2^{\min(t,l)}-1>n^{2\lfloor t^{1/2}\rfloor}$$

证明 考虑$\log_2 n\leqslant\text{len } n$，则有 $n^{2\lfloor t^{1/2}\rfloor}=2^{2\log_2 n\lfloor t^{1/2}\rfloor}\leqslant 2^{2\text{len } n\lfloor t^{1/2}\rfloor}$，只需证明

$$2^{\min(t,l)}-1>2^{2\text{len } n\lfloor t^{1/2}\rfloor}$$

即只需证明

$$\min(t,l)>2\text{len } n\lfloor t^{1/2}\rfloor$$

为证明 $t>2\text{len } n\lfloor t^{1/2}\rfloor$，只需证 $t>2\text{len } nt^{1/2}$，即 $t>4\text{len } n^2$. 但是考虑到 t 是$\bar{p}$ 与$\bar{n}$ 在$\mathbb{Z}_r^*$ 中生成的乘法子群的阶，故 t 至少和$\bar{n}$ 在$\mathbb{Z}_r^*$ 中的阶一样大，从而根据假设(4)，$t>4(\text{len } n)^2$.

最后直接由假设(5)，可得 $l>2\text{len } n\lfloor t^{1/2}\rfloor$.

习题

1. 证明：

(1) $f(x)=o(g(x))$蕴涵 $f(x)=O(g(x))$及 $g(x)\neq O(f(x))$；

(2) $f(x)=O(g(x))$与 $g(x)=O(h(x))$蕴涵 $f(x)=O(h(x))$.

2. 令 $g(x)$ 是 $F[x]$ 中任意给定的多项式，$a\in F$. 如果 $g(x)=\sum_{i=0}^{k-1}a_i x^i$，那么用下面的算法可以计算 $g(a)$：

```
b ← 0
for  i ← k - l   down to   0   do
    b ← ba + a_i
output   b
```

证明：用此算法算出 $g(a)$，需要执行 F 中的k 次乘积与k 次加和.

3. 令 $g(x)$与 $h(x)$是 $F[x]$中给定的多项式. 试设计一个算法，使得计算复合多项式 $g(h(x))$执行 F 中运算的次数不超过$O(\text{len}(g(x))^2\text{len}(h(x))^2)$.

4. 本题给出另一个判别不可约性的方法.

(1) $f(x)\in F[x]$是首1的$l(>0)$次多项式,则$f(x)$是不可约的多项式当且仅当$x^{q^l}\equiv x(\mathrm{mod}\ f(x))$,并且对于一切素数$s\mid l$,$\gcd(x^{q^{l/s}}-x,f(x))$.

(2) 用(1)来设计算法以确定$f(x)$是否可约,要求算法至多执行$O(l^{2.5}\mathrm{len}\ l\omega(l)+l^2\mathrm{len}\ q)$次$F$中的运算.

5. 证明:引理3.12.1中定义的映射$\hat{\sigma}_k$是$\mathbb{Z}_p$代数同态.

6. 证明:一个群G的非空子集S生成的群为

$$\langle S\rangle=\{x_1^{a_1}x_2^{a_2}\cdots x_n^{a_n}\mid x_1,x_2,\cdots,x_n\in S,a_i\in\mathbb{Z},n\in\mathbb{N}^*\}$$

第2篇

编码理论基础

第 4 章　编码理论基础

4.1　什么是编码理论

编码这一现象实际上是随着信息交流的产生而出现的，现在网络中信息传播、电话通信、卫星通信等都通过纠错码实现可靠通信.任何一件商品都有一个“身份证”——条形码，这是一类较常见的纠错码，称为“图形码”.计算机硬盘存储信息也依靠纠错码.可以说只要有信息交流就有编码.

例如，两个学生课下要交流对上某门课的某个老师的看法，实际上大脑要把思想编码成命令信号指挥口腔、舌头发出声音，面部肌肉做出表情(声音表情其实是再次编码)，再通过周围环境传递给对方，对方通过眼睛、耳朵接收到这些被噪声干扰过的“编码”再通过大脑“翻译”出对方的思想.再例如手机通信、网络通信，相对过程更复杂，要增加把声音转换为电信号、再把电信号转换为声音等程序.可不管怎么说，我们基本上可以把通信过程的主要部分简化成如图 4.1.1 所示的模型.

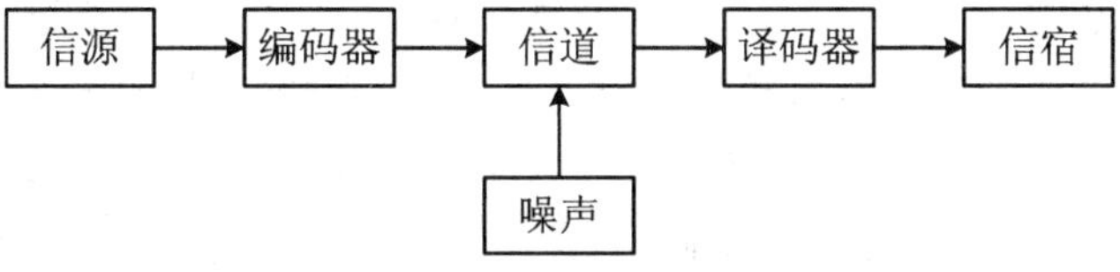

图 4.1.1　基本通信模型

但是**编码理论**作为一个独立的学科出现却源于信息论大师 C. E. Shannon(香农)在 1948 年的论文《A Mathematical Theory of Communication》(《通信中的数学理论》)中的创造.实际上，Shannon 在这篇文章中主要创造了“信息论”这个领域，因此信息论与编码论有着极其密切的亲缘关系，而编码理论主要是为传递信息服务的.

对于上述通信系统的模型，如果不去考虑噪声的干扰(当然绝大多数信道都有噪声存在，而这样的简化只是因为研究人员的兴趣或者注意力不在抗噪声上)，那么对应的领域称为**信源编码**(或无噪声编码),主要工作是研究怎样更加有效地把信源发出的信息转化为可在信道中传输的码字,当然还要保证信宿能够不失真地得到原来的信息.这类似于两个人交谈过程当中,发言人怎样遣词造句以使得发言更加简短,而又能保证词句没有模糊、歧义使得对方不产生误解.

与之相对的是,如果我们把注意力集中在怎样抗噪声上,则对应的领域称为**信道编码**(或噪声编码),这也是本书的主要兴趣.应该指出抗噪声不是"消除噪声",消除噪声可能主要是电子技术、材料技术研究的任务.因此,抗噪声的意思是怎样进行编码才能有效地抵抗噪声的干扰.举个例子,两人交谈过程中由于周围噪声干扰,发言者说出的"你应该及时纠正态度"在听者听来发音却是"你应该**极似**纠正态度",根据上下文判断知道"极似"应该是"及时",可是如果这个词是孤立的,就很难判断正误.同样在信道编码中,下面四个人称的编码无法抵抗噪声:

$$你 \to 00, \quad 我 \to 01, \quad 她 \to 10, \quad 他 \to 11$$

可以看出,这种编码是用 0 或 1 编码,且保证每个字在编码位数一样的情况下,最"节省"的一种.假设发出的是 00,噪声干扰后收到的是 10,则收方无法判断是否出错,因此必须增加"上下文"即冗余来抵抗噪声:

$$你 \to 00\,\underline{0}, \quad 我 \to 01\,\underline{1}, \quad 她 \to 10\,\underline{1}, \quad 他 \to 11\,\underline{0}$$

现在如果发出的是 000,噪声干扰后收到的是 100,收方即可以判断出错了.可细心的读者可能也看到,如果以通常的感觉(即"一样的位数越多越像"),除 011 以外,无法区分出其余三个人称中哪个人称与 100 更接近,这样发方就没法判断出究竟是哪个出错而得到了 100.鉴于此,我们设想再增加一些"冗余",或许可以改变这种棘手的情况:

$$你 \to 000\,\underline{00}, \quad 我 \to 011\,\underline{01}, \quad 她 \to 101\,\underline{10}, \quad 他 \to 110\,\underline{11}$$

假设发出的是 00000,噪声干扰后收到的是 10000,收方即可以判断出这是出错的编码,而且以"一样的位数越多越像"为标准,发现 00000 应该是发方发出的.

当然,应该有人还会提出这样一些问题,例如"0 不一定要错成 1","0 即使要错成 1,也不一定与 1 错成 0 的可能性一样","01101 错成 10000 的可能性也是存在的".为了回答这些问题,首先要对信道作一些假设.

首先,本书讨论的信道主要是**对称无记忆信道**.例如在二元情况下,对称性表现在出错的模式为 0→1 或者 1→0,且出错的概率相等,都为 $p(\ll 1/2)$;而无记忆表现在传输一个符号的出错概率与前面传输的符号出错概率相互独立.

对于"01101 错成 10000 的可能性也存在"的问题,在上述假设下,计算 00000 错成 10000 与 01101 错成 10000 的概率,分别是 p 和 p^3,显然在 $p(\ll 1/2)$假设下,$p < p^3$.这样由可能性大小来判断,00000 错成 10000 更加合理.

信息论的主要目的就是研究怎样更加准确、有效地传输信息.而编码理论就是设计编码方案以达到或接近信息论的设想.因此,信息论与编码理论的关系极为密切,但关注的主要内容又有所区别,例如在信源一定的情况下,所有“好的”编码方案中,码字的“最小平均长度”的界限是什么?在信道传输速率固定的情况下,是否可以设计出编码方案,使得码的传输速率接近信道的传输速率而出错的概率尽可能小呢?这些是信息论较关心的问题.而本书提到编码理论时,多数情况是指“纠错码的数学理论”,而纠错码理论的主要目的是“在具有一定的抗噪声能力下构造快速传输的码”.

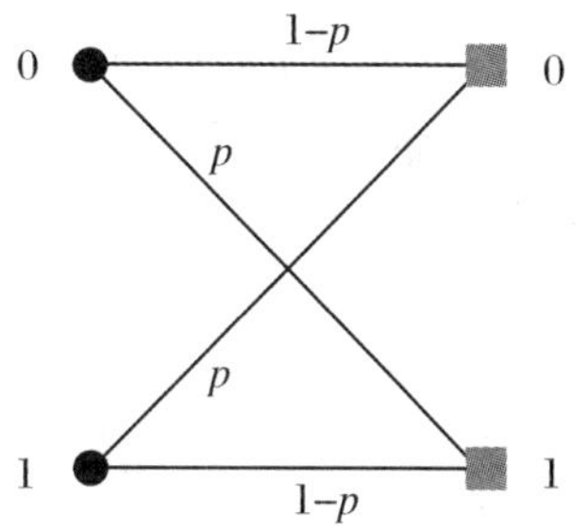

图 4.1.2　二元对称信道

对于很多初学者来说,可能不知道密码学与编码理论的区别.简单来说,研究密码学相当于在图 4.1.2 中加上**加密**与**解密**的过程,但是密码学不再关注编码理论感兴趣的问题,而主要考虑怎样防止信道上第三方对保密信息的窃听、篡改与伪造.

4.2　编码理论的基本概念

在上一节已经看到,信息一般不能直接进入信道传输,而是要转换成字母的串或序列.

定义 4.2.1　有限集合 A 称为**字母表**,其中的元素称为**字母**.字母的有限序列称为**字**或**串**,其形式为

$$\boldsymbol{x} = x_1 x_2 \cdots x_n$$

构成一个字的序列的长度称为**字长**.此外,为方便起见,经常在 A 上一切有限序列之外引入一个符号○,称为**空字**,空字的长度等于 0.A 上通常的字连同空字的全体记为 $\mathscr{A}$.

定义 4.2.2　两个 A 上的长度分别为 m,n 的字 $\boldsymbol{x}$,$\boldsymbol{y}$ 的基本运算 $\boldsymbol{x} \vee \boldsymbol{y}$ 称为**连接**,其定义为一个新字 z,z 的前 m 位是 $\boldsymbol{x}$,后 n 位是 $\boldsymbol{y}$.特别地,如果其中有一个是空字,连接的结果即与未连接空字前一样.

因此空字相当于连接运算的**单位元**.

定义 4.2.3　A 上两个长度分别为 m,n 的字 $\boldsymbol{x}$,$\boldsymbol{y}$ 相等,当且仅当同为空字或者是相同序列.

显然,一般情况下集合 $\mathscr{A}$ 非常大.实际通信中一般只取 $\mathscr{A}$ 的一个子集就够了.

定义 4.2.4　A 上全体字的集合 $\mathscr{A}$ 的一个非空子集 C 称为 A 上的一个**码**.码

中的字称为**码字**.码中所有码字的长度都为 n,称为**定长码**,n 称为 C 的**码长**;否则称为**变长码**.如果 $|A| = n$,则 C 称为 A 上的一个 n **元码**.

定长码有一个显著的优点,即在通信中已知码长 n,只需把收到的字母串按照 n 断句即可,而变长码中一般一个码字的结尾或开头有提示标志才能迅速断句.另外,由于定长的特点,很多情况下能够比较容易地引入码字之间的运算.所以本书讨论的主要是定长码.

这样,我们把字母表 A 固定为 q 元有限域 F_q.字的集合一般选取 F_q 上 n 维线性空间 $V(n,q) = F_q^n$.

定义 4.2.5 线性空间 $V(n,q)$的任意非空子集 C 称为一个 q 元分组码.如果 $|C| = M$,则称 C 的码字数为 M,C 称为一个 q 元(n,M)码.

定义 4.2.6 q 元(n,M)码 C 的码率定义为

$$R(C) = \frac{\log_q M}{n}$$

例 4.2.1(q 元重复码) 设 α 是 F_q 的本原元,$V(n,q)$的如下子集称为 q 元重复码:

$$C = \{\underbrace{00\cdots0}_{n},\underbrace{11\cdots1}_{n},\underbrace{\alpha\alpha\cdots\alpha}_{n},\cdots,\underbrace{\alpha^{q-2}\alpha^{q-2}\cdots\alpha^{q-2}}_{n}\}$$

显然这样的记号不太方便,以后在不引起混淆的情况下,我们把 C 中后 $q-1$ 个元的每一位只记 α 的指数加 1 这个数字,例如$\underbrace{\alpha\alpha\cdots\alpha}_{n}$记为$\underbrace{22\cdots2}_{n}$,则可把 q 元重复码写成

$$C = \{\underbrace{00\cdots0}_{n},\underbrace{11\cdots1}_{n},\underbrace{22\cdots2}_{n},\cdots,\underbrace{(q-1)(q-1)\cdots(q-1)}_{n}\}$$

q 元重复码的码率为

$$R(C) = \frac{\log_q q}{n} = \frac{1}{n}$$

4.3 Hamming 距离与最大似然译码

在 4.1 节提到我们讨论的信道都是对称无记忆信道.在这种信道中,收到一个字后把该字译为与之不同位数最少的码字最为合理.由“不同位数最少”出发产生了下面 Hamming 距离的概念.

定义 4.3.1 任取 $\boldsymbol{x},\boldsymbol{y}\in V(n,q)$.如果 $\boldsymbol{x} = x_1x_2\cdots x_n$,$\boldsymbol{y} = y_1y_2\cdots y_n$,则它们的 Hamming 距离定义为

$$d(\boldsymbol{x},\boldsymbol{y}) = \sum_{i=1}^{n} d(x_i, y_i)$$

其中

$$d(x_i, y_i) = \begin{cases} 0, & x_i = y_i \\ 1, & x_i \neq y_i \end{cases}$$

用 Hamming 距离重新看看对称二元无记忆对称信道的译码原则. 假设发出码字 $\boldsymbol{x}$,收到字 $\boldsymbol{y}$,此时下面的条件概率表示这种情况发生的可能性:

$$P(\boldsymbol{y} \mid \boldsymbol{x}) = (1-p)^{n-d(\boldsymbol{x},\boldsymbol{y})} p^{d(\boldsymbol{x},\boldsymbol{y})}$$

根据 4.1 节的假设错误概率 $p \ll 1/2$,知 $d(\boldsymbol{x},\boldsymbol{y})$越小 $P(\boldsymbol{y}|\boldsymbol{x})$越大. 按照条件概率 $P(\boldsymbol{y}|\boldsymbol{x})$的最大值进行译码的原则称为**最大似然译码**;按照 $d(\boldsymbol{x},\boldsymbol{y})$最小译码的原则称为**最小距离译码**. 在二元无记忆对称信道的假设下,这两者是一致的.

定理 4.3.1　任取 $\boldsymbol{x},\boldsymbol{y},\boldsymbol{z} \in V(n,q)$,Hamming 距离满足:

(1) 非负性:$d(\boldsymbol{x},\boldsymbol{y}) \geqslant 0$,$d(\boldsymbol{x},\boldsymbol{y}) = 0$ 当且仅当 $\boldsymbol{x} = \boldsymbol{y}$;

(2) 对称性:$d(\boldsymbol{x},\boldsymbol{y}) = d(\boldsymbol{y},\boldsymbol{x})$;

(3) 三角不等式:$d(\boldsymbol{x},\boldsymbol{y}) \leqslant d(\boldsymbol{x},\boldsymbol{z}) + d(\boldsymbol{y},\boldsymbol{z})$.

证明　显然只需证明(3). 设 $\boldsymbol{x} = x_1 x_2 \cdots x_n$,$\boldsymbol{y} = y_1 y_2 \cdots y_n$. 由 Hamming 距离的定义,只需对任意的 i,证明:

$$d(x_i, y_i) \leqslant d(x_i, z_i) + d(y_i, z_i)$$

然后两边对 i 求和即得. 我们分情况考虑:

(a) $d(x_i, y_i) = 0$,由(1)知结论显然;

(b) $d(x_i, y_i) = 1$,即 $x_i \neq y_i$. 如果 $d(x_i, z_i) = d(y_i, z_i) = 0$,仍由(1)得到 $x_i = z_i = y_i$,矛盾.

4.4　最小距离与码的检错、纠错能力

木桶定律说:最短的木板决定木桶的容积. 码的检错、纠错能力是由什么决定的呢? 由极大似然译码原则与 Hamming 距离的关系可以感觉到码字分布越“稀疏”,检错、纠错能力越强,而稀松的程度由下面的概念决定.

定义 4.4.1　C 是一个 q 元(n,M)码,其中 $M \geqslant 2$. C 的最小距离 $d(C)$定义为

$$d(C) = \min_{\boldsymbol{x},\boldsymbol{y} \in C, \boldsymbol{x} \neq \boldsymbol{y}} d(\boldsymbol{x},\boldsymbol{y})$$

只有一个码字的码没有这一参数. 以后提到的(n,M,d)码,表示参数为码长

n、码字数 M、最小距离 d 的码. 一般地,求一个码的最小距离较复杂.

例 4.4.1 码 $V(n,q)$的最小距离为 1.

例 4.4.2 q 元重复码

$$C = \{\underbrace{00\cdots0}_{n},\underbrace{11\cdots1}_{n},\underbrace{22\cdots2}_{n},\cdots,\underbrace{(q-1)(q-1)\cdots(q-1)}_{n}\}$$

的最小距离为 n.

定理 4.4.1 码 C 的最小距离 $d(C)=d$,当且仅当码 C 至多可以检查出 $d-1$ 个错误.

证明 当最小距离 $d(C)=d$ 时,一个码字在信道中传输发生 $e\leqslant d-1$ 个错误时不会错成另外一个码字,这样可以检查出收到的字是否是出错的字. 假设发生 $e=d$ 个错误,则由于 $d(C)=d$,所以有 $\boldsymbol{x}\neq\boldsymbol{y}, d(\boldsymbol{x},\boldsymbol{y})=d$. 这时如果发出 $\boldsymbol{x}$,收到 $\boldsymbol{y}$,则无法检查出错误. 同理可知 $e>d$ 的情况.

反之,码 C 至多可以检查出 $d-1$ 个错误,按照上面的讨论,发现只有 $d(C)=d$ 成立.

这样可以把 $d-1$ 称为码 C 的**检错能力**. 由例 4.4.1 可知码 $V(n,q)$的检错能力为 0,由例 4.4.2 知 q 元重复码的检错能力为 $n-1$. 但是应该注意,一个码字的码虽然没有最小距离,但却有检错能力,而且等于 n.

相比而言,纠错能力显然比检错能力要求更高. 例如,对于 2 元重复码 $C=\{000,111\}$,根据定理 4.4.1,它的检错能力等于 2,但是如果发生两个错误 000→110,按照最小距离译码得到的是 110→111,所以 2 元重复码的纠错能力小于 2.

定理 4.4.2 码 C 的最小距离 $d(C)=d$,当且仅当码 C 至多可以纠正 $(d-1)/2$ 个错误.

证明 必要性. 通过上面的例子可以看出,需要说明当 $d(C)=d$ 时,任一码字 $\boldsymbol{x}$ 发生 $e\leqslant(d-1)/2$ 个错误得到的字 $\boldsymbol{z}$ 不可能与另外一个码字 $\boldsymbol{y}$ 的距离 $\leqslant e$. 如果这种情况发生了,即有 $d(\boldsymbol{y},\boldsymbol{z})\leqslant d(\boldsymbol{x},\boldsymbol{z})\leqslant e$,则

$$d\leqslant d(\boldsymbol{x},\boldsymbol{y})\leqslant d(\boldsymbol{x},\boldsymbol{z})+d(\boldsymbol{y},\boldsymbol{z})\leqslant 2e\leqslant 2\left\lfloor\frac{d-1}{2}\right\rfloor\leqslant d-1$$

矛盾. 这样码 C 可以纠正 $\lfloor(d-1)/2\rfloor$ 个错误. 是否可以纠正 $\lfloor(d-1)/2\rfloor+1$ 个错误? 注意到 $\lfloor(d-1)/2\rfloor+1\geqslant d/2$,当 $d(\boldsymbol{x},\boldsymbol{y})=d$ 时,如果距离 $d(\boldsymbol{x},\boldsymbol{z})=\lfloor(d-1)/2\rfloor+1$,则可以找到 $\boldsymbol{z}$(习题),使得 $d(\boldsymbol{y},\boldsymbol{z})\leqslant d(\boldsymbol{x},\boldsymbol{z})$,所以不能纠正 $\lfloor(d-1)/2\rfloor+1$ 个错误.

充分性的讨论与定理 4.4.1 一致,完全基于必要性.

这样由例 4.4.1 可知码 $V(n,q)$的纠错能力为 0,由例 4.4.2 知 q 元重复码的纠错能力等于 $\lfloor(n-1)/2\rfloor$. 而一个码字的码纠错能力依然等于 n.

4.5　编码的基本问题与码的等价变换

摆在我们面前的一个很重要的问题是：什么是好的 q 元码？例如在4.1节中的编码的例子：你→00，我→01，她→10，他→11，如果改为

$$你\to 0000,\quad 我\to 0101,\quad 她\to 1010,\quad 他\to 1100$$

主要变化有哪些呢？

首先来看传输的效率，修改后的码长是未修改前的2倍，所以修改前每传输2个信息，修改后同一时间内只能传输1个信息. 修改前最小距离等于1，因此没有检错与纠错的能力，修改后检错能力等于1.

由此可见，要想提高检错、纠错的能力必须使码字的长度加长，但是同时带来的后果是降低了传输效率. 另外，如果只有四个码字，则传输的信息只限于它们的固定组合，但是如果增加码字数，那么保持码长等于2显然是不可能的. 这就表明参数 n,M,d 之间存在着矛盾.

因此判断码的好坏必然是相对的. 例如，在实际应用中，如果更加注重传输的效率，当然应采用较短的编码. 在编码理论中，假设不从应用出发，那么对参数 n,M,d 当然应固定其中两个，寻找码 C，使得它的第三个参数达到最大值. 例如，经常固定 n,d 寻找达到最大码字数的 q 元码 C，而此时的最大码字数记为 $A_q(n,d)$.

命题 4.5.1　对于 $n\geqslant 1$，$A_q(n,1)=q^n$，$A_q(n,n)=q$.

证明　q 元码 C 是 $V(n,q)$ 的子集，所以 $A_q(n,1)\leqslant q^n$，而由例4.4.1，知 $V(n,q)$ 的最小距离等于1.

由于 q 元重复码的参数是 (n,q,n)，所以 $A_q(n,n)\geqslant q$. 如果 q 元码 C 的码长为 n，最小距离为 n，则任意两个不同码字之间的距离为 n（习题），所以如果看 C 的所有码字的固定一位，那么任意两个码字在这一位上必然不同，而字母表是 F_q，只有 q 个字母，故最多有 q 个码字.

上述命题带来两个启示：

(1) 因为经常考察 C 的所有码字，所以应该把码 C 当成一个整体，我们经常把 (n,M,d) 写成一个矩阵，称为 C 的**码矩阵**. 这个矩阵的每一行都是一个码字：

$$\boldsymbol{G}=\begin{bmatrix} c_{11} & \cdots & c_{1n} \\ \vdots & & \vdots \\ c_{M1} & \cdots & c_{Mn} \end{bmatrix}$$

例如,刚才证明中考察了 C 的所有码字的固定一位,这相当于研究上面矩阵的固定一列.

(2) (n,q,n)码虽然形式上不同,但是可能"实质上"都是一样的.例如

$$\boldsymbol{G}_1 = \begin{bmatrix} 0 & 0 \\ 1 & 1 \end{bmatrix}, \quad \boldsymbol{G}_2 = \begin{bmatrix} 0 & 1 \\ 1 & 0 \end{bmatrix}$$

表面看起来只需把 $\boldsymbol{G}_2$ 的第二列对换$(0\leftrightarrow 1)$.这样在一般情况下,我们试图引入码与码等价的概念.

定义 4.5.1 有限集合 A 上的一个**置换**是 A 到自身的一一对应.

例 4.5.1 设 $A=\{1,2,3\}$,$\sigma(1)=1$,$\sigma(2)=3$,$\sigma(3)=2$,则 σ 是 A 上的一个置换.显然,把 σ 记成下面的形式是方便的:

$$\sigma = \begin{pmatrix} 1 & 2 & 3 \\ 1 & 3 & 2 \end{pmatrix}$$

一般地,有限集合 $A=\{a_1,\cdots,a_n\}$上的一个置换 σ 记成

$$\begin{pmatrix} a_1 & \cdots & a_n \\ \sigma(a_1) & \cdots & \sigma(a_n) \end{pmatrix}$$

定义 4.5.2 q 元码 C_1 与 C_2 等价,当且仅当 C_1 可以通过有限次下面两种类型的变换得到 C_2:

(a) 列置换,即对 C_1 码矩阵的列进行置换;

(b) 字母表的置换,即取字母表 F_q 的一个置换 σ,对 C_1 码矩阵的固定一列,例如第 j 列作置换:

$$\begin{bmatrix} c_{1j} \\ \vdots \\ c_{mj} \end{bmatrix} \rightarrow \begin{bmatrix} \sigma(c_{1j}) \\ \vdots \\ \sigma(c_{mj}) \end{bmatrix}$$

命题 4.5.2 对于固定的字 $x_1x_2\cdots x_n \in V(n,q)$,以及任意的 q 元码 C_1,存在一个与 C_1 等价的 q 元码 C_2,使得 $x_1x_2\cdots x_n \in C_2$.

4.6 $A_q(n,d)$的上、下界

在一般情况下,精确计算 $A_q(n,d)$的值是十分困难的问题.因此,我们转向估计它的取值范围.

首先,我们引入一些记号.

定义 4.6.1 任取字 $\boldsymbol{x}\in V(n,q)$,非负整数 r.以 $\boldsymbol{x}$ 为中心、半径为 r 的球

$B_q(\boldsymbol{x},r)$定义为

$$B_q(\boldsymbol{x},r)=\{\boldsymbol{y}\in V(n,q)\mid d(\boldsymbol{x},\boldsymbol{y})\leqslant r\}$$

球 $B_q(\boldsymbol{x},r)$的体积定义为该球所含的字数$|B_q(x,r)|$,记为 $\mathrm{vol}_n(r,q)$.

命题 4.6.1　球 $B_q(x,r)$的体积 $\mathrm{vol}_n(r,q)$与 $\boldsymbol{x}$ 的选取无关,其值为

$$\binom{n}{0}+\binom{n}{1}(q-1)+\binom{n}{2}(q-1)^2+\cdots+\binom{n}{r}(q-1)^r$$

证明　与 $\boldsymbol{x}$ 距离等于0的只有 $\boldsymbol{x}$ 自己,即有$\binom{n}{0}$个;距离等于1的字只需要选择一位与 $\boldsymbol{x}$ 不同,这样先选一位的方法有$\binom{n}{1}$种,而在这一位上再选不同的字母的方法有 $q-1$ 种,以此类推.

定理 4.6.1(Hamming 界)　对于任意的 q 元(n,M,d)码 C,有

$$M\leqslant\frac{q^n}{\mathrm{vol}_n(\lfloor(d-1)/2\rfloor,q)}$$

证明　根据定理 4.4.1,如果以 C 中所有码字为球心、以$\lfloor(d-1)/2\rfloor$为半径,作出的球族 $B_q(c,r)$满足下面两个条件:

(a) $\bigcup_{x\in C}B_q(\boldsymbol{x},r)\subseteq V(n,q)$;

(b) 如果 $\boldsymbol{x}\neq\boldsymbol{y}\in C$,则 $B_q(\boldsymbol{x},r)\cap B_q(\boldsymbol{y},r)=\varnothing$.

从而对(a)中式子的两边取体积,有

$$M\cdot\mathrm{vol}_n\left(\left\lfloor\frac{d-1}{2}\right\rfloor,q\right)=\sum_{x\in C}|B_q(\boldsymbol{x},r)|\leqslant|V(n,q)|=q^n$$

Hamming 界是码字数的上界.一个问题是,其中的不等号在 $M=A_q(n,d)$时是否一定变为等号呢?其实很多情况下做不到.例如,读者可以考虑习题第7题中 $A_2(5,3)$的值.

定义 4.6.2　在定理 4.6.1 中,如果 q 元(n,M,d)码 C 使得等式成立,则称之为**完备码**.

已知的码中 $V(n,q)$是完备码,因为码字数为 q^n,而即使不知道体积也看得出不等式右边$\leqslant q^n$. q 元重复码一般不是完备码,但是如果2元重复码的码长 $n=2k+1$,则它是完备码.另外,一个码字的码是完备码.

定理 4.6.1 是根据定理 4.4.1 得到的.现在我们考虑检错原理.可以看出,如果以 C 中所有码字为球心,只要半径足够大,所有的球族即可覆盖住整个 $V(n,q)$.但是若以 $d-1$ 为半径,什么时候也能做到这一点呢?

定理 4.6.2(Gilbert-Varshamov 界)

$$A_q(n,d)\geqslant\frac{q^n}{\mathrm{vol}_n(d-1,q)}$$

证明 本定理即是说，当码 C 的码字数取得最大值时，所有的球族即可覆盖住整个 $V(n,q)$. 如若不然，必有一个字 z 不属于任何球，即对 $\boldsymbol{x}\in C$ 都有 $d(\boldsymbol{x},\boldsymbol{y})\geqslant d$，作码 $C'=C\cup\{z\}$，则 $d(C')=d(C)$，但其码字数对应于最大码字数，矛盾. 即

$$\bigcup_{x\in C} B_q(\boldsymbol{x},r) = V(n,q)$$

从而得

$$A_q(n,d)\cdot \mathrm{vol}_n(d-1,q)\geqslant |V(n,q)| = q^n$$

习题

1. 证明：如果 $d(C)=d$，$d(\boldsymbol{x},\boldsymbol{y})=d$，则存在 z，使得 $d(\boldsymbol{x},z)=\lfloor (d-1)/2\rfloor+1$，而 $d(\boldsymbol{y},z)\leqslant d(\boldsymbol{x},z)$.

2. 设 3 元码 $C=\{00011,12221,10000,21111\}$，求其最小距离.

3. 有限集合 $A=\{1,2,\cdots,n\}$ 上的置换的全体记为 S_n. 证明：对于下面的乘法 $\circ$，S_n 形成一个群，即对于任意的 $\sigma,\tau\in S_n$，$i\in A$，$\sigma\circ\tau(i)=\sigma(\tau(i))$.

4. 证明命题 4.5.2.

5. 证明：3 元码 $C=\begin{bmatrix}0&1&2\\1&2&0\\2&0&1\end{bmatrix}$ 等价于 3 元重复码.

6. 证明：2 元码 $C=\begin{bmatrix}0&0&1&0&0\\0&0&0&1&1\\1&1&1&1&1\\1&1&0&0&0\end{bmatrix}$ 与 $C'=\begin{bmatrix}0&0&0&0&0\\0&1&1&0&1\\1&0&1&1&0\\1&1&0&1&1\end{bmatrix}$ 等价.

7. 计算 $A_2(4,2)$，$A_2(5,3)$ 的值.

8. 证明：如果 q 元 (n,M,d) 码 C 的最小距离为偶数，则 C 一定不是完备码.

9. 证明：若 2 元重复码的码长 $n=2k+1$，则它是完备码.

10. 证明：

(1) q 元 (n,M,d) 码 $C=\begin{bmatrix}c_{11}&\cdots&c_{1n}\\ \vdots&&\vdots\\ c_{m1}&\cdots&c_{mn}\end{bmatrix}$ 去掉最后一列后得到码 C'，其最小距离 $d(C')\geqslant d-1$，因而去掉 $d-1$ 后能保证行与行不同；

(2) $A_q(n,d)\leqslant q^{n-d+1}$.

第5章 线 性 码

5.1 线性码与 Hamming 重量

由于 $V(n,q)$有着非常自然的代数结构——线性空间,所以分组码中自然的类型是线性子空间.

定义 5.1.1 q 元$[n,k]$**线性码**是指 $V(n,q)$的一个 k 维线性子空间.

例 5.1.1 $V(n,q)$是$[n,n]$线性码;q 元重复码是$[n,1]$线性码.

对于线性码 C 和第三个参数最小距离 d,有另外一种自然的描述.

定义 5.1.2 字 $\boldsymbol{x}\in V(n,q)$的 **Hamming 重量**定义为 $\boldsymbol{x}$ 中非零分量的个数,记为 $W(\boldsymbol{x})$.码 C 的最小重量定义为非零码字的**最小重量**,记为 $W(C)$.

例 5.1.2 $V(n,q)$的最小重量为 1;q 元重复码的最小重量为 n.可见最小重量都与它们的最小距离相等.

命题 5.1.1 字 $\boldsymbol{x}\in V(n,q)$的 Hamming 重量与 Hamming 距离的关系为 $W(\boldsymbol{x})=d(\boldsymbol{x},0)$,从而有:

(a) $W(\boldsymbol{x})\geqslant 0$;

(b) $W(\boldsymbol{x}+\boldsymbol{y})\leqslant W(\boldsymbol{x})+W(\boldsymbol{y})$.

命题 5.1.2 对于非零线性码 C,其最小重量 $W(C)$等于最小距离 $d(C)$.

5.2 线性码的生成矩阵与编码

4.5 节曾把一个码 C 记为矩阵

$$\boldsymbol{G}=\begin{bmatrix} c_{11} & \cdots & c_{1n} \\ \vdots & & \vdots \\ c_{M1} & \cdots & c_{Mn} \end{bmatrix}$$

但是存储它占用空间较多.对于线性码,其实没有必要把所有码字都列出来,因为它本身是一个线性空间,从而只需选取它的一组基即可代表 C.

定义 5.2.1 设 C 是 $V(n,q)$ 中的 $[n,k]$ 线性码.一个 F_q 上 $k\times n$ 矩阵 $\boldsymbol{G}$ 称为 C 的**生成矩阵**,当且仅当 $\boldsymbol{G}$ 的所有行 $\boldsymbol{v}_1,\boldsymbol{v}_2,\cdots,\boldsymbol{v}_k$ 形成 C 的一组基. $\boldsymbol{G}$ 可以写成下面的形式:

$$\boldsymbol{G}=\begin{bmatrix}\boldsymbol{v}_1\\ \boldsymbol{v}_2\\ \vdots\\ \boldsymbol{v}_k\end{bmatrix}$$

例 5.2.1 q 元重复码的生成矩阵之一是

$$[1\quad 1\quad \cdots\quad 1]$$

实际上,容易看出 q 元重复码的任意非零码字都对应一个生成矩阵.

通过上例发现一个现象:多个生成矩阵可能对应同一个线性码,那么生成矩阵之间应该具有什么关系,其生成的线性码才等价呢?我们知道,$V(n,q)$ 的两个线性子空间等价(同构)当且仅当维数相同.由线性码的角度来看,还至少加上保持最小距离不变这一条件.

命题 5.2.1 如果 F_q 上两个 $k\times n$ 矩阵 $\boldsymbol{G}_1$ 与 $\boldsymbol{G}_2$ 都是行满秩的,并且 $\boldsymbol{G}_1$ 可通过有限次下列变换变为 $\boldsymbol{G}_2$,则 $\boldsymbol{G}_1$ 生成的线性码与 $\boldsymbol{G}_2$ 生成的线性码等价:

(a) 任意初等行变换;

(b) 交换任意两列或者给某一列乘上非零的常数.

可以看出,如果通过上述变换 $\boldsymbol{G}_1$ 与 $\boldsymbol{G}_2$ 可以互换,则 $\boldsymbol{G}_1$ 生成的线性码与 $\boldsymbol{G}_2$ 生成的线性码最多相差一个列置换.

例 5.2.2 在命题 5.2.1 中不包含第三种初等列变换,即把某一列的倍数加到另一列上.下面的例子说明,这种变换有时不能保持线性码的最小距离不变,例如在 $F_2=\mathbb{Z}_2$ 上,

$$\boldsymbol{G}_1=[1\quad 1],\quad \boldsymbol{G}_2=[1\quad 0]$$

可以通过第三种初等列变换互变,但是 $\boldsymbol{G}_1$ 生成的线性码的最小距离等于 2,$\boldsymbol{G}_2$ 生成的线性码的最小距离等于 1.

命题 5.2.2 q 元 $[n,k]$ 线性码 C 的生成矩阵 $\boldsymbol{G}$,通过命题 5.2.1 的初等变换(a)和(b)可以变为形如 $[\boldsymbol{E}_k\mid\boldsymbol{A}]$ 的分块矩阵,其中 $\boldsymbol{E}_k$ 是 k 阶单位阵,$\boldsymbol{A}$ 是某个 $k\times(n-k)$ 矩阵.

在上述命题中,$[\boldsymbol{E}_k\mid\boldsymbol{A}]$ 称为生成矩阵的标准形.在不引起混淆的情况下,称之为 $\boldsymbol{G}$ 的标准形.

例 5.2.3 例 5.2.2 中,$\boldsymbol{G}_1=[1\quad 1]$,$\boldsymbol{G}_2=[1\quad 0]$ 都是生成矩阵的标准形.

例 5.2.4 2元线性码的生成矩阵

$$G=\begin{bmatrix}1&1&1&0&0\\0&0&1&1&0\\1&1&1&1&1\end{bmatrix}$$

可化为标准形

$$\begin{bmatrix}1&0&0&1&1\\0&1&0&0&1\\0&0&1&0&1\end{bmatrix}$$

线性码 C 的任意码字都是生成矩阵的行向量 $\boldsymbol{v}_1,\boldsymbol{v}_2,\cdots,\boldsymbol{v}_k$ 的线性组合：

$$x_1\boldsymbol{v}_1+x_2\boldsymbol{v}_2+\cdots+x_k\boldsymbol{v}_k$$

其中对于 $i=1,2,\cdots,k$，$x_i\in F_q$. 假设信息的集合信息量与码 C 的码字数相同，则每一则信息可以唯一对应一个 k 维向量 $\boldsymbol{x}=x_1x_2\cdots x_k$，有一种直接的编码方法即下面的映射：

$$\boldsymbol{x}=x_1x_2\cdots x_k\mapsto\boldsymbol{x}\boldsymbol{G}=x_1\boldsymbol{v}_1+x_2\boldsymbol{v}_2+\cdots+x_k\boldsymbol{v}_k$$

特别地，当 $\boldsymbol{G}$ 为 $[\boldsymbol{E}_k\mid\boldsymbol{A}]$ 生成矩阵的标准形时，$\boldsymbol{y}=\boldsymbol{x}\boldsymbol{G}$ 的前 k 位即是 $x_1,x_2,\cdots,x_k$，这样在译码时只需把 $\boldsymbol{y}$ 的后 $n-k$ 位删除即可. 码 C 的前 k 位称为**信息位**，而后 $n-k$ 位称为**校验位**，C 本身称为**系统码**. 在一般情况下，译码没有这么简单，必须引入一些新的概念.

5.3 内积与对偶码

在 Euclid 空间里，我们曾经引入过内积的概念，现在在 $V(n,q)$ 中仍然可以采用同样的定义.

定义 5.3.1 设 $\boldsymbol{x}=x_1x_2\cdots x_n$，$\boldsymbol{y}=y_1y_2\cdots y_n\in V(n,q)$，则 $\boldsymbol{x}$ 与 $\boldsymbol{y}$ 的内积定义为

$$\langle\boldsymbol{x},\boldsymbol{y}\rangle=\sum_{i=1}^{n}x_iy_i$$

命题 5.3.1 设 $\boldsymbol{x},\boldsymbol{y},\boldsymbol{z}\in V(n,q)$，则：

(1) $\langle\boldsymbol{x},\boldsymbol{y}\rangle=\langle\boldsymbol{y},\boldsymbol{x}\rangle$；

(2) 对于任意的 $\alpha,\beta\in F_q$，等式 $\langle\alpha\boldsymbol{x}+\beta\boldsymbol{y},\boldsymbol{z}\rangle=\alpha\langle\boldsymbol{x},\boldsymbol{z}\rangle+\beta\langle\boldsymbol{y},\boldsymbol{z}\rangle$ 成立.

定义 5.3.2 设 $\boldsymbol{x}=x_1x_2\cdots x_n$，$\boldsymbol{y}=y_1y_2\cdots y_n\in V(n,q)$. 如果 $\langle\boldsymbol{x},\boldsymbol{y}\rangle=0$，则称 $\boldsymbol{x}$ 与 $\boldsymbol{y}$ 正交.

虽然我们可以定义正交的概念，但是我们无法直接由内积得到向量的“模长”，

因为内积的结果在 F_q 中,而我们没有在 F_q 中定义元素的"大小".同样,没有"夹角"的概念.

在 Euclid 空间 V 中,给定线性子空间 C,可以定义 C 的正交补 $C^{\perp}$.模仿正交补的定义,我们有:

定义 5.3.3 令 C 是一个 q 元$[n,k]$线性码,可以定义 C 的对偶码 $C^{\perp}$ 为

$$C^{\perp} = \{\boldsymbol{x} \in V(n,q) \mid 对于任意的 \boldsymbol{c} \in C, \langle \boldsymbol{x},\boldsymbol{c} \rangle = 0\}$$

在 Euclid 空间 V 中,$C^{\perp}$之所以称为 C 的正交补,是因为有直和分解 $V = C \oplus C^{\perp}$.那么在 $V(n,q)$中怎样呢?

例 5.3.1 设 C 是一个 2 元重复码$\begin{bmatrix} 0 & 0 \\ 1 & 1 \end{bmatrix}$,容易看出 C 的对偶码 $C^{\perp} = C$.

因此直和关系一般不再成立了,但是下面将会看到维数公式

$$n = \dim V(n,q) = \dim C + \dim C^{\perp}$$

仍然正确.

命题 5.3.2 令 C 是一个 q 元$[n,k]$线性码,C 的对偶码 $C^{\perp}$ 是一个 q 元$[n,n-k]$线性码,并且$(C^{\perp})^{\perp} = C$.

证明 设 C 的一个生成矩阵

$$\boldsymbol{G} = \begin{bmatrix} \boldsymbol{v}_1 \\ \boldsymbol{v}_2 \\ \vdots \\ \boldsymbol{v}_k \end{bmatrix}$$

首先,我们证明 $\boldsymbol{x} \in C^{\perp}$ 当且仅当 $\boldsymbol{x}\boldsymbol{G}^{\mathrm{T}} = \boldsymbol{0}$.由 $C^{\perp}$ 的定义,$\boldsymbol{x} \in C^{\perp}$ 与 C 的一切码字正交,而 $\boldsymbol{v}_1, \boldsymbol{v}_2, \cdots, \boldsymbol{v}_k$ 是 C 的码字,从而对于 $i = 1,2,\cdots,k$,$\langle \boldsymbol{x},\boldsymbol{v}_i \rangle = 0$.把这 k 个方程写成方程组的形式,即 $\boldsymbol{x}\boldsymbol{G}^{\mathrm{T}} = \boldsymbol{0}$.反之,因为 $\boldsymbol{v}_1, \boldsymbol{v}_2, \cdots, \boldsymbol{v}_k$ 是 C 的一组基,所以对于任意的 $\boldsymbol{c} \in C$,存在 $c_1, c_2, \cdots, c_k \in F_q$,使得 $\boldsymbol{c} = c_1\boldsymbol{v}_1 + c_2\boldsymbol{v}_2 + \cdots + c_k\boldsymbol{v}_k$.由 $\langle \boldsymbol{x},\boldsymbol{v}_i \rangle = 0$ 及命题 5.3.1(2)得

$$\langle \boldsymbol{x},\boldsymbol{c} \rangle = c_1\langle \boldsymbol{x},\boldsymbol{v}_1 \rangle + c_2\langle \boldsymbol{x},\boldsymbol{v}_2 \rangle + \cdots + c_k\langle \boldsymbol{x},\boldsymbol{v}_k \rangle = 0$$

这样,研究 $C^{\perp}$ 的结构相当于研究 $\boldsymbol{x}\boldsymbol{G}^{\mathrm{T}} = \boldsymbol{0}$ 的解空间,而由线性代数的知识知

解空间的维数 = 未知变量的个数 − 系数矩阵 $\boldsymbol{G}$ 的秩

即得 $C^{\perp}$ 是一个 q 元$[n,n-k]$线性码,同时得到维数公式 $n = \dim C + \dim C^{\perp}$.

对于$(C^{\perp})^{\perp} = C$,由定义 $C \subseteq (C^{\perp})^{\perp}$,再把维数公式 $n = \dim C^{\perp} + \dim (C^{\perp})^{\perp}$ 与上面维数公式比较即得.

例 5.3.2 设 C 是一个 2 元重复码$\begin{bmatrix} 0 & 0 & 0 \\ 1 & 1 & 1 \end{bmatrix}$,$C^{\perp}$ 是 2 元$[3,2]$线性码.实际上,可以找到 $C^{\perp}$ 的一组基 $\boldsymbol{v}_1 = [1\ \ 1\ \ 0]$ 与 $\boldsymbol{v}_2 = [1\ \ 0\ \ 1]$,所以

$$C^{\perp} = \begin{bmatrix} 0 & 0 & 0 \\ 1 & 1 & 0 \\ 1 & 0 & 1 \\ 0 & 1 & 1 \end{bmatrix}$$

与例 5.3.1 不同,此时 $V(3,2) = C \oplus C^{\perp}$,因此直和关系有时成立.

5.4 线性码的校验矩阵

由命题 5.3.2 得到的重要结论是:$\boldsymbol{x} \in C^{\perp}$ 当且仅当 $\boldsymbol{x}\boldsymbol{G}^{\mathrm{T}} = \boldsymbol{0}$. 自然,如果设 $\boldsymbol{H}$ 是 $C^{\perp}$ 的生成矩阵,我们有对偶的命题:

$$\boldsymbol{y} \in C \quad \Leftrightarrow \quad \boldsymbol{y}\boldsymbol{H}^{\mathrm{T}} = \boldsymbol{0} \tag{5.4.1}$$

因而有如下定义:

定义 5.4.1 令 $\boldsymbol{H}$ 是一个 q 元$[n,k]$线性码 C 的对偶码 $C^{\perp}$ 的一个生成矩阵,则 $\boldsymbol{H}$ 称为 C 的**校验矩阵**;而式(5.4.1)中的 $\boldsymbol{y}\boldsymbol{H}^{\mathrm{T}} = \boldsymbol{0}$ 称为**校验方程式**.

例 5.4.1 在例 5.3.2 中,$C^{\perp}$ 的一个生成矩阵是

$$\boldsymbol{H} = \begin{bmatrix} 1 & 1 & 0 \\ 1 & 0 & 1 \end{bmatrix}$$

$\boldsymbol{H}$ 即是 C 的一个校验矩阵.

定义 5.4.2 如果$[\boldsymbol{E}_k \mid \boldsymbol{A}]$是 q 元$[n,k]$线性码 C 生成矩阵的标准形,则称矩阵$[-\boldsymbol{A}^{\mathrm{T}} \mid \boldsymbol{E}_{n-k}]$为其校验矩阵的标准形.

命题 5.4.1 生成矩阵的标准形 $\boldsymbol{G} = [\boldsymbol{E}_k \mid \boldsymbol{A}]$生成的线性码的对偶码是其校验矩阵的标准形 $\boldsymbol{H} = [-\boldsymbol{A}^{\mathrm{T}} \mid \boldsymbol{E}_{n-k}]$生成的线性码,即有 $\boldsymbol{H}\boldsymbol{G}^{\mathrm{T}} = \boldsymbol{0}$ 或者 $\boldsymbol{G}\boldsymbol{H}^{\mathrm{T}} = 0$.

证明 由于 $\boldsymbol{H} = [-\boldsymbol{A}^{\mathrm{T}} \mid \boldsymbol{E}_{n-k}]$的秩等于 $n-k$,只需证明 $\boldsymbol{H}$ 的每一行与 $\boldsymbol{G}$ 的每一行正交,相当于证明 $\boldsymbol{H}\boldsymbol{G}^{\mathrm{T}} = \boldsymbol{0}$,这是显然的.

例 5.4.2 例 5.4.1 中校验矩阵的标准形可以由 2 元重复码$\begin{bmatrix} 0 & 0 & 0 \\ 1 & 1 & 1 \end{bmatrix}$的生成矩阵的标准形$[1 \quad 1 \quad 1]$求出,结果为$\begin{bmatrix} 1 & 1 & 0 \\ 1 & 0 & 1 \end{bmatrix}$,即其自身.

定理 5.4.1 令 $\boldsymbol{H}$ 是一个非零 q 元$[n,k]$线性码 C 的校验矩阵,则 C 的最小距离等于 d 当且仅当 $\boldsymbol{H}$ 的任意 $d-1$ 个列线性无关,而存在 d 个列线性相关.

证明 必要性.如果 C 的最小距离等于 d,根据命题 5.1.2,C 的最小重量等于 d,故存在码字 $\boldsymbol{x} \in C$,使得 $W(\boldsymbol{x}) = d$.不妨假设 $\boldsymbol{x} = x_1 x_2, \cdots x_d 0 \cdots 0$,则由校验

方程式(5.4.1)得到

$$xH^{\mathrm{T}} = \mathbf{0}$$

如果 $H=[h_1 \quad \cdots \quad h_d \quad \cdots \quad h_n]$,则上式相当于 $x_1h_1+\cdots+x_dh_d=\mathbf{0}$,所以 H 存在 d 个列线性相关.同理,可证明 H 的任意 $d-1$ 个列线性无关(习题).充分性留作习题.

例 5.4.3 已知 q 元重复码的最小距离 $d=n$,因而其校验矩阵的任意 $n-1$ 个列线性无关,n 个列线性相关.

推论 5.4.1(Singleton 界) q 元$[n,k]$线性码 C 的最小距离 d 满足

$$d \leqslant n-k+1$$

特别地,如果等式成立,则线性码 C 称为**最大距离可分(MDS)码**.

证明 由于 C 的校验矩阵 H 的行数等于 $n-k$,所以 H 的任意 $n-k+1$ 列线性相关,从而结论成立.

可以用定理 5.4.1 来设计满足要求的线性码.例如,取二元域 F_2 上的 r 线性空间 $V(r,2)$ 的全部非零向量作为校验矩阵 H 的列,则对应的 2 元线性码 C 的参数都是怎样的?

命题 5.4.2(2 元 Hamming 码) 取 $V(r,2)$ 的全部非零向量作为 2 元线性码 C 的校验矩阵 H 的列,则 C 是参数为$[2^r-1,2^r-1-r,3]$的线性码,称为 2 元 Hamming 码.

证明 码长与维数都是显然的.对最小距离应用定理 5.4.1,因为非零向量的非零倍数还是自身,故 $V(r,2)$ 中的任意两个非零向量都线性无关,且它们的和仍是非零向量.

如果采用相同的方式构造 $q(>2)$ 元线性码 C,则最小距离会减少至 2.因为非零向量会有和本身不等的非零倍数,所以会有两个向量线性相关.因此,为了保证最小距离仍然为 3,此时应该剔除一些"多余"的向量.具体做法是,在任意非零向量的所有倍数中只选择一个非零向量作为 H 的一列.这样列数变成$(q^r-1)/(q-1)$,容易看出 2 元 Hamming 码的校验矩阵是这种情况的特例.

命题 5.4.3(q 元 Hamming 码) 取 $V(r,q)$ 的 $n=(q^r-1)/(q-1)$ 个两两线性无关的向量作为 q 元线性码 C 的校验矩阵 H 的列,则 C 是参数为$[n,n-r,3]$的线性码,称为 q 元 Hamming 码.

推论 5.4.2 q 元 Hamming 码是完备码.

当然,产生了一个一般问题:参数 n,k,d 满足什么条件时,一定存在 q 元$[n,k,d]$码?

命题 5.4.4(线性码的 Gilbert-Varshamov 界) 如果下式成立,则存在 q 元$[n,k,d]$码:

$$q^{n-k} > \mathrm{vol}_{n-1}(d-2,q)$$

证明 根据定理5.4.1,即要设计一个校验矩阵满足任意 $d-1$ 个列线性无关,但不需要证明存在 d 个列线性相关.

在一定列选择一个非零的向量,则第二列选择的向量不能是第一列的倍数,而第 $l(>1)$ 个列可以选出当且仅当前面 $l-1$ 个列选好以后,至少还有1个非零向量不在其中任意 $d-2$ 个向量的任意系数不全为零的线性组合当中(才能保证任意 $d-1$ 个列线性无关).当然这可以理解为:不是任意向量的非零倍数,可能情况有 $\binom{l-1}{1}(q-1)$ 种;不是任意两个向量的系数全不为零的线性组合,可能情况有 $\binom{l-1}{2}(q-1)^2$ 种……不是任意 $d-2$ 个向量的系数全不为零的线性组合,可能情况有 $\binom{l-1}{d-2}(q-1)^{d-2}$ 种(当 $i>l-1$ 时,二项式系数 $\binom{l-1}{i}=0$).因而如果第 l 个列可以选出,则所有非零向量的个数大于这些数目之和,即

$$q^{n-k}-1 > \binom{l-1}{1}(q-1)+\binom{l-1}{2}(q-1)^2+\cdots+\binom{l-1}{d-2}(q-1)^{d-2}$$

两边加上1,即得 $q^{n-k}>\mathrm{vol}_{l-1}(d-2,q)$.特别地,当 $l=n$ 时,即可构造出整个校验矩阵.

5.5 标准阵译码与伴随式译码

给定 q 元线性码 C,只从加法的角度看,它是 $V(n,q)$ 的子群,所以根据第1章的知识,$V(n,q)$ 可以对 C 关于陪集(因为交换群的左右陪集一致)进行分解:

$$V(n,q)=\bigcup_{\boldsymbol{x}\in V(n,q)}(\boldsymbol{x}+C) \tag{5.5.1}$$

回顾第1章中的结论,这一分解有以下性质:

引理5.5.1 在陪集分解(5.5.1)中,陪集满足下面的性质:

(1) 如果 $\boldsymbol{x}+C\neq\boldsymbol{y}+C$,则 $(\boldsymbol{x}+C)\cap(\boldsymbol{y}+C)\neq\varnothing$;

(2) 对于任意的 $\boldsymbol{x}\in V(n,q)$,字数 $|\boldsymbol{x}+C|=|C|$.

证明 (1) 反证法.如果 $\boldsymbol{z}\in(\boldsymbol{x}+C)\cap(\boldsymbol{y}+C)$,则存在 $\boldsymbol{c}_1,\boldsymbol{c}_2\in C$,使得 $\boldsymbol{x}+\boldsymbol{c}_1=\boldsymbol{z}=\boldsymbol{y}+\boldsymbol{c}_2$,两边加上 $-\boldsymbol{c}_2$,得 $\boldsymbol{y}=\boldsymbol{x}+\boldsymbol{c}_1-\boldsymbol{c}_2\in\boldsymbol{x}+C$,从而有 $\boldsymbol{y}+C\subseteq\boldsymbol{x}+C$.同理,可得 $\boldsymbol{x}+C\subseteq\boldsymbol{y}+C$,所以 $\boldsymbol{x}+C=\boldsymbol{y}+C$,与已知矛盾.

(2) 可以作对应

$$\varphi: C \to \boldsymbol{x} + C$$
$$\boldsymbol{c} \mapsto \boldsymbol{x} + \boldsymbol{c}$$

易证这是一个双射.

基于陪集分解,我们可以把 $V(n,q)$ 中所有的字列成一张表格,称为**标准阵**(注意要与前面生成矩阵的标准形区别开):

这张表格的第 1 行即为 C 的全部码字,其中要求把码字 $\mathbf{0}$ 置于最左边,其余不作规定;第 2 行的最左边的元素是 C 以外重量最小的字 $\boldsymbol{x}$(若有多个,则任选其一),第 2 行的字为陪集 $\boldsymbol{x}_1 + C$ 的全部字,其排列顺序方法是,如果第 1 行、第 j 列的码字是 $\boldsymbol{c}$,则第 2 行、第 j 列的字为 $\boldsymbol{x}_1 + \boldsymbol{c}$;第 3 行的最左边的元素是第 1、第 2 行以外重量最小的字 $\boldsymbol{x}_2$(若有多个,则任选其一),第 3 行的字为陪集 $\boldsymbol{x}_2 + C$ 的全部字,排列顺序按第 2 行中的方法……形式如下,其中最左边的一列称为**陪集的首元**:

$$\begin{array}{ccccc}
\mathbf{0} & \boldsymbol{c}_1 & \boldsymbol{c}_2 & \cdots & \boldsymbol{c}_m \\
\boldsymbol{x}_1 & \boldsymbol{x}_1 + \boldsymbol{c}_1 & \boldsymbol{x}_1 + \boldsymbol{c}_2 & \cdots & \boldsymbol{x}_1 + \boldsymbol{c}_m \\
\boldsymbol{x}_2 & \boldsymbol{x}_2 + \boldsymbol{c}_1 & \boldsymbol{x}_2 + \boldsymbol{c}_2 & \cdots & \boldsymbol{x}_2 + \boldsymbol{c}_m \\
\vdots & \vdots & \vdots & & \vdots
\end{array} \tag{5.5.2}$$

例 5.5.1 对于 2 元重复码 $\begin{bmatrix} 0 & 0 & 0 \\ 1 & 1 & 1 \end{bmatrix}$,标准阵的构造如下:

$$\begin{array}{cc}
000 & 111 \\
100 & 011 \\
010 & 101 \\
001 & 110
\end{array}$$

标准阵译码很简单.先找到收到的字 $\boldsymbol{y}$ 在标准阵中的位置,然后直接把该字译为该字所在列的最顶行的码字.但是存储标准阵需要较大空间,所以并不是一种常用的译码方法.

另外一种较为常见的译码方法称为**伴随式译码**.这种译码方式以标准阵译码为基础,而希望用较小空间只存储必要的信息.实际上我们看到,如果知道 $\boldsymbol{y}$ 所在的陪集,则知道陪集的首元 $\boldsymbol{x}_i$,那么译码时只需要作减法 $\boldsymbol{y} - \boldsymbol{x}_i$,即得到按最小距离译码应该译成的码字.那么有什么简单的方法判断 $\boldsymbol{y}$ 是否与 $\boldsymbol{x}_i$ 在一个陪集呢?

引理 5.5.2 给定 q 元线性码 C 及其校验矩阵 $\boldsymbol{H}$,则 $x, y \in V(n,q)$ 在 C 的同一个陪集中当且仅当 $\boldsymbol{x}\boldsymbol{H}^{\mathrm{T}} = \boldsymbol{y}\boldsymbol{H}^{\mathrm{T}}$.

证明 如果 $\boldsymbol{x}, y \in V(n,q)$ 在 C 的同一个陪集中,根据引理 5.5.1,有 $\boldsymbol{x} + C = \boldsymbol{y} + C$,即存在 $\boldsymbol{c} \in C$,使得 $\boldsymbol{c} = \boldsymbol{x} - \boldsymbol{y}$.由 $\mathbf{0} = \boldsymbol{c}\boldsymbol{H}^{\mathrm{T}} = (\boldsymbol{x} - \boldsymbol{y})\boldsymbol{H}^{\mathrm{T}}$ 即得结论.反之,同理可证.

这样要想确定 $\boldsymbol{y}$ 所在的陪集,可以先对陪集的首元计算好 $\boldsymbol{x}_i\boldsymbol{H}^{\mathrm{T}}$,称为 $\boldsymbol{x}_i$ 的**伴随**;然后把所有的对 $(\boldsymbol{x}_i,\boldsymbol{x}_i\boldsymbol{H}^{\mathrm{T}})$ 作成一张表格 $\{(\boldsymbol{x}_i,\boldsymbol{x}_i\boldsymbol{H}^{\mathrm{T}})\}$,称为**伴随译码表**.译码按照以下步骤:

(1) 对接收的字 $\boldsymbol{y}$,计算其伴随 $\boldsymbol{s}=\boldsymbol{y}\boldsymbol{H}^{\mathrm{T}}$;

(2) 在伴随译码表中查找到 $\boldsymbol{s}$;

(3) 把 $\boldsymbol{y}$ 减去 $\boldsymbol{s}$ 对应的 $\boldsymbol{x}_i$.

例 5.5.2 由例 5.4.1,已知 2 元重复码的校验矩阵是 $\boldsymbol{H}=\begin{bmatrix}1&1&0\\1&0&1\end{bmatrix}$;再由例 5.5.1 知伴随译码表是{(000,00),(100,11),(010,10),(001,01)}.现收到 $\boldsymbol{y}=011$,计算伴随得 $\boldsymbol{s}=\boldsymbol{y}\boldsymbol{H}^{\mathrm{T}}=11$,查表可知 $\boldsymbol{x}_i=100$,所以应该把 $\boldsymbol{y}=011$ 译为 111.

5.6 信息集译码

在伴随式译码过程中,计算伴随需要很多运算.对于一个 q 元$[n,k]$码,解码过程需要存储 q^{n-k} 个长度为 n 的首元、q^{n-k} 个长度为 $n-k$ 的伴随.实际上,由于上一节所列伴随式译码的过程复杂度较高,较难在机器上实现.下面我们考虑复杂度相对较低的译码方法,这些算法可能只纠正部分错误.

很多译码算法中的关键概念称为码的信息集.这一概念与系统码有密切关系.所谓的**系统码**,是指一个 q 元$[n,k]$码,它的译码只需要删去后 $n-k$ 个位置即得的信息,或者说删去后 $n-k$ 个位置该码即变为 q 元线性空间 $V(k,q)$.

定义 5.6.1 集合 $\{j_1,j_2,\cdots,j_k\}$ 称为 q 元$[n,k]$线性码 C 的**信息集**,如果有限域 F_q 中的任意元素序列 $a_{j_1},a_{j_2},\cdots,a_{j_k}$(同一元素可以重复出现)唯一对应一个码字:

$$x_1\cdots x_{j_1-1}a_{j_1}x_{j_1+1}\cdots x_{j_2-1}a_{j_2}x_{j_2+1}\cdots x_{j_k-1}a_{j_k}\in C$$

引理 5.6.1 设 G 是 q 元$[n,k]$线性码 C 的生成矩阵,令

$$\boldsymbol{G}=[\boldsymbol{g}_1\quad \boldsymbol{g}_2\quad \cdots\quad \boldsymbol{g}_n]$$

那么 $\gamma=\{j_1,j_2,\cdots,j_k\}$ 是 C 的信息集,当且仅当 k 阶方阵 $\boldsymbol{G}(\gamma)=[\boldsymbol{g}_{j_1}\quad \boldsymbol{g}_{j_2}\quad \cdots\quad \boldsymbol{g}_{j_k}]$是可逆阵.

如果收到出错的字至少在一信息集上没有出错,则译码的过程可以转化为寻找这一没有出错的信息集.在这种情况下,算法的停止条件很重要,必须给出一个判别准则来确定一个没有错误的信息集是否已经发现.下面我们考虑至多发生 t($t=(d-1)/2$,其中 d 是 C 的最小距离)个错误时的译码.

我们来看看以信息集为基础的译码算法.集合$\{j_1,j_2,\cdots,j_k\}$称为q元$[n,k]$线性码C的信息集,$\boldsymbol{G}$和$\boldsymbol{H}$分别是它的生成矩阵与校验矩阵.我们记

$$\boldsymbol{G}_\gamma=(\boldsymbol{G}(\gamma))^{-1}\boldsymbol{G} \tag{5.6.1}$$

根据矩阵乘法的基本知识,$\boldsymbol{G}_\gamma$的第$j_1,j_2,\cdots,j_k$列组成一个单位阵.因而,如果信息向量是$[a_{j_1}\quad a_{j_2}\quad\cdots\quad a_{j_k}]$,则

$$[a_{j_1}\quad a_{j_2}\quad\cdots\quad a_{j_k}]\cdot\boldsymbol{G}_\gamma=[a_{j_1}\quad a_{j_2}\quad\cdots\quad a_{j_k}]\begin{array}{c}\begin{matrix}\quad & j_1 & & j_2 & & j_k & \end{matrix}\\ \begin{bmatrix}\cdots & 1 & \cdots & 0 & \cdots & 0 & \cdots\\ \cdots & 0 & \cdots & 1 & \cdots & 0 & \cdots\\ & \vdots & & \vdots & & \vdots & \\ \cdots & 0 & \cdots & 0 & \cdots & 1 & \cdots\end{bmatrix}\end{array}$$

$$=\begin{array}{c}\begin{matrix}\quad & j_1 & & j_2 & & j_k & \end{matrix}\\ [\cdots\quad a_{j_1}\quad\cdots\quad a_{j_2}\quad\cdots\quad a_{j_k}\quad\cdots]\end{array}$$

则式(5.6.1)对应的校验矩阵之一具有下面的形式:

$$\boldsymbol{H}_\gamma=(\boldsymbol{H}(\bar{\gamma}))^{-1}\boldsymbol{H} \tag{5.6.2}$$

其中$\bar{\gamma}=\{1,2,\cdots,n\}\setminus\gamma$是$C$的对偶码的信息集(习题),而$\boldsymbol{H}(\bar{\gamma})$的定义与$\boldsymbol{G}(\gamma)$一样.因此如果$\boldsymbol{e}$是错误向量,则其非零分量的位置都在$\bar{\gamma}$中(见前面关于$\gamma$的假设),下面伴随的重量与错误向量的重量一样:

$$S_\gamma(\boldsymbol{e})=\boldsymbol{e}\boldsymbol{H}_\gamma^{\mathrm{T}} \tag{5.6.3}$$

因此信息集译码(错误个数$v\leqslant t$)的过程可以总结如下:

令$\Gamma=\{\gamma_1,\gamma_2,\cdots,\gamma_l\}$是码$C$的信息集的集合.假设$\Gamma$包含某些能纠正$v$个字的信息集.

(1) 对于收到的字$\boldsymbol{r}=[r_1\quad r_2\quad\cdots\quad r_n]$,计算伴随$S_{\gamma_i}(\boldsymbol{r})$,直到发现信息集$\gamma=\{j_1,j_2,\cdots,j_k\}$,使得

$$W(S_\gamma(\boldsymbol{r}))\leqslant v \tag{5.6.4}$$

(2) 当条件式(5.6.4)满足时,认为下面的$\hat{\boldsymbol{a}}$是发出码字:

$$\hat{\boldsymbol{a}}=r(\gamma)\cdot\boldsymbol{G}_\gamma=[r_{j_1}\quad r_{j_2}\quad\cdots\quad r_{j_k}]\cdot\boldsymbol{G}_\gamma \tag{5.6.5}$$

(3) 如果条件式(5.6.4)不满足,则不执行式(5.6.5),认为发现了不可纠正的错误.

例 5.6.1 2元[7,4,3]码的生成矩阵与校验矩阵分别是

$$\boldsymbol{G}=\begin{bmatrix}1&0&0&0&1&0&1\\0&1&0&0&1&1&1\\0&0&1&0&1&1&0\\0&0&0&1&0&1&1\end{bmatrix},\quad \boldsymbol{H}=\begin{bmatrix}1&1&1&0&1&0&0\\0&1&1&1&0&1&0\\1&1&0&1&0&0&1\end{bmatrix}$$

信息集

$$\gamma_1 = \{1,2,3,4\}, \quad \gamma_2 = \{4,5,6,7\}, \quad \gamma_3 = \{1,2,3,7\}$$

显然,对于 γ_1,$\boldsymbol{G}_{\gamma_1}=\boldsymbol{G}$,$\boldsymbol{H}_{\gamma_1}=\boldsymbol{H}$;

$$\boldsymbol{G}_{\gamma_2} = \begin{bmatrix} 1 & 0 & 1 & 1 & 0 & 0 & 0 \\ 1 & 1 & 1 & 0 & 1 & 0 & 0 \\ 1 & 1 & 0 & 0 & 0 & 1 & 0 \\ 0 & 1 & 1 & 0 & 0 & 0 & 1 \end{bmatrix}, \quad \boldsymbol{H}_{\gamma_2} = \begin{bmatrix} 1 & 0 & 0 & 1 & 1 & 1 & 0 \\ 0 & 1 & 0 & 0 & 1 & 1 & 1 \\ 0 & 0 & 1 & 1 & 1 & 0 & 1 \end{bmatrix}$$

$$\boldsymbol{G}_{\gamma_3} = \begin{bmatrix} 1 & 0 & 0 & 0 & 1 & 0 & 1 \\ 0 & 1 & 0 & 0 & 1 & 1 & 1 \\ 0 & 0 & 1 & 0 & 1 & 1 & 0 \\ 0 & 1 & 1 & 0 & 0 & 0 & 1 \end{bmatrix}, \quad \boldsymbol{H}_{\gamma_3} = \begin{bmatrix} 1 & 1 & 0 & 1 & 0 & 0 & 1 \\ 1 & 1 & 1 & 0 & 1 & 0 & 0 \\ 1 & 0 & 1 & 0 & 0 & 1 & 1 \end{bmatrix}$$

$\Gamma=\{\gamma_1,\gamma_2,\gamma_3\}$可以纠正 1 个错误.例如,收到字 $\boldsymbol{r}=0001000$,计算得

$$S_{\gamma_1}(\boldsymbol{r}) = 011 \quad \Rightarrow \quad W(S_{\gamma_1}(\boldsymbol{r})) = 2 > 1 = t$$

$$S_{\gamma_2}(\boldsymbol{r}) = 101 \quad \Rightarrow \quad W(S_{\gamma_2}(\boldsymbol{r})) = 2 > 1 = t$$

$$S_{\gamma_3}(\boldsymbol{r}) = 100 \quad \Rightarrow \quad W(S_{\gamma_3}(\boldsymbol{r})) = 1 = 1 = t$$

所以译码为

$$\hat{\boldsymbol{a}} = [r_1 \quad r_2 \quad r_3 \quad r_7] \cdot \boldsymbol{G}_{\gamma_3} = 0000000$$

5.7 信息集译码的简化

很明显,信息集的集合 Γ 的大小随着码长与纠错数目的增长而迅速增加.对于每个信息集都要计算对应的 $\boldsymbol{G}_\gamma$ 与 $\boldsymbol{H}_\gamma$,因此算法的复杂度也跟着增加.对于信息集译码有两种简化:一种是**置换译码**,另一种是**覆盖集译码**.

回忆定义 4.5.1,可以认为一个 n 元置换 σ 是集合$\{1,2,\cdots,n\}$到自身的双射,其中 n 是正整数.我们可以把 σ 记为表格:

$$\begin{pmatrix} 1 & 2 & \cdots & n \\ \sigma(1) & \sigma(2) & \cdots & \sigma(n) \end{pmatrix}$$

全部 n 元置换关于映射的复合形成群 S_n.每个置换都可以定义 $V(n,q)$上的一个线性映射,不妨仍记为 σ:

$$\sigma(a_1a_2\cdots a_n) = a_{\sigma(1)}a_{\sigma(2)}\cdots a_{\sigma(n)}$$

q 元$[n,k]$线性码 C 的码字在 σ 下虽然仍是一个字,但未必是码字.如果对于任意码字 $\boldsymbol{c}\in C$ 都有 $\sigma(\boldsymbol{c})\in C$,则称线性码 C 相对于 σ 不变或者 σ 保持 C 不变.所有保持 C 不变的置换形成 S_n 的一个子群(习题),记为 Aut(C).

例 5.7.1 2 元[3,2]线性码

$$C=\begin{bmatrix}0&0&0\\1&1&0\\1&0&0\\0&1&0\end{bmatrix}$$

$$\mathrm{Aut}(C)=\left\{\begin{pmatrix}1&2&3\\1&2&3\end{pmatrix},\begin{pmatrix}1&2&3\\2&1&3\end{pmatrix}\right\}$$

设 $\boldsymbol{G}$ 和 $\boldsymbol{H}$ 分别是线性码 C 的生成矩阵与校验矩阵. 令

$$\boldsymbol{G}=\begin{bmatrix}\boldsymbol{v}_1\\\boldsymbol{v}_2\\\vdots\\\boldsymbol{v}_k\end{bmatrix},\quad \sigma(\boldsymbol{G})=\begin{bmatrix}\sigma(\boldsymbol{v}_1)\\\sigma(\boldsymbol{v}_2)\\\vdots\\\sigma(\boldsymbol{v}_k)\end{bmatrix}$$

显然,如果 C 相对于 σ 不变,则有 $\sigma(\boldsymbol{G})\cdot\boldsymbol{H}^{\mathrm{T}}=\boldsymbol{0}$.

设收到字 $\boldsymbol{r}=\boldsymbol{c}+\boldsymbol{e}$,其中 $\boldsymbol{e}$ 是错误向量,则

$$\sigma(\boldsymbol{r})=\sigma(\boldsymbol{c})+\sigma(\boldsymbol{e})$$

$\sigma(\boldsymbol{e})$的重量与 $\boldsymbol{e}$ 相同.

在保持 C 不变的置换下,信息集译码能够按如下方式实现. 设 $\boldsymbol{G}$ 和 $\boldsymbol{H}$ 分别是线性码 C 的系统码形式的生成矩阵与校验矩阵,即 C 的信息集之一为 $\gamma=\{1,2,\cdots,k\}$,$\mathrm{Aut}(C)=\{\sigma_1,\sigma_2,\cdots,\sigma_l\}$. 在信息集 γ 下,计算伴随:

$$S(\sigma_i(\boldsymbol{r}))=\sigma_i(\boldsymbol{r})\cdot\boldsymbol{H}^{\mathrm{T}}\tag{5.7.1}$$

如果 Aut(C)的某一置换把错误向量 $\boldsymbol{e}$ 变为 $\sigma_i(\boldsymbol{e})$,而 $\sigma_i(\boldsymbol{e})$的非零分量都在后 $n-k$ 个位置,那么信息集 $\gamma=\{1,2,\cdots,k\}$ 的位置上则没有错误,对应伴随 $S(\sigma_i(\boldsymbol{r}))$的重量不超过 t,此时只需把 σ_i^{-1} 作用在 $\sigma(\boldsymbol{c})$上即可得到 $\boldsymbol{c}$.

例 5.7.2 考虑例 5.6.1 中的 2 元[7,4,3](系统)码. 这个码在**循环置换** ω(定义为:对于 $i=1,2,\cdots,6$,$\omega(i)=i+1$,$\omega(7)=1$)下保持不变. 实际上,

$$\omega(\boldsymbol{G})=\begin{bmatrix}1&1&0&0&0&1&0\\1&0&1&0&0&1&1\\0&0&0&1&0&1&1\\1&0&0&0&1&0&1\end{bmatrix}$$

所以 $\omega(\boldsymbol{G})\cdot\boldsymbol{H}^{\mathrm{T}}=\boldsymbol{0}$.

设收到字

$$\boldsymbol{r}=\boldsymbol{c}+\boldsymbol{e}=1011000+0100000=1111000$$

对 $i=0,1,2,3,4,5,6$,计算 $\omega^i(\boldsymbol{r})$的伴随(注意 ω 的阶是 7,ω^i 代表 i 次复合,$i=0$ 对应恒等映射):

$$S(\omega^0(\boldsymbol{r})) = 111 \quad \Rightarrow \quad W(S(\omega^0(\boldsymbol{r}))) = 3 > 1 = t$$
$$S(\omega^1(\boldsymbol{r})) = 110 \quad \Rightarrow \quad W(S(\omega^1(\boldsymbol{r}))) = 2 > 1 = t$$
$$S(\omega^2(\boldsymbol{r})) = 011 \quad \Rightarrow \quad W(S(\omega^2(\boldsymbol{r}))) = 2 > 1 = t$$
$$S(\omega^3(\boldsymbol{r})) = 100 \quad \Rightarrow \quad W(S(\omega^3(\boldsymbol{r}))) = 1 = 1 = t$$

$\omega^3(\boldsymbol{r})$满足条件式(5.6.4).利用 $\gamma=\{1,2,3,4\}$来计算,根据式(5.6.5)得

$$\omega^3(\boldsymbol{c}) = \hat{\boldsymbol{a}} = \omega^3(\boldsymbol{r})(\gamma)\cdot \boldsymbol{G}_\gamma = [0 \quad 0 \quad 0 \quad 1]\cdot \boldsymbol{G}_\gamma = 0001011$$

所以 $\boldsymbol{c}=\omega^{-3}(0001011)=\omega^4(0001011)=1011000$.

下面讲述覆盖集译码.这种译码方法借助覆盖多项式.

假设 $\boldsymbol{\theta}$ 是一个向量(**覆盖多项式**),它在信息集上与错误向量 $\boldsymbol{e}$ 重合,而在其他位置等于0.因此向量 $\boldsymbol{r}-\boldsymbol{\theta}$ 在信息集上没有错误,并且伴随

$$S_\gamma(\boldsymbol{r}-\boldsymbol{\theta}) = (\boldsymbol{r}-\boldsymbol{\theta})\cdot \boldsymbol{H}^{\mathrm{T}} = (\boldsymbol{e}-\boldsymbol{\theta})\cdot \boldsymbol{H}^{\mathrm{T}}$$

的重量

$$W(S_\gamma(\boldsymbol{r}-\boldsymbol{\theta})) \leqslant t - W(\boldsymbol{\theta}) \tag{5.7.2}$$

这样我们可以按照重量的大小次序来搜索 $\boldsymbol{\theta}$.直到搜得$\boldsymbol{\theta}^*$满足条件式(5.7.2),从而在向量 $\boldsymbol{r}-\boldsymbol{\theta}^*$ 与信息集 γ 的辅助下可以找到发出的码字.

例 5.7.3 仍然考虑在例5.6.1中的2元[7,4,3](系统)码.设收到的字 $r=0001000$.按照重量搜索覆盖多项式:

$$\boldsymbol{\theta}_0 = 0000000, \quad \boldsymbol{\theta}_1 = 1000000, \quad \boldsymbol{\theta}_2 = 0100000,$$
$$\boldsymbol{\theta}_3 = 0010000, \quad \boldsymbol{\theta}_4 = 0001000$$

信息集 $\gamma=\{1,2,3,4\}$.计算伴随得

$$S_\gamma(\boldsymbol{r}-\boldsymbol{\theta}_0) = 011 \quad \Rightarrow \quad W(S_\gamma(\boldsymbol{r}-\boldsymbol{\theta}_0)) = 2 > 1 = t - W(\boldsymbol{\theta}_0)$$
$$S_\gamma(\boldsymbol{r}-\boldsymbol{\theta}_1) = 110 \quad \Rightarrow \quad W(S_\gamma(\boldsymbol{r}-\boldsymbol{\theta}_1)) = 2 > 0 = t - W(\boldsymbol{\theta}_1)$$
$$S_\gamma(\boldsymbol{r}-\boldsymbol{\theta}_2) = 100 \quad \Rightarrow \quad W(S_\gamma(\boldsymbol{r}-\boldsymbol{\theta}_2)) = 1 > 0 = t - W(\boldsymbol{\theta}_2)$$
$$S_\gamma(\boldsymbol{r}-\boldsymbol{\theta}_3) = 101 \quad \Rightarrow \quad W(S_\gamma(\boldsymbol{r}-\boldsymbol{\theta}_3)) = 2 > 0 = t - W(\boldsymbol{\theta}_3)$$
$$S_\gamma(\boldsymbol{r}-\boldsymbol{\theta}_4) = 000 \quad \Rightarrow \quad W(S_\gamma(\boldsymbol{r}-\boldsymbol{\theta}_4)) = 0 = 0 = t - W(\boldsymbol{\theta}_4)$$

故搜索结果为$\boldsymbol{\theta}^*=\boldsymbol{\theta}_4$.计算$\boldsymbol{r}^*=\boldsymbol{r}-\boldsymbol{\theta}^*=0000000$.根据式(5.6.5)即得

$$\hat{\boldsymbol{a}} = \boldsymbol{r}^*(\gamma)\cdot \boldsymbol{G}_\gamma = [0 \quad 0 \quad 0 \quad 0]\cdot \boldsymbol{G}_\gamma = 0000000$$

联合使用上面的算法可能得到最好的结果.

令 $\Gamma=\{\gamma^{(0)},\gamma^{(1)},\cdots,\gamma^{(m)}\}$是码 C 的信息集的集合,$\Theta=\{\boldsymbol{\theta}^{(0)},\boldsymbol{\theta}^{(1)},\cdots,\boldsymbol{\theta}^{(m)}\}$是对应信息集的覆盖多项式的集合,其中$\boldsymbol{\theta}^{(0)}=\{\boldsymbol{\theta}_{00},\cdots,\boldsymbol{\theta}_{0l_0}\},\cdots,\boldsymbol{\theta}^{(m)}=\{\boldsymbol{\theta}_{m0},\cdots,\boldsymbol{\theta}_{ml_m}\}$.特别地,对于 $j=0,\cdots,m,\boldsymbol{\theta}_{j0}=\boldsymbol{0}$,且 $W(\boldsymbol{\theta}_{j0})<W(\boldsymbol{\theta}_{j1})\leqslant\cdots\leqslant W(\boldsymbol{\theta}_{jl_j})$.基于信息集与覆盖多项式的译码算法称为**覆盖集译码**:

(1) 对于每对 $\gamma^{(i)},\boldsymbol{\theta}_{ij}(i=0,1,\cdots,m;j=0,1,\cdots,l_j)$,计算向量$\tilde{\boldsymbol{r}}_{ij}=\boldsymbol{r}-\boldsymbol{\theta}_{ij}$与

伴随$S_{\gamma^{(l)}}(\tilde{\boldsymbol{r}}_{ij})=\tilde{\boldsymbol{r}}_{ij}\cdot\boldsymbol{H}^{\mathrm{T}}$,直到发现 i^*,j^*,使得下面的条件满足:

$$W(S_{\gamma^{(l^*)}}(\tilde{\boldsymbol{r}}_{i^*j^*}-\boldsymbol{\theta}))\leqslant t-W(\boldsymbol{\theta}_{i^*j^*})\tag{5.7.3}$$

(2) 如果条件式(5.7.3)满足,则计算

$$\hat{\boldsymbol{a}}=\tilde{\boldsymbol{r}}(\gamma^{(l^*)})\cdot\boldsymbol{G}_{\gamma^{(l^*)}}$$

其中 $\tilde{\boldsymbol{r}}(\gamma^{(l^*)})$是$\tilde{\boldsymbol{r}}_{i^*j^*}$是信息集 $\gamma^{(l^*)}$中的分量组合成的向量;

(3) 如果任意一对 $\gamma^{(i)}$,$\boldsymbol{\theta}_{ij}$都不满足式(5.7.3),则认为发生了不可纠正的错误.

称 $DS=\{\Gamma,\Theta\}$为**译码集**.经常只选取覆盖多项式中重量不超过 v 的一部分(即非零分量在集合 γ 中,且非零分量的个数不超过 v 的向量)译码较为方便.这种向量可以记为 $\theta_\gamma(v)$.译码集对应记为 $DS=\{\Gamma,\Theta(v)\}$.

例 5.7.4 考虑例 5.6.1 中的[7,4]码.取 $\gamma^{(0)}=\gamma_1=\{1,2,3,4\}$.多项式集合 $\theta_{\gamma^{(0)}}(1)$包含五个多项式:$\theta_{00}=000000$,$\theta_{01}=100000$,$\theta_{02}=010000$,$\theta_{03}=001000$,$\theta_{04}=000100$.容易证明:如果 γ 是码 C 的信息集,而 π 是保持 C 不动的置换,则 $\pi(\gamma)$也是信息集.

例 5.7.5 考虑二元线性码[15,5,7],其生成矩阵与校验矩阵分别为

$$\boldsymbol{G}=\begin{bmatrix}1&0&0&0&0&1&1&1&0&1&1&0&0&1&0\\0&1&0&0&0&0&1&1&1&0&1&1&0&0&1\\0&0&1&0&0&1&1&0&1&0&1&1&1&1&0\\0&0&0&1&0&0&1&1&0&1&0&1&1&1&1\\0&0&0&0&1&1&1&0&1&1&0&0&1&0&1\end{bmatrix}$$

$$\boldsymbol{H}=\begin{bmatrix}1&0&1&0&1&1&0&0&0&0&0&0&0&0&0\\1&1&1&1&1&0&1&0&0&0&0&0&0&0&0\\1&1&0&1&0&0&0&1&0&0&0&0&0&0&0\\0&1&1&0&1&0&0&0&1&0&0&0&0&0&0\\1&0&0&1&1&0&0&0&0&1&0&0&0&0&0\\1&1&1&0&0&0&0&0&0&0&1&0&0&0&0\\0&1&1&1&0&0&0&0&0&0&0&1&0&0&0\\0&0&1&1&1&0&0&0&0&0&0&0&1&0&0\\1&0&1&1&0&0&0&0&0&0&0&0&0&1&0\\0&1&0&1&1&0&0&0&0&0&0&0&0&0&1\end{bmatrix}$$

取 $DS=\{\Gamma,\Theta(1)\}$进行译码.此处,$\Gamma=\{\gamma^{(0)},\gamma^{(1)}=T^5(\gamma^{(0)})\}$,$\gamma^{(0)}=\{1,2,3,4,5\}$,$\gamma^{(1)}=\{6,7,8,9,10\}$,因而 T 表示**循环置换**,定义如下:对 $i=1,2,\cdots,14$,$T(i)=i+1$,$T(15)=1$.令接收到的字为

$$\boldsymbol{r}=\boldsymbol{a}+\boldsymbol{e}=001110110010100+010100010000000$$

在信息集 $\gamma^{(0)}=\{1,2,3,4,5\}$的协助下计算伴随：

$$\left.\begin{aligned}\widetilde{\boldsymbol{r}}_{00}&=r+\boldsymbol{\theta}_{00}=r+000000000000000\\S_{00}(\boldsymbol{r})&=\widetilde{\boldsymbol{r}}_{00}\cdot\boldsymbol{H}_{\gamma^{(0)}}^{\mathrm{T}}=0011110110\end{aligned}\right\}$$

$$\Rightarrow\quad W(S_{00}(r))=6>3=\frac{d-1}{2}-W(\theta_{00})$$

$$\left.\begin{aligned}\widetilde{\boldsymbol{r}}_{01}&=\boldsymbol{r}+\boldsymbol{\theta}_{01}=\boldsymbol{r}+100000000000000\\S_{01}(\boldsymbol{r})&=\widetilde{\boldsymbol{r}}_{01}\cdot\boldsymbol{H}_{\gamma^{(0)}}^{\mathrm{T}}=1101000100\end{aligned}\right\}$$

$$\Rightarrow\quad W(S_{01}(r))=4>2=\frac{d-1}{2}-W(\theta_{01})$$

…

$$\left.\begin{aligned}\widetilde{\boldsymbol{r}}_{05}&=\boldsymbol{r}+\boldsymbol{\theta}_{05}=r+000010000000000\\S_{05}(\boldsymbol{r})&=\widetilde{\boldsymbol{r}}_{05}\cdot\boldsymbol{H}_{\gamma^{(0)}}^{\mathrm{T}}=1110010011\end{aligned}\right\}$$

$$\Rightarrow\quad W(S_{05}(r))=6>2=\frac{d-1}{2}-W(\theta_{05})$$

可见没有符合条件的. 因此再选择信息集 $\gamma^{(1)}=\{6,7,8,9,10\}$. 对应生成矩阵 $\boldsymbol{G}_{\gamma^{(1)}}=T^5(\boldsymbol{G}_{\gamma^{(0)}})$, $\boldsymbol{H}_{\gamma^{(1)}}=T^5(\boldsymbol{H}_{\gamma^{(0)}})$(这里 T^5 作用于矩阵表示对矩阵的列进行置换)，得到的矩阵为

$$\boldsymbol{G}_{\gamma^{(1)}}=\begin{bmatrix}1&0&0&1&0&1&0&0&0&0&1&1&1&0&1\\1&1&0&0&1&0&1&0&0&0&0&1&1&1&0\\1&1&1&1&0&0&0&1&0&0&1&1&0&1&0\\0&1&1&1&1&0&0&0&1&0&0&1&1&0&1\\0&0&1&0&1&0&0&0&0&1&1&1&0&1&1\end{bmatrix}$$

$$\boldsymbol{H}_{\gamma^{(1)}}=\begin{bmatrix}0&0&0&0&0&1&0&1&0&1&1&0&0&0&0\\0&0&0&0&0&1&1&1&1&1&0&1&0&0&0\\0&0&0&0&0&1&1&0&1&0&0&0&1&0&0\\0&0&0&0&0&0&1&1&0&1&0&0&0&1&0\\0&0&0&0&0&1&0&0&1&1&0&0&0&0&1\\1&0&0&0&0&1&1&1&0&0&0&0&0&0&0\\0&1&0&0&0&0&1&1&1&0&0&0&0&0&0\\0&0&1&0&0&0&0&1&1&1&0&0&0&0&0\\0&0&0&1&0&1&0&1&1&0&0&0&0&0&0\\0&0&0&0&1&0&1&0&1&1&0&0&0&0&0\end{bmatrix}$$

在信息集 $\gamma^{(1)}=\{6,7,8,9,10\}$的协助下计算伴随：

$$\left.\begin{aligned}\tilde{\boldsymbol{r}}_{10} &= \boldsymbol{r}+\boldsymbol{\theta}_{10} = \boldsymbol{r}+000000000000000\\ S_{10}(\boldsymbol{r}) &= \tilde{\boldsymbol{r}}_{10}\cdot \boldsymbol{H}_{\gamma^{(1)}}^{\mathrm{T}} = 1101010100\end{aligned}\right\}$$

$$\Rightarrow\quad W(S_{10}(\boldsymbol{r})) = 5 > 3 = \frac{d-1}{2} - W(\boldsymbol{\theta}_{10})$$

$$\left.\begin{aligned}\tilde{\boldsymbol{r}}_{11} &= \boldsymbol{r}+\boldsymbol{\theta}_{11} = \boldsymbol{r}+000010000000000\\ S_{11}(\boldsymbol{r}) &= \tilde{\boldsymbol{r}}_{11}\cdot \boldsymbol{H}_{\gamma^{(1)}}^{\mathrm{T}} = 0011100110\end{aligned}\right\}$$

$$\Rightarrow\quad W(S_{11}(\boldsymbol{r})) = 5 > 2 = \frac{d-1}{2} - W(\boldsymbol{\theta}_{11})$$

…

$$\left.\begin{aligned}\tilde{\boldsymbol{r}}_{13} &= \boldsymbol{r}+\boldsymbol{\theta}_{13} = \boldsymbol{r}+000000010000000\\ S_{13}(\boldsymbol{r}) &= \tilde{\boldsymbol{r}}_{13}\cdot \boldsymbol{H}_{\gamma^{(1)}}^{\mathrm{T}} = 0000001010\end{aligned}\right\}$$

$$\Rightarrow\quad W(S_{13}(r)) = 2 = \frac{d-1}{2} - W(\boldsymbol{\theta}_{13})$$

这样最后一个满足条件，译码为

$$\hat{\boldsymbol{a}} = \tilde{\boldsymbol{r}}_{13}(\gamma^{(1)})\cdot \boldsymbol{G}_{\gamma^{(1)}} = 001110110010100 = \boldsymbol{a}$$

实际上发现 Γ 比较困难. 因此，为了实现信息集译码必须有选取信息集的特殊方法. 一个明显的做法是，随机选取集合 $\{1,2,\cdots,n\}$ 的均匀分布的 k 子集（k 个数字组成的子集）. 沿着这一途径产生了下面的**广义覆盖集译码算法**：

(1) 设 $\hat{\boldsymbol{a}}=0$；

(2) 随机选择 k 子集 γ，构造码字的列表 $M(\gamma)=\{\boldsymbol{c}\in C \mid \boldsymbol{c}(\gamma)=\boldsymbol{r}(\gamma)\}$（$\boldsymbol{c}(\gamma)$ 表示 $\boldsymbol{c}$ 在 γ 上的分量）；

(3) 如果存在 $\boldsymbol{c}\in M(\gamma)$，使得 $d(\boldsymbol{c},\boldsymbol{r})<d(\hat{\boldsymbol{a}},\boldsymbol{r})$，则 $\hat{\boldsymbol{a}}\leftarrow \boldsymbol{c}$；

(4) 重复以上两步 $L_n(k)$ 次，输出 $\hat{\boldsymbol{a}}$.

这里我们不去讨论 $L_n(k)$ 的大小. 下面讲述一种对上述算法改进的方法.

假设实际错误的个数为 t，我们把 $\{1,2,\cdots,n\}$ 分为两个集合：$L=\{1,2,\cdots,m\}$ 与 $R=\{m+1,m+2,\cdots,n\}$. 令 $H=[H_l \mid H_r]$ 是校验矩阵对应的划分，错误向量 $\boldsymbol{e}=[\boldsymbol{e}_l \mid \boldsymbol{e}_r]$，则伴随 $\boldsymbol{e}\cdot \boldsymbol{H}^{\mathrm{T}}=\boldsymbol{e}_l\cdot \boldsymbol{H}_l^{\mathrm{T}}+\boldsymbol{e}_r\boldsymbol{H}_r^{\mathrm{T}}$. 如果在集合 L 中的错误个数为 u，当然有自然的限制：$u\leqslant m$，$t-u\leqslant n-m$. 这样，对于每个具有 m 个分量的向量 $\boldsymbol{s}_l=S(\boldsymbol{v}_l)=\boldsymbol{v}_l\cdot \boldsymbol{H}_l^{\mathrm{T}}$，把 $\boldsymbol{s}_l$，$\boldsymbol{v}_l$ 作为表格 X_l 的一元存储在一起，生成表格 X_r. $(\boldsymbol{s}_l,\boldsymbol{s}_r)$ 即为可能接收的伴随 $\boldsymbol{s}$. 因此对每个出现在 X_r 中的 $\boldsymbol{s}_r$，我们可以在 X_l 中查找哪个向量等于 $\boldsymbol{s}$，然后把它删去 $\boldsymbol{s}_r$.

然而，实际上我们既不知道错误个数，也不知道错误分布. 因此，我们必须重复几次选择 m，u. 为了减小存储表格 X_l，X_r 所需的存储空间，可以对选择进行优化. 每次选择 m 后，最多有不超过 t 种方法来选择 u，因此不超过 tn. 建立表格后，即可捕捉到任何情况分布的 t 个错误. 最后，对 $t=1,2,\cdots,d$（d 是码的最小距离）

重复整个过程，直到发现错误向量的伴随等于收到伴随的 s. 下面给出**分裂伴随译码算法**的正式描述.

预计算步骤：对于重量 $t=1,2,\cdots,d$，找到 m 使得表格 X_l，X_r 具有几乎相等的大小，在集合 $E(t)$ 存储 (m,u).

(1) 计算 $\boldsymbol{s}=S(\boldsymbol{r})=\boldsymbol{r}\cdot\boldsymbol{H}^{\mathrm{T}}$，设 $t=1$；

(2) 对于 $E(t)$ 中的每个元，生成上面描绘的表格 X_l，X_r；

(3) 对于 $\boldsymbol{s}_l$，把 X_l 进行排序；

(4) 对于每个出现在 X_r 中的 $\boldsymbol{s}_r$，检查 X_l 是否包含 $\boldsymbol{s}$ 删去 $\boldsymbol{s}_r$ 之后所得的向量，如果找到这个向量，则输出 $\hat{\boldsymbol{a}}=\boldsymbol{r}-(\boldsymbol{e}_l\,|\,\boldsymbol{e}_r)$，然后停止；

(5) 否则，令 $t\leftarrow t+1$，当 $t<d$ 时重复上面的步骤(1)～(4).

习题

1. 证明命题 5.1.1.

2. 证明命题 5.1.2.

3. 给出一个例子，说明存在码 C，满足最小重量 $W(C)$ 等于最小距离 $d(C)$，但 C 不是线性码.

4. 证明命题 5.2.1.

5. 证明命题 5.2.2.

6. 设两个 q 元$[n,k]$线性码 C_1 与 C_2 等价，那么它们的生成矩阵 G_1 与 G_2 是否一定可以通过命题 5.2.1 中的初等变换(a)和(b)化为相同的标准形?

7. 证明：同一个 q 元$[n,k]$线性码的生成矩阵具有唯一的标准形.

8. 证明命题 5.3.1.

9. 设$\{\mathbf{0}\}\neq C\subseteq V(n,2)$是一个 2 元线性码，则：

(1) 重量奇偶性相同的码字之和是重量为偶数的码字，重量奇偶性不同的码字之和是重量为奇数的码字；

(2) C 的全部码字或者重量都是偶数，或者一半码字的重量是偶数；

(3) $V(n,2)=C\oplus C^{\perp}$ 当且仅当 C 与 $C^{\perp}$ 中之一是 2 元重复码，且 n 是奇数.

10. 证明：同一个 q 元$[n,k]$线性码的校验矩阵具有唯一的标准形.

11. 完成定理 5.4.1 的证明.

12. 证明推论 5.4.2.

13. 证明：如果陪集的某个字的重量$\leqslant[d(C)-1]/2$，则该字为唯一的陪集首元.

14. 证明：在标准阵(5.5.2)中，如果 q 元线性码 C 是完备码，则同一陪集中只有一个重量最小的元，即陪集的首元唯一.

15. 证明：若 $\gamma=\{j_1,j_2,\cdots,j_k\}$是 q 元$[n,k]$线性码 C 的信息集，则 $\bar{\gamma}=\{1,2,\cdots,n\}\backslash\gamma$ 是 C 的对偶码的信息集.

16. 在例 5.7.3 中，令 $\boldsymbol{r}=1000000$，试用覆盖多项式方法对 $\boldsymbol{r}$ 译码.

第6章 循 环 码

线性码因为具有线性空间的结构,编译起来较一般码容易,然而在没有更多结构假设的前提下,线性码中较长码的编译还是需要很大的存储空间和编译时间的.而且,仅从一般结构出发没有有效的办法来设计出具有特殊的最小距离或其他性质的线性码.鉴于这种情况,本章在线性子空间的结构上再附加上某种代数结构使得线性码的编译更加有效.这种具有新结构的线性码称为循环码.

循环码主要依赖的运算是多项式的算术,而前面已知与多项式运算相适应的结构是环.

6.1 循环码的定义

定义 6.1.1 给定字 $\boldsymbol{c}=c_0c_1\cdots c_{n-1}\in V(n,q)$,定义向右1次循环移位为字

$$\boldsymbol{c}' = c_{n-1}c_0\cdots c_{n-2}$$

以此类推,向右 r 次循环移位为字 $c_{n-r}c_{n-r+1}\cdots c_{n-1}c_0c_1\cdots c_{n-r-1}$.

定义 6.1.2 q 元$[n,k]$线性码称为循环码,如果对于任意的码字 $\boldsymbol{c}=c_0c_1\cdots c_{n-1}\in C$,向右1次循环移位后仍然有 $\boldsymbol{c}'=c_{n-1}c_0\cdots c_{n-2}\in C$.

例 6.1.1 显然 $V(n,q)$和 q 元重复码都是循环码.

例 6.1.2 下一章要说明2元 Hamming 码也是循环码.

用原始定义来研究循环码不是很方便.下面我们要把循环移位与多项式乘法联系在一起.

引理 6.1.1 令 $R_n=F_q[x]/(x^n-1)$,则对应

$$\varphi: V(n,q)\to R_n$$
$$c_0c_1\cdots c_{n-1}\mapsto \overline{c_0+c_1x+\cdots+c_{n-1}x^{n-1}}$$

是 F_q 线性空间的同构.

证明 显然 φ 是F_q 线性映射.因为每个 R_n 中的元素都可以唯一地表示成

$$\overline{c_0+c_1x+\cdots+c_{n-1}x^{n-1}}$$

的形式,所以 φ 是满射.同样,由唯一性知 $\ker\varphi=\{\mathbf{0}\}$,故 φ 是单射.

由引理6.1.1,为方便起见,可以把 R_n 中的元素与多项式 $c_0+c_1x+\cdots+c_{n-1}x^{n-1}$ 等同起来.

定理6.1.1 令 R_n,φ 如引理6.1.1所设,则:

(1) $\boldsymbol{c}=c_0c_1\cdots c_{n-1}\in V(n,q)$ 向右1次循环移位对应的多项式为 $\overline{x(c_0+c_1x+\cdots+c_{n-1}x^{n-1})}$;

(2) q 元 $[n,k]$ 线性码 C 是循环码,当且仅当 C 在 φ 下的像 $\varphi(C)$ 是 R_n 中的理想.

证明 (1) 易知,$x(c_0+c_1x+\cdots+c_{n-1}x^{n-1})$ 模去 x^n-1 之后恰好等于 $c_{n-1}c_1\cdots c_0$ 对应的多项式 $c_{n-1}+c_0x+\cdots+c_{n-2}x^{n-1}$,由此即得.

(2) 根据(1),对于任意的非负整数 k,

$$\overline{x^k(c_0+c_1x+\cdots+c_{n-1}x^{n-1})}\in\varphi(C)$$

又由于 $\varphi(C)$ 是线性码,所以对于任意的常数 $a\in\boldsymbol{F}_q$,

$$\overline{ax^k(c_0+c_1x+\cdots+c_{n-1}x^{n-1})}\in\varphi(C)$$

从而对于任意的多项式 $f(x)\in R_n$,$\overline{f(x)(c_0+c_1x+\cdots+c_{n-1}x^{n-1})}\in\varphi(C)$,即 $\varphi(C)$ 是 R_n 中的理想.反之,结论自然成立.

因此,提到 q 元 $[n,k]$ 循环码,可以认为它是 R_n 的一个理想(当然也可以认为通过 φ^{-1} 能赋予 $V(n,q)$ 乘法,使得 $V(n,q)$ 成为 $\boldsymbol{F}_q$ 代数).已知多项式环中的理想都是主理想(命题1.3.6),而 R_n 是多项式环的商环,因此也是主理想环.

引理6.1.2 令 C 是 R_n 的非零循环码(理想),则:

(1) C 中存在唯一一个首1的、次数最低的多项式 $g(x)$;

(2) C 是由 $g(x)$ 生成的主理想;

(3) $g(x)$ 整除多项式 x^n-1.

证明 (1) 存在性显然.要证唯一性,可以假设 $g(x)$ 与 $h(x)$ 同时满足条件,然后证明 $g(x)$ 与 $h(x)$ 相等.作差 $g(x)-h(x)\in C$,因为它们的次数相等(不妨假设都等于 k)且都是首1的,所以

$$g(x)-h(x)=(x^k+\cdots)-(x^k+\cdots)$$

如果不等于0,则得到一个 C 中次数等于最低次数的多项式,只需把 $g(x)-h(x)$ 乘以适当的非零常数 $a\in\boldsymbol{F}_q^*$,也可以得到首1多项式,故矛盾.

(2) 要证明 C 中的多项式都是 $g(x)$ 的倍数.对于任意的 $f(x)\in R_n$,由于 $\deg f(x)$ 与 $\deg g(x)\leqslant n-1$,故可以先在 $\boldsymbol{F}_q[x]$ 中考虑带余除法:

$$f(x)=p(x)g(x)+r(x)$$

即

$$r(x)=f(x)-p(x)g(x)$$

由于右边都在 C 中，所以 $r(x)\in C$. 与(1)同理，可证 $r(x)=0$.

(3) 同理，在 $F_q[x]$中考虑带余除法：

$$x^n-1=p(x)g(x)+r(x)$$

两边模去 x^n-1，得到$\overline{r(x)}\in C$，而 $\deg r(x)\leqslant n-1$，或者 $r(x)=0$，故$\overline{r(x)}$是满足这一条件的唯一的代表元，假设 $r(x)\neq 0$，则与(1)同理，得到矛盾.

满足引理 6.1.2(1)的多项式 $g(x)$称为循环码 C 的**生成多项式**. 当然生成多项式一定是理想 C 的**生成元**，但反之未必正确. 例如，取 $R_3=F_2[x]/(x^3-1)$，$g(x)=x+1$，由 $x+1$ 生成的理想为$\{0,x+1,x^2+1,x^2+x\}$. 实际上，x^2+1 也是一个生成元.

当然，如果知道循环码 C 的全部码字，则很容易判断哪一个是生成多项式. 反之，如果根据引理 6.1.2(3)，生成多项式只可能是 x^n-1 的因子，那么 x^n-1 的每个因子是否都是生成多项式呢？

推论 6.1.1 $g(x)$是 R_n 的非零循环码C 的生成多项式，当且仅当 $g(x)$是 C 的首 1 的生成元，且整除多项式 x^n-1.

证明 由引理 6.1.2 知必要性显然. 反之，如果 $C=(1)=R_n$，则结论显然. 故可假设 $C\neq(1)$. 令 $g_1(x)$是生成多项式. 由于 $g(x)$是生成元，所以

$$g_1(x)=p(x)g(x)(\mathrm{mod}\ x^n-1) \tag{6.1.1}$$

因为 $g(x)\mid x^n-1$，且 $C\neq(0),(1)$，即存在非零多项式 $h(x)\in F_q[x]$，使得 $\deg h(x)\leqslant n-1$，且 $x^n-1=g(x)h(x)$，故对式(6.1.1)的两边同时乘以 $h(x)$，得到

$$g_1(x)h(x)=p(x)g(x)h(x)=p(x)(x^n-1)=0(\mathrm{mod}\ x^n-1)$$

如果 $\deg g_1(x)<\deg g(x)$，则 $g_1(x)h(x)\neq 0$ 且 $\deg(g_1(x)h(x))\leqslant n-1$，矛盾.

因此，要求出 R_n 的非零循环码，只需求出 x^n-1 的全部因子.

例 6.1.3 取 $R_3=F_2[x]/(x^3-1)$. 因为 $x^3-1=(x+1)(x^2+x+1)$，所以 R_3 中的全部循环码为(0)，$(x+1)$，(x^2+x+1)，$(1)=R_3$.

例 6.1.4 取 $R_{15}=F_2[x]/(x^{15}-1)$. 因为

$$x^{15}-1=(x+1)(x^2+x+1)(x^4+x+1)(x^4+x^3+1)(x^4+x^3+x^2+x+1)$$

所以有任意次数≤15 的因子.

6.2 循环码的生成矩阵与校验矩阵

上一节讲述了循环码生成多项式的求法. 那么已知生成多项式，怎样求其生成

矩阵呢？我们知道求生成矩阵相当于求循环码的一组基，而要求一组基，需要了解循环码码字的结构.

由引理 6.1.2(2)，如果 $\deg g(x)=k\leqslant n-1$，则非零循环码 C 的码字可以有如下表示：

$$g(x)h(x)=g(x)(h_0+h_1x+\cdots+h_{n-1-k}x^{n-1-k}) \tag{6.2.1}$$

从而我们有：

定理 6.2.1 令 $g(x)=g_0+g_1x+\cdots+g_kx^k$ 为循环码 C 的生成多项式，则非零循环码 C 的一组基为

$$g(x),xg(x),\cdots,x^{n-1-k}g(x)$$

从而 C 是线性 $[n,n-k]$ 码，且 C 的生成矩阵为下面的 $(n-k)\times n$ 矩阵：

$$\begin{bmatrix} g_0 & g_1 & \cdots & g_k & & & \\ & g_0 & g_1 & \cdots & g_k & & \\ & & \ddots & \ddots & & \ddots & \\ & & & g_0 & g_1 & \cdots & g_k \end{bmatrix}$$

证明 由式(6.2.1)，循环码 C 的任意码字都是 $g(x),xg(x),\cdots,x^{n-1-k}g(x)$ 的线性组合，只需证明 $g(x),xg(x),\cdots,x^{n-1-k}g(x)$ 线性无关，这是显然的.

例 6.2.1 在例 6.1.3 中，$x+1$ 与 x^2+x+1 的生成矩阵分别为

$$\begin{bmatrix} 1 & 1 & \\ & 1 & 1 \end{bmatrix},\quad \begin{bmatrix} 1 & 1 & 1 \end{bmatrix}$$

因而 (x^2+x+1) 是 2 元重复码.

由式(6.2.1)还可以得到循环码的**非系统编码方法**. 假设 $\boldsymbol{h}=h_0h_1\cdots h_{n-1-k}$ 是信息向量，对应的信息多项式为 $h(x)=h_0+h_1x+\cdots+h_{n-1-k}x^{n-1-k}$，则 $h(x)$ 可以由生成多项式 $g(x)$ 编码为

$$c(x)=g(x)h(x)$$

与之相对的是**系统编码方法**. 我们把信息多项式改成

$$h(x)=h_0x^{n-1}+h_1x^{n-2}+\cdots+h_{n-1-k}x^k$$

然后作带余除法 $h(x)=p(x)g(x)+r(x)$，$h(x)$ 可编码为 $p(x)g(x)$. 由于余项 $r(x)=0$，或者 $\deg r(x)<k$，所以 $p(x)g(x)=h(x)-r(x)$ 对应的(向量形式)码字后 $n-k$ 位即是信息位. 这样，译码时只需把前 k 位删除即可.

当然，接着出现的是循环码的译码问题，这不可避免地涉及有关 C 的校验矩阵. 前面一章的知识告诉我们，这相当于研究循环码 C 的对偶码.

定义 6.2.1 令 $g(x)$ 是循环码 C 的生成多项式. 如果在 $F_q[x]$ 中，$h(x)\in F_q[x]$ 满足

$$x^n-1=g(x)h(x)$$

则称 $h(x)$是循环码 C 的**校验多项式**.

引理 6.2.1 令 $g(x)$是循环码 C 的生成多项式，$h(x)$是循环码 C 的校验多项式，则 $c(x)\in R_n$ 是 C 的码字，当且仅当 $c(x)h(x)=0(\mathrm{mod}\ x^n-1)$.

证明 由引理 6.1.2(2)，如果 $c(x)\in R_n$ 是 C 的码字，则 $c(x)=p(x)g(x)$，从而有

$$c(x)h(x) = p(x)g(x)h(x) = p(x)(x^n-1) = 0(\mathrm{mod}\ x^n-1)$$

反之，作带余除法 $c(x)=p(x)g(x)+r(x)$，证明 $r(x)=0$ 即可(习题).

现在由式 $c(x)h(x)=0(\mathrm{mod}\ x^n-1)$来考虑校验矩阵的结构. 已知 $c(x)\in R_n$，故可以把 $c(x)$与校验多项式 $h(x)$分别写成

$$\begin{aligned} c(x) &= c_0 + c_1x + \cdots + c_{n-1}x^{n-1} \\ h(x) &= h_0 + h_1x + \cdots + h_{n-k}x^{n-k} \end{aligned} \tag{6.2.2}$$

如果从 $c(x)\in C$ 的角度考虑 $c(x)h(x)=p(x)(x^n-1)$，则 $c(x)h(x)$中 x^{n-k}，x^{n-k+1}，…，x^{n-1}前的系数一定为 0，而直接把式(6.2.2)中的两个多项式相乘，得到这些项前的系数为

$$\begin{aligned} &(x^{n-k}):h_{n-k}c_0 + h_{n-k-1}c_1 + \cdots + h_0c_{n-k} = 0 \\ &(x^{n-k+1}):h_{n-k}c_1 + h_{n-k-1}c_2 + \cdots + h_0c_{n-k+1} = 0 \\ &\cdots \\ &(x^{n-1}):h_{n-k}c_{k-1} + h_{n-k-1}c_{k-2} + \cdots + h_0c_{n-1} = 0 \end{aligned}$$

把这一方程组写成矩阵的形式，即有

$$\begin{bmatrix} c_0 & c_1 & \cdots & c_{n-1} \end{bmatrix} \begin{bmatrix} h_{n-k} & h_{n-k-1} & \cdots & h_0 & & & \\ & h_{n-k} & h_{n-k-1} & \cdots & h_0 & & \\ & & \ddots & \ddots & & \ddots & \\ & & & h_{n-k} & h_{n-k-1} & \cdots & h_0 \end{bmatrix}^{\mathrm{T}} = \mathbf{0} \tag{6.2.3}$$

要想说明式(6.2.3)的系数矩阵(转置前)是校验矩阵，只要说明其秩等于 k，或者 $h_{n-k}\neq 0$，这是显然的. 因为 $x^n-1=g(x)h(x)$，$h_{n-k}\neq 0$，故 $\deg h(x)=n-k$，由此即得. 当然，同时可得到 $h_0\neq 0$. 这样就有：

定理 6.2.2 设 $h(x)=h_0+h_1x+\cdots+h_{n-k}x^{n-k}$是循环码$C$ 的校验多项式，则其校验矩阵是

$$\begin{bmatrix} h_{n-k} & h_{n-k-1} & \cdots & h_0 & & & \\ & h_{n-k} & h_{n-k-1} & \cdots & h_0 & & \\ & & \ddots & \ddots & & \ddots & \\ & & & h_{n-k} & h_{n-k-1} & \cdots & h_0 \end{bmatrix}$$

C 的对偶码$C^{\perp}$是由生成多项式 $\overline{h}(x)=h_0^{-1}(h_{n-k}+h_{n-k-1}x+\cdots+h_0x^{n-k})$生成的循环码.

6.3　循环码的伴随译码

这一节考虑二元循环码的译码问题.利用循环码的循环结构可以进一步减少译码所需要的存储空间.

根据定理6.2.2,通过初等行变换很容易得到校验矩阵的标准形.但是为了方便起见,我们把校验矩阵通过初等行变换变为 C 的对偶码 $C^{\perp}$ 的标准生成矩阵形式:

$$\boldsymbol{H} = [\boldsymbol{E}_{n-k} \mid \boldsymbol{A}] \tag{6.3.1}$$

虽然 C 的校验矩阵不止一个,但是根据第5章习题中的第10题,上述形式的校验矩阵是唯一的.本节为方便起见,仅考虑形如式(6.3.1)的校验矩阵.

定理6.3.1　令 $\boldsymbol{H}=[\boldsymbol{E}_{n-k}\mid\boldsymbol{A}]$是循环码$C$ 的校验矩阵,$g(x)$是循环码 C 的生成多项式,则字 $r(x)\in R_n$ 的伴随等于$s(x)\equiv r(x)(\mathrm{mod}\ g(x))$,其中$\deg s(x)<\deg g(x)$,或者 $s(x)=0$.

证明　矩阵 $\boldsymbol{A}$ 的每一列都可以唯一对应一个次数至多为$n-k-1$ 的多项式.例如,假设其中一列为$[a_{0j}\quad a_{1j}\quad\cdots\quad a_{n-k-1,j}]^{\mathrm{T}}(j=0,1,\cdots,k-1)$,那么对应的多项式为 $a_j(x)=a_{0j}+a_{1j}x+\cdots+a_{n-k-1,j}x^{n-k-1}$,故 $\boldsymbol{A}$ 等同于多项式序列 $\boldsymbol{A}=[a_0(x)\quad a_1(x)\quad\cdots\quad a_{k-1}(x)]$(其实对于 $\boldsymbol{H},\boldsymbol{E}_{n-k}$,也可以采用这样的对应方法).

此时,对应循环码 C 的生成矩阵为$\boldsymbol{G}=[-\boldsymbol{A}^{\mathrm{T}}\mid\boldsymbol{E}_k]$.根据上面的对应关系,$\boldsymbol{G}$ 的任意一行对应的多项式$x^{n-k+i}-a_i(x)(i=0,1,\cdots,k-1)$都是码字,故可以假设 $x^{n-k+i}-a_i(x)=p_i(x)g(x)$,即

$$a_i(x) = x^{n-k+i} - p_i(x)g(x) \tag{6.3.2}$$

现在设 $r(x)=r_0+r_1x+\cdots+r_{n-1}x^{n-1}$.根据伴随的定义,有 $s=[r_0\quad r_1\quad\cdots\quad r_{n-1}]\boldsymbol{H}^{\mathrm{T}}$.这时 $\boldsymbol{H}$ 对应矩阵

$$[1\quad x\quad\cdots\quad x^{n-k-1}\quad a_0(x)\quad a_1(x)\quad\cdots\quad a_{k-1}(x)]$$

所以由式(6.3.2)得到

$$\begin{aligned}
s(x) &= r_0 + r_1x + \cdots + r_{n-k-1}x^{n-k-1} + r_{n-k}a_0(x) + r_{n-k+1}a_1(x) + \cdots + r_{n-1}a_{k-1}(x) \\
&= \sum_{i=0}^{n-k-1} r_ix^i + \sum_{j=0}^{k-1} r_{n-k+j}(x^{n-k+j} - p_i(x)g(x)) \\
&= \sum_{i=0}^{n-1} r_ix^i - \Big(\sum_{j=0}^{k-1} r_{n-k+j}p_i(x)\Big)g(x) \\
&\equiv r(x)(\mathrm{mod}\ g(x))
\end{aligned}$$

由于 $s(x)$ 是一个次数至多为 $n-k-1$ 的多项式,所以对应结果成立.

例 6.3.1 例 6.1.3 中 $(x+1)$ 的校验矩阵为 $[1\ \ 1\ \ 1]$. 对于 $r(x)=1+x+x^2$ 的伴随,直接计算有

$$s=[1\ \ 1\ \ 1]\begin{bmatrix}1\\1\\1\end{bmatrix}=1$$

而由定理 6.3.1 知 $s(x)\equiv 1+x+x^2\equiv 1(\mathrm{mod}\ x+1)$.

推论 6.3.1 令 $g(x)$ 是循环码 C 的生成多项式. 如果收到的字 $r(x)\in R_n$ 的伴随 $s(x)$ 的重量 $\leqslant\lfloor(d(C)-1)/2\rfloor$,则按照最小距离译码,$r(x)$ 被译为 $r(x)-s(x)$.

证明 根据定理 6.3.1,$r(x)$ 与 $s(x)$ 在同一陪集中. 再根据第 5 章习题中的第 13 题,$s(x)$ 即为陪集的首元,因此结果成立.

上述结论有重量的限制,因此不满足条件的不能直接采取上面的译码方式. 但是循环码的代数结构预示,对于某些收到的字,伴随的计算可能比较简单.

引理 6.3.1 令 $g(x)$ 是 q 元 $[n,k]$ 循环码 C 的生成多项式,$s(x)=\sum\limits_{i=0}^{n-k-1}s_ix^i$ 是字 $r(x)\in R_n$ 的伴随,则 $r(x)$ 的循环移位 $xr(x)$ 等于 $xs(x)-s_{n-k-1}g(x)$.

证明 根据定理 6.3.1 只需证明 $xr(x)$ 的伴随是 $xs(x)-s_{n-k-1}g(x)$,即 $xr(x)$ 模 $g(x)$ 的剩余. 由于 $s(x)$ 是字 $r(x)$ 的伴随,即 $r(x)=p(x)g(x)+s(x)$,所以

$$\begin{aligned}xr(x)&=x(p(x)g(x)+s(x))\\&=(xp(x)+s_{n-k-1})g(x)+(xs(x)-s_{n-k-1}g(x))\end{aligned}$$

而 $xs(x)-s_{n-k-1}g(x)=0$,或者 $\deg(xs(x)-s_{n-k-1}g(x))<n-k$.

这样,可以由 $r(x)$ 的伴随计算 $xr(x)$,$x^2r(x)$,…的伴随.

例 6.3.2 在例 6.3.1 中,已知 $r(x)=1+x+x^2$ 的伴随为 1,所以 $xr(x)$ 的伴随为 $x\cdot 1-1\cdot(x+1)=1$. 这样对于任意的正整数 k,$x^kr(x)$ 的伴随都为 1.

6.4 循环码的译码算法

定义 6.4.1 n 元组的 0 的一个长为 l 的循环移动是,其循环连续出现 l 个 0 分量.

例 6.4.1 $\boldsymbol{h}_1=11\underline{00000}120$ 有一个 0 的长为 5 的循环移动,而 $\boldsymbol{h}_2=\underline{000}11\underline{000}$ 有一个 0 的长为 6 的循环移动.

令 C 是生成多项式 $g(x)$ 的 $[n,k,d]$ 循环码,$r(x)$ 是收到的字,而 $e(x)$ 是错

误,且错误的重量$\leqslant\lfloor (d(C)-1)/2 \rfloor$,且$e(x)$有一个0的长至少为$k$的循环移动.用下面的算法可以计算$e(x)$:

算法 6.4.1

第1步 对$i=0,1,2,\cdots,n-1$,计算伴随$x^i r(x)$,记$s_i(x)$为伴随$x^i r(x) \pmod{g(x)}$;

第2步 找到m,使得伴随$s_m(x)$的重量$\leqslant\lfloor (d(C)-1)/2 \rfloor$;

第3步 计算$x^{n-m}s_m(x)$模x^n-1的剩余$t(x)$,把字$r(x)$译码为$r(x)-t(x)$.

命题 6.4.1 在算法6.4.1中,可以找到第2步中的m,第3步中$t(x)$就是所求的错误$e(x)$.

证明 根据假设,$e(x)$有一个0的长至少为k的循环移动,因此存在整数$m\geqslant 0$,使得错误$e(x)$通过m次循环移位后,所有非零分量都在前$n-k$个位置.m次循环移位后的$e(x)$即为$x^m r(x) \pmod{x^n-1}$模$g(x)$之后所得的剩余.令

$$R(x)=(x^m r(x) \pmod{x^n-1}) \pmod{g(x)}=x^m r(x) \pmod{g(x)}$$

$R(x)$的重量与$e(x)$的相同,至多为$\lfloor [d(C)-1]/2 \rfloor$,即证明了存在性.

令$t(x)=x^{n-m}s_m(x) \pmod{x^n-1}$,则$t(x)$是$s_m(x)$的$n-m$个循环移位.很显然,$t(x)$与$s_m(x)$的重量相同,均小于或等于$\lfloor (d(C)-1)/2 \rfloor$.因为

$$\begin{aligned} x^m(r(x)-t(x)) &\equiv x^m(r(x)-x^{n-m}s_m(x)) \equiv x^m r(x)-x^n s_m(x) \\ &\equiv s_m(x)-x^n s_m(x) \equiv (1-x^n)s_m(x) \equiv 0 \pmod{g(x)} \end{aligned}$$

且x^m与$g(x)$互素($g(x)$的常数项为1),所以$r(x)-t(x)$是码字.因为上式蕴涵$t(x)$与$e(x)$在同一陪集中,而两者的重量$\leqslant\lfloor (d(C)-1)/2 \rfloor$,即都是陪集首元.

习题

1. 求$R_{15}=\boldsymbol{F}_2[x]/(x^{15}-1)$的全部循环码.
2. 完成引理6.2.1的证明.
3. 取$R_{15}=\boldsymbol{F}_2[x]/(x^{15}-1)$,循环码$C$的生成多项式为

$$g(x)=(x^4+x+1)(x^4+x^3+1)$$

试用系统编码与非系统编码的方法对信息$\boldsymbol{h}=1101011$进行编码.

4. 证明:循环码的校验矩阵可以通过初等行变换变为式(6.3.1)的形式.
5. 取$R_7=\boldsymbol{F}_2[x]/(x^7-1)$,$g(x)=1+x^2+x^3$.求:

(1) $g(x)$生成的循环码C;

(2) C的形如$\boldsymbol{H}=[\boldsymbol{E}_{n-k}|\boldsymbol{A}]$的校验矩阵;

(3) 收到的字$r(x)=x+x^2+x^4+x^5$的伴随及其译码;

(4) $x^3r(x)$的伴随.

第 7 章　一些重要分组码

实际上，存在大量既有历史价值又有应用价值的分组码．本章来介绍其中的几个．

7.1　Hadamard 矩阵

n 阶 **Hadamard**（阿达马）**矩阵** $\boldsymbol{H}_n$ 的元素为 $+1$ 或 -1，且满足

$$\boldsymbol{H}_n \boldsymbol{H}_n^{\mathrm{T}} = n\boldsymbol{E}_n$$

换言之，如果把 $\boldsymbol{H}_n$ 乘上 $1/\sqrt{n}$ 即得正交阵．$\boldsymbol{H}_n$ 的任意不同的列正交，行也是如此．下面是 Hadamard 矩阵的几个简单的例子：

$$\boldsymbol{H}_1 = [1], \quad \boldsymbol{H}_2 = \begin{bmatrix} 1 & 1 \\ 1 & -1 \end{bmatrix}, \quad \boldsymbol{H}_4 = \begin{bmatrix} 1 & 1 & 1 & 1 \\ 1 & -1 & 1 & -1 \\ 1 & 1 & -1 & -1 \\ 1 & -1 & -1 & 1 \end{bmatrix}$$

容易看出，如果 $\boldsymbol{H}_n$ 是 n 阶 Hadamard 矩阵，则矩阵

$$\begin{bmatrix} \boldsymbol{H}_n & \boldsymbol{H}_n \\ \boldsymbol{H}_n & -\boldsymbol{H}_n \end{bmatrix}$$

是 $2n$ 阶 Hadamard 矩阵 $\boldsymbol{H}_{2n}$．

对于长度为 n 的向量 $\boldsymbol{r}$ 以及 n 阶 Hadamard 矩阵 $\boldsymbol{H}_n$，计算 $\boldsymbol{r}\boldsymbol{H}_n^{\mathrm{T}}$ 的运算通常称为向量 $\boldsymbol{r}$ 的 Hadamard 变换．事实上，存在计算 Hadamard 变换的快速算法，而这种算法在某些 Reed-Muller 码的译码中极为重要，而且 Hadamard 矩阵也可以用来定义纠错码．

很容易看出，Hadamard 矩阵的某一行或某一列乘以 -1 得到的还是 Hadamard 矩阵，通过不断进行这样的变换可以把 Hadamard 矩阵的第一行与第一列全都变成 1，这种形式的 Hadamard 矩阵称为正规化的 Hadamard 矩阵．

Hadamard 矩阵的某些运算可以用 Kronecker（克罗内克）积来表示．

定义 7.1.1　一个 $m\times n$ 矩阵 $\boldsymbol{A}$ 与一个 $p\times q$ 矩阵 $\boldsymbol{B}$ 的 Kronecker 积 $\boldsymbol{A}\otimes\boldsymbol{B}$ 是一个 $mp\times nq$ 矩阵，它是把矩阵 $\boldsymbol{A}$ 的元素 a_{ij} 替换成 $a_{ij}\boldsymbol{B}$ 得到的.

例 7.1.1　令

$$\boldsymbol{A}=\begin{bmatrix} a_{11} & a_{12} & a_{13} \\ a_{21} & a_{22} & a_{23} \end{bmatrix},\quad \boldsymbol{B}=\begin{bmatrix} b_{11} & b_{12} \\ b_{21} & b_{22} \end{bmatrix}$$

则 Kronecker 积 $\boldsymbol{A}\otimes\boldsymbol{B}$ 为

$$\boldsymbol{A}\otimes\boldsymbol{B}=\begin{bmatrix} a_{11}b_{11} & a_{11}b_{12} & a_{12}b_{11} & a_{12}b_{12} & a_{13}b_{11} & a_{13}b_{12} \\ a_{11}b_{21} & a_{11}b_{22} & a_{12}b_{21} & a_{12}b_{22} & a_{13}b_{21} & a_{13}b_{22} \\ a_{21}b_{11} & a_{21}b_{12} & a_{22}b_{11} & a_{22}b_{12} & a_{23}b_{11} & a_{23}b_{12} \\ a_{21}b_{21} & a_{21}b_{22} & a_{22}b_{21} & a_{22}b_{22} & a_{23}b_{21} & a_{23}b_{22} \end{bmatrix}$$

定理 7.1.1　Kronecker 积有如下性质：

(1) 一般地，$\boldsymbol{A}\otimes\boldsymbol{B}\neq\boldsymbol{B}\otimes\boldsymbol{A}$；

(2) 对于任意的数 x，$(x\boldsymbol{A})\otimes\boldsymbol{B}=\boldsymbol{A}\otimes(x\boldsymbol{B})=x(\boldsymbol{A}\otimes\boldsymbol{B})$；

(3) 分配律：

$$(\boldsymbol{A}+\boldsymbol{B})\otimes\boldsymbol{C}=\boldsymbol{A}\otimes\boldsymbol{C}+\boldsymbol{B}\otimes\boldsymbol{C}$$
$$\boldsymbol{A}\otimes(\boldsymbol{B}+\boldsymbol{C})=\boldsymbol{A}\otimes\boldsymbol{B}+\boldsymbol{A}\otimes\boldsymbol{C}$$

(4) 结合律：$(\boldsymbol{A}\otimes\boldsymbol{B})\otimes\boldsymbol{C}=\boldsymbol{A}\otimes(\boldsymbol{B}\otimes\boldsymbol{C})$；

(5) 转置：$(\boldsymbol{A}\otimes\boldsymbol{B})^{\mathrm{T}}=\boldsymbol{A}^{\mathrm{T}}\otimes\boldsymbol{B}^{\mathrm{T}}$；

(6) 迹：$\mathrm{tr}(\boldsymbol{A}\otimes\boldsymbol{B})=\mathrm{tr}\,\boldsymbol{A}\mathrm{tr}\,\boldsymbol{B}$；

(7) 如果 $\boldsymbol{A}$，$\boldsymbol{B}$ 是对角阵，则 $\boldsymbol{A}\otimes\boldsymbol{B}$ 是对角阵；

(8) 如果 $\boldsymbol{A}$ 是 m 阶方阵，$\boldsymbol{B}$ 是 n 阶方阵，则有

$$\det(\boldsymbol{A}\otimes\boldsymbol{B})=(\det\boldsymbol{A})^m(\det\boldsymbol{B})^n$$

(9) Kronecker 积定理：

$$(\boldsymbol{A}\otimes\boldsymbol{B})(\boldsymbol{C}\otimes\boldsymbol{D})=\boldsymbol{AC}\otimes\boldsymbol{BD}$$

(假如乘积 $\boldsymbol{AC}$ 与 $\boldsymbol{BD}$ 存在)；

(10) 逆：如果 $\boldsymbol{A}$ 与 $\boldsymbol{B}$ 可逆，则 $\boldsymbol{A}\otimes\boldsymbol{B}$ 可逆，且

$$(\boldsymbol{A}\otimes\boldsymbol{B})^{-1}=\boldsymbol{A}^{-1}\otimes\boldsymbol{B}^{-1}$$

命题 7.1.1　如果 $\boldsymbol{H}_n$ 是 n 阶 Hadamard 矩阵，那么 $\boldsymbol{H}_2\otimes\boldsymbol{H}_n$ 是 $2n$ 阶 Hadamard 矩阵 $\boldsymbol{H}_{2n}$.

证明　根据 Kronecker 积的性质，可得

$$\begin{aligned}(\boldsymbol{H}_2\otimes\boldsymbol{H}_n)(\boldsymbol{H}_2\otimes\boldsymbol{H}_n)^{\mathrm{T}}&=(\boldsymbol{H}_2\otimes\boldsymbol{H}_n)(\boldsymbol{H}_2^{\mathrm{T}}\otimes\boldsymbol{H}_n^{\mathrm{T}})\\&=(\boldsymbol{H}_2\boldsymbol{H}_2^{\mathrm{T}})\otimes(\boldsymbol{H}_n\boldsymbol{H}_n^{\mathrm{T}})\\&=(2\boldsymbol{E}_2)\otimes(n\boldsymbol{E}_n)\\&=2n\boldsymbol{E}_{2n}\end{aligned}$$

上述命题也可以由 $H_2 \otimes H_n$ 的定义直接计算可得.

这种由 n 阶 Hadamard 矩阵构造 $2n$ 阶 Hadamard 矩阵的方法称为 Sylvester(西尔维斯特)构造.由前面的例子可知,阶数为 1,2,4,8,16,…的 Hadamard 矩阵存在.但是我们发现 6 阶 Hadamard 矩阵不存在.

定理 7.1.2 Hadamard 矩阵的阶必须是 1,2,或者是 4 的倍数.

证明 不失一般性,可以假设 H_n 是正规化的 Hadamard 矩阵.如果 H_n 的阶数大于 2,则通过列置换(习题),可以把 H_n 的前三行变为

$$\begin{array}{cccc} 1\ 1\ \cdots\ 1 & 1\ \ 1\ \cdots\ \ 1 & 1\ \ 1\ \cdots\ \ 1 & 1\ \ 1\ \cdots\ \ 1 \\ 1\ 1\ \cdots\ 1 & 1\ \ 1\ \cdots\ \ 1 & -1\ -1\ \cdots\ -1 & -1\ -1\ \cdots\ -1 \\ \underbrace{1\ 1\ \cdots\ 1}_{i} & \underbrace{-1\ -1\ \cdots\ -1}_{j} & \underbrace{1\ \ 1\ \cdots\ \ 1}_{k} & \underbrace{-1\ -1\ \cdots\ -1}_{l} \end{array} \tag{7.1.1}$$

由于行是正交的,所以

$$\begin{aligned} i + j - k - l &= 0 \\ i - j + k - l &= 0 \\ i - j - k + l &= 0 \end{aligned}$$

从而得到

$$i = j = k = l$$

即得结论.

这一定理不能排除 12 阶 Hadamard 矩阵存在的可能性,但是它的确无法由 Sylvester 构造得到.

7.2 Hadamard 矩阵的 Paley 构造

另外一种构造 Hadamard 矩阵的方法称为 Paley(佩利)构造,要用到一些数论的概念.这种办法可以生成其他类型的 Hadamard 矩阵,例如 H_{12}.

Paley 构造需要的数论的概念主要包括二次剩余与 Legendre 符号.这些概念还应用于其他纠错码中.

定义 7.2.1 对于所有与整数 $p>1$ 互素的整数 a,如果模 p 的二次同余式

$$x^2 \equiv a \pmod{p}$$

有解,则称 a 为**模 p 的二次剩余**,否则称 a 为**模 p 的二次非剩余**.

显然,如果 a 为模 p 的二次剩余,则 $a+p$ 也是.因此考虑二次剩余只需取剩余类的一组代表元,例如 $0,1,\cdots,p-1$,而我们提到“模 p 的二次剩余的个数”也是

指 0,1,…,$p-1$ 中二次剩余的个数.

例 7.2.1　发现模素数 p 二次剩余的简单方法是,把 1,2,…,$p-1$ 直接平方.例如 $p=7$,则只需考虑 1,2,3,4,5,6 的平方 $1^2,2^2,3^2,4^2,5^2,6^2$ 模 7 后的剩余 1,4,2,2,4,1,故模 7 的二次剩余仅有 1,2,4 三个代表元对应的剩余类,而 3,5,6 是二次非剩余,当然 10 也是二次非剩余,因为它和 3 在同一个剩余类中.

同样,对于 $p=11$,得到二次剩余为 1,3,4,5,9.

定理 7.2.1　二次剩余具有以下性质:

(1) 模奇素数 p 二次剩余的个数为$(p-1)/2$;

(2) 两个二次剩余之积或两个二次非剩余之积是二次剩余,二次剩余与二次非剩余之积是二次非剩余;

(3) 如果 p 是 $4k+1$ 形式的奇数,则 -1 是模 p 的二次剩余,如果 p 是 $4k+3$ 形式的奇数,则 -1 是模 p 的二次非剩余.

定义 7.2.2　令 p 是奇素数.Legendre 符号定义为

$$\left(\frac{a}{p}\right)=\begin{cases}0, & a \text{ 整除 } p\\ 1, & a \text{ 是模 } p \text{ 的二次剩余}\\ -1, & a \text{ 是模 } p \text{ 的二次非剩余}\end{cases}$$

引理 7.2.1　设 $c\equiv 0(\mathrm{mod}\ p)$,则

$$\sum_{b=0}^{p-1}\left(\frac{b}{p}\right)\left(\frac{b+c}{p}\right)=-1$$

证明　根据 Legendre 符号的定义以及定理 7.2.1(b),知

$$\left(\frac{ab}{p}\right)=\left(\frac{a}{p}\right)\left(\frac{b}{p}\right)$$

因为 $b=0$ 这一项不影响和式的取值,所以可假设 $b\neq 0$.令

$$z\equiv(b+c)b^{-1}(\mathrm{mod}\ p)$$

其中 b 取遍 1,2,…,$p-1$,那么 z 相应取遍 0,2,3,…,$p-1$(因为 $c\not\equiv 0(\mathrm{mod}\ p)$,故无法取得 1),则

$$\begin{aligned}\sum_{b=0}^{p-1}\left(\frac{b}{p}\right)\left(\frac{b+c}{p}\right)&=\sum_{b=1}^{p-1}\left(\frac{b}{p}\right)\left(\frac{bz}{p}\right)=\sum_{b=1}^{p-1}\left(\frac{b}{p}\right)\left(\frac{b}{p}\right)\left(\frac{z}{p}\right)\\&=\sum_{b=1}^{p-1}\left(\frac{b}{p}\right)^2\left(\frac{z}{p}\right)\\&=\sum_{z=0}^{p-1}\left(\frac{z}{p}\right)-\left(\frac{1}{p}\right)\\&=-1\end{aligned}$$

倒数第二个等式中和式等于零,是根据定理 7.2.1(a)得到的.

有了这一定理,我们来看 Paley 构造:

(1) 首先,取 $4k+3$ 型素数 p.构造 p 阶矩阵 $\boldsymbol{J}_p$,它的元素 q_{ij} 满足 $q_{ij}=\left(\dfrac{j-i}{p}\right)$(注意这里下标 i,j,为方便起见取值为 $0,1,\cdots,p-1$).$\boldsymbol{J}_p$ 的第一行即是 $\left(\dfrac{j}{p}\right)$,其余行是第一行的(向右)循环移位;

(2) 其次,构造 $p+1$ 阶矩阵

$$\boldsymbol{H}_{p+1}=\begin{bmatrix}1 & \boldsymbol{1}\\ \boldsymbol{1}^{\mathrm{T}} & \boldsymbol{J}_p-\boldsymbol{E}_p\end{bmatrix}$$

其中 $\boldsymbol{1}$ 是 p 个分量都是 1 的行向量.

例 7.2.2 根据上述步骤,对 $p=7,11$,构造如下:

$$\boldsymbol{J}_7=\begin{bmatrix}0&1&1&-1&1&-1&-1\\-1&0&1&1&-1&1&-1\\-1&-1&0&1&1&-1&1\\1&-1&-1&0&1&1&-1\\-1&1&-1&-1&0&1&1\\1&-1&1&-1&-1&0&1\\1&1&-1&1&-1&-1&0\end{bmatrix}$$

$$\boldsymbol{H}_8=\begin{bmatrix}1&1&1&1&1&1&1&1\\1&-1&1&1&-1&1&-1&-1\\1&-1&-1&1&1&-1&1&-1\\1&-1&-1&-1&1&1&-1&1\\1&1&-1&-1&-1&1&1&-1\\1&-1&1&-1&-1&-1&1&1\\1&1&-1&1&-1&-1&-1&1\\1&1&1&-1&1&-1&-1&-1\end{bmatrix}$$

$$\boldsymbol{J}_{11}=\begin{bmatrix}0&1&-1&1&1&1&-1&-1&-1&1&-1\\-1&0&1&-1&1&1&1&-1&-1&-1&1\\1&-1&0&1&-1&1&1&1&-1&-1&-1\\-1&1&-1&0&1&-1&1&1&1&-1&-1\\-1&-1&1&-1&0&1&-1&1&1&1&-1\\-1&-1&-1&1&-1&0&1&-1&1&1&1\\1&-1&-1&-1&1&-1&0&1&-1&1&1\\1&1&-1&-1&-1&1&-1&0&1&-1&1\\1&1&1&-1&-1&-1&1&-1&0&1&-1\\-1&1&1&1&-1&-1&-1&1&-1&0&1\\1&-1&1&1&1&-1&-1&-1&1&-1&0\end{bmatrix}$$

$$
\boldsymbol{H}_{12} = \begin{bmatrix}
1 & 1 & 1 & 1 & 1 & 1 & 1 & 1 & 1 & 1 & 1 & 1 \\
1 & -1 & 1 & -1 & 1 & 1 & 1 & -1 & -1 & -1 & 1 & -1 \\
1 & -1 & -1 & 1 & -1 & 1 & 1 & 1 & -1 & -1 & -1 & 1 \\
1 & 1 & -1 & -1 & 1 & -1 & 1 & 1 & 1 & -1 & -1 & -1 \\
1 & -1 & 1 & -1 & -1 & 1 & -1 & 1 & 1 & 1 & -1 & -1 \\
1 & -1 & -1 & 1 & -1 & -1 & 1 & -1 & 1 & 1 & 1 & -1 \\
1 & -1 & -1 & -1 & 1 & -1 & -1 & 1 & -1 & 1 & 1 & 1 \\
1 & 1 & -1 & -1 & -1 & 1 & -1 & -1 & 1 & -1 & 1 & 1 \\
1 & 1 & 1 & -1 & -1 & -1 & 1 & -1 & -1 & 1 & -1 & 1 \\
1 & 1 & 1 & 1 & -1 & -1 & -1 & 1 & -1 & -1 & 1 & -1 \\
1 & -1 & 1 & 1 & 1 & -1 & -1 & -1 & 1 & -1 & -1 & 1 \\
1 & 1 & -1 & 1 & 1 & 1 & -1 & -1 & -1 & 1 & -1 & -1
\end{bmatrix}
$$

还需要证明所得的矩阵 $\boldsymbol{H}_{p+1}$ 是 Hadamard 矩阵.

引理 7.2.2　$\boldsymbol{J}_p$ 是 Paley 构造中所得的 p 阶矩阵,则 $\boldsymbol{J}_p\boldsymbol{J}_p^{\mathrm{T}} = p\boldsymbol{E}_p - \boldsymbol{U}$,并且 $\boldsymbol{J}_p\boldsymbol{U} = \boldsymbol{U}\boldsymbol{J}_p = \boldsymbol{0}$,且 $\boldsymbol{U}$ 是所有元素都是 1 的矩阵.

证明　令 $\boldsymbol{P} = \boldsymbol{J}_p\boldsymbol{J}_p^{\mathrm{T}}$.因为 $i \neq 0, \left(\dfrac{i}{p}\right)^2 = 1$,所以 $p_{ii} = \sum\limits_{k=0}^{p-1} q_{ik}^2 = p-1$.而当 $i \neq j$ 时,

$$p_{ij} = \sum_{k=0}^{p-1} q_{ik}q_{jk} = \sum_{k=0}^{p-1}\left(\frac{k-i}{p}\right)\left(\frac{k-j}{p}\right)$$

作替换 $b = k-i, c = i-j$.根据引理 7.2.1 得到 $p_{ij} = -1$,故第一个式子成立.

由于定理 7.2.1(1),故第二个式子成立.

现在计算 $\boldsymbol{H}_{p+1}\boldsymbol{H}_{p+1}^{\mathrm{T}}$:

$$\boldsymbol{H}_{p+1}\boldsymbol{H}_{p+1}^{\mathrm{T}} = \begin{bmatrix} 1 & \boldsymbol{1} \\ \boldsymbol{1}^{\mathrm{T}} & \boldsymbol{J}_p - \boldsymbol{E}_p \end{bmatrix}\begin{bmatrix} 1 & \boldsymbol{1} \\ \boldsymbol{1}^{\mathrm{T}} & \boldsymbol{J}_p^{\mathrm{T}} - \boldsymbol{E}_p \end{bmatrix}$$
$$= \begin{bmatrix} p+1 & \boldsymbol{0} \\ \boldsymbol{0}^{\mathrm{T}} & \boldsymbol{U} + (\boldsymbol{J}_p - \boldsymbol{E}_p)(\boldsymbol{J}_p^{\mathrm{T}} - \boldsymbol{E}_p) \end{bmatrix}$$

而 $\boldsymbol{U} + (\boldsymbol{J}_p - \boldsymbol{E}_p)(\boldsymbol{J}_p^{\mathrm{T}} - \boldsymbol{E}_p) = \boldsymbol{U} + \boldsymbol{J}_p\boldsymbol{J}_p^{\mathrm{T}} - \boldsymbol{J}_p - \boldsymbol{J}_p^{\mathrm{T}} + \boldsymbol{E}_p$,根据引理中的第一个式子得

$$\boldsymbol{U} + \boldsymbol{J}_p\boldsymbol{J}_p^{\mathrm{T}} = p\boldsymbol{E}_p$$

而 $-\boldsymbol{J}_p - \boldsymbol{J}_p^{\mathrm{T}}$ 的元素 $c_{ij} = -(q_{ij} + q_{ji}) = -\left(\dfrac{j-i}{p}\right) - \left(\dfrac{i-j}{p}\right) = 0$(定理 7.2.1(3)),故

$$\boldsymbol{U} + (\boldsymbol{J}_p - \boldsymbol{E}_p)(\boldsymbol{J}_p^{\mathrm{T}} - \boldsymbol{E}_p) = (p+1)\boldsymbol{E}_p$$

7.3 Hadamard 码

令 $\boldsymbol{A}_n$ 是把正规化 Hadamard 矩阵 $\boldsymbol{H}_n$ 中的 1 替换为 0，把 -1 替换为 1 得到的矩阵. 我们有以下码构造.

(1) 由 $\boldsymbol{H}_n$ 的正交性，$\boldsymbol{A}_n$ 的任意两行必然有 $n/2$ 个位置相同，$n/2$ 个不同. 删去最左边一列(因为这一列都是 0，对码结构没有贡献)所得 $n-1$ 列矩阵的行形成一个码，称为 Hadamard 码，记为 A_n. 它有 n 个码字，且根据定理 7.1.2，A_n 中非零码字的重量都是 $n/2$，所以最小距离为 $n/2$. A_n 也称为**单纯形码**；

(2) 把 A_n 的码字 0 与 1 互换，(显然 A_n 的元素 0 与 1 互换得到的行不会与 A_n 的行重复，最简单的理由为 A_n 的最左列都是 0.) 然后添加到 A_n 中得到 B_n. B_n 有 $2n$ 个码字，非零码字的重量有 $n/2-1$，$n/2$，$n-1$ 三种可能，所以最小距离是 $n/2-1$；

(3) 把 A_n 的元素 0 与 1 互换，然后接在 A_n 的下面获得一个新矩阵，它的行构成的码记为 C. 同上，C 的码长为 n，码字数为 $2n$，最小距离为 $n/2$.

本书研究的所有码几乎都是线性码，但是在上述码中，如果 $\boldsymbol{H}_n$ 是 Paley 构造所得的 Hadamard 矩阵(简称 **Paley 矩阵**)，且 $n>8$，则它是**非线性码**. 应当注意的是，Paley 矩阵构造出的 A_n 的 B_n 都在(向右)循环移位下不变，所以循环码的定义可以扩大到非线性码. 另外，如果上述码是由 Sylvester 构造得到的 Hadamard 矩阵构造出的，则它是线性码.

7.4 Reed-Muller 码

Reed-Muller 码是最早应用到空间领域的码. 虽然从码参数的角度来看这种码并不太好，但是它的快速译码算法还是极为诱人的. 而且由于它的构造方法多样，所以在许多理论研究中都有应用.

7.4.1 Boole 函数

F_2 上的 m 变量的 Boole(布尔)函数的定义域是 $V(m,2)$，值域是 F_2，一般记

为 $f(v_1,v_2,\cdots,v_m)$. 这种函数可以用真值表来表示，真值表具有表 7.4.1 的形式.

表 7.4.1　两个 4 元 Boole 函数的真值表

v_1	0	0	0	0	0	0	0	0	1	1	1	1	1	1	1	1
v_2	0	0	0	0	1	1	1	1	0	0	0	0	1	1	1	1
v_3	0	0	1	1	0	0	1	1	0	0	1	1	0	0	1	1
v_4	0	1	0	1	0	1	0	1	0	1	0	1	0	1	0	1
f_1	0	1	1	0	1	0	0	1	1	0	0	1	0	1	1	0
f_2	1	1	1	1	1	0	0	1	1	0	1	0	1	1	0	0

容易验证

$$f_1 = v_1 + v_2 + v_3 + v_4, \quad f_2 = 1 + v_1 v_4 + v_1 v_3 + v_2 v_3 \tag{7.4.1}$$

可以看出上述向量 $[v_1 \quad v_2 \quad v_3 \quad v_4]^{\mathrm{T}}$ 是按照如下顺序排列的：第一列是 0 的二进制表示；第二列是 1 的二进制表示……最后一列是 15 的二进制表示.

一般情况下，可以把 $V(m,2)$ 中的向量按这种方法排列. 在这种顺序下，Boole 函数被其取值唯一确定. 例如，上述两个函数可以写成如下向量：

$$\boldsymbol{f}_1 = 0110100110010110, \quad \boldsymbol{f}_2 = 1111100110101100$$

因此由真值表来看，m 变量的 Boole 函数的数量有 2^{2^m} 个.

另外，式(7.4.1)表示很多 Boole 函数可以由多项式表示，那么所有 Boole 函数是否都唯一对应着一个多项式呢？考虑单项式的集合

$$\{1, v_1, v_2, \cdots, v_m, v_1 v_2, v_1 v_3, \cdots, v_{m-1} v_m, \cdots, v_1 v_2 v_3 \cdots v_m\}$$

这个集合在 F_2 上线性无关，所以生成线性空间中的每个多项式(称为 **Boole 多项式**)都唯一对应一个 Boole 函数. 而这一线性空间的维数为 2^m，所以 Boole 函数也唯一对应一个 Boole 多项式. 下面是几个 4 元 Boole 单项式与真值表之间的对应：

$$1 \leftrightarrow \mathbf{1} = 1111111111111111$$

$$v_1 \leftrightarrow \boldsymbol{v}_1 = 0101010101010101$$

$$v_2 \leftrightarrow \boldsymbol{v}_2 = 0011001100110011$$

$$v_3 \leftrightarrow \boldsymbol{v}_3 = 0000111100001111$$

$$v_4 \leftrightarrow \boldsymbol{v}_4 = 0000000011111111$$

$$v_1 v_2 \leftrightarrow \boldsymbol{v}_1 \boldsymbol{v}_2 = 0001000100010001$$

$$v_1 v_2 v_3 v_4 \leftrightarrow \boldsymbol{v}_1 \boldsymbol{v}_2 \boldsymbol{v}_3 \boldsymbol{v}_4 = 0000000000000001$$

因此，任意 m 变量的 Boole 函数的真值表可以写成

$$\boldsymbol{f} = \mathbf{1} + a_1 \boldsymbol{v}_1 + a_2 \boldsymbol{v}_2 + \cdots + a_m \boldsymbol{v}_m + a_{12} \boldsymbol{v}_1 \boldsymbol{v}_2 + \cdots + a_{12\cdots m} \boldsymbol{v}_1 \boldsymbol{v}_2 \cdots \boldsymbol{v}_m$$

7.4.2　Reed-Muller 码的定义

定义 7.4.1　2 元 r 阶 Reed-Muller 码 $RM(r,m)$ 是由所有次数 $\leqslant r$ 的 Boole

多项式组成的.

显然,$RM(r,m)$的码长为 2^m,且为线性码,但不是循环码.

例 7.4.1 $RM(1,3)$的码长为 8.次数≤1 的单项式为$\{1,v_1,v_2,v_3\}$,相应的真值表为

$$1\leftrightarrow\mathbf{1} = 11111111$$
$$v_1\leftrightarrow \boldsymbol{v}_1 = 01010101$$
$$v_2\leftrightarrow\boldsymbol{v}_2 = 00110011$$
$$v_3\leftrightarrow\boldsymbol{v}_3 = 00001111$$

所以 $RM(1,3)$的生成矩阵为

$$\boldsymbol{G} = \begin{bmatrix} 1 & 1 & 1 & 1 & 1 & 1 & 1 & 1 \\ 0 & 1 & 0 & 1 & 0 & 1 & 0 & 1 \\ 0 & 0 & 1 & 1 & 0 & 0 & 1 & 1 \\ 0 & 0 & 0 & 0 & 1 & 1 & 1 & 1 \end{bmatrix}$$

因此 $RM(1,3)$是$[8,4,4]$码.

在一般情况下,容易看出 $RM(r,m)$的维数是

$$k = 1 + \binom{m}{1} + \binom{m}{2} + \cdots + \binom{m}{r}$$

当然还有一个问题:$RM(r,m)$的最小距离是多少?初看起来不易回答,但是通过下面的引理可以看出,只要知道特殊的 $RM(r,m)$的最小距离即可回答这一问题,因为 $RM(r,m)$本身具有递归结构.

引理 7.4.1

$$RM(r+1,m+1) = \{(\boldsymbol{f},\boldsymbol{f}+\boldsymbol{g}) \mid \boldsymbol{f} \in RM(r+1,m),\boldsymbol{g} \in RM(r,m)\}$$

证明 根据定义,$RM(r+1,m+1)$是 $m+1$ 变量、次数至多为 $r+1$ 的 Boole 多项式的集合.如果 Boole 多项式 $\boldsymbol{c}(v_1,v_2,\cdots,v_{m+1})$是一个码字,则

$$\boldsymbol{c}(v_1,v_2,\cdots,v_{m+1}) = \boldsymbol{f}(v_1,v_2,\cdots,v_m) + v_{m+1}\boldsymbol{g}(v_1,v_2,\cdots,v_m)$$

其中 $\boldsymbol{f}(v_1,v_2,\cdots,v_m)$是 m 变量、次数至多为 $r+1$ 的 Boole 多项式,因此是 $RM(r+1,m)$的一个码字;而 $\boldsymbol{g}(v_1,v_2,\cdots,v_m)$是 m 变量、次数至多为 r 的 Boole 多项式,因此是 $RM(r,m)$的一个码字.

$\boldsymbol{f}(v_1,v_2,\cdots,v_m)$还可以看成 $m+1$ 变量、次数至多为 $r+1$ 的 Boole 多项式,例如

$$\tilde{\boldsymbol{f}}(v_1,v_2,\cdots,v_{m+1}) = \boldsymbol{f}(v_1,v_2,\cdots,v_m) + \mathbf{0}\cdot v_{m+1}$$

当然 $\tilde{\boldsymbol{f}}(v_1,v_2,\cdots,v_m)$是 $RM(r+1,m+1)$的码字;同样,定义

$$\tilde{\boldsymbol{g}}(v_1,v_2,\cdots,v_{m+1}) = v_{m+1}\boldsymbol{g}(v_1,v_2,\cdots,v_m)$$

真值表之间的关系是

$$\tilde{\boldsymbol{f}} = (\boldsymbol{f},\boldsymbol{f}),\quad \tilde{\boldsymbol{g}} = (\mathbf{0},\boldsymbol{g})$$

即得结论.

这样,就可以得出 $RM(r,m)$ 的最小距离.

定理 7.4.1 $RM(r,m)$ 的最小距离是 2^{m-r}.

证明 对于 $m=1$, $RM(0,1)$ 的基是 $\{1\}$,只有两个码字,是2元重复码,故最小距离等于2. $RM(1,1)$ 的基是 $\{1,v_1\}$,由四个码字组成:00,01,10,11,最小距离为1.显然这两个码都符合结论.

现在可假设结论对于小于或等于 $m(0\leqslant r\leqslant m)$ 的情况都成立.只需证明 $RM(r,m+1)$ 的最小距离是 2^{m-r+1}.

令 $\boldsymbol{f},\boldsymbol{f}'\in RM(r,m)$, $\boldsymbol{g},\boldsymbol{g}'\in RM(r-1,m)$.根据引理 6.4.1, $\boldsymbol{c}_1=(\boldsymbol{f},\boldsymbol{f}+\boldsymbol{g})$ 与 $\boldsymbol{c}_2=(\boldsymbol{f}',\boldsymbol{f}'+\boldsymbol{g}')$ 都在 $RM(r,m+1)$ 中.

如果 $\boldsymbol{g}=\boldsymbol{g}'$,则根据归纳假设,可得

$$\begin{aligned}d(\boldsymbol{c}_1,\boldsymbol{c}_2) &= d((\boldsymbol{f},\boldsymbol{f}+\boldsymbol{g}),(\boldsymbol{f}',\boldsymbol{f}'+\boldsymbol{g}')) = d((\boldsymbol{f},\boldsymbol{f}),(\boldsymbol{f}',\boldsymbol{f}'))\\ &= 2d(\boldsymbol{f},\boldsymbol{f}')\geqslant 2\cdot 2^{m-r}\end{aligned}\tag{7.4.2}$$

如果 $\boldsymbol{g}\neq\boldsymbol{g}'$,则

$$d(\boldsymbol{c}_1,\boldsymbol{c}_2) = W(\boldsymbol{f}-\boldsymbol{f}') + W(\boldsymbol{g}-\boldsymbol{g}'+\boldsymbol{f}-\boldsymbol{f}')$$

根据命题 5.1.1(b),可得

$$\begin{aligned}W(\boldsymbol{x}) &= W((\boldsymbol{x}+\boldsymbol{y})+(-\boldsymbol{y}))\\ &\leqslant W(\boldsymbol{x}+\boldsymbol{y})+W(-\boldsymbol{y}) = W(\boldsymbol{x}+\boldsymbol{y})+W(\boldsymbol{y})\end{aligned}$$

即 $W(\boldsymbol{x})-W(\boldsymbol{y})\leqslant W(\boldsymbol{x}+\boldsymbol{y})$,故 $W(\boldsymbol{g}-\boldsymbol{g}'+\boldsymbol{f}-\boldsymbol{f}')\geqslant W(\boldsymbol{g}-\boldsymbol{g}')-W(\boldsymbol{f}-\boldsymbol{f}')$.由 $0\neq\boldsymbol{g}-\boldsymbol{g}'\in RM(r-1,m)$,再根据归纳假设即有

$$d(\boldsymbol{c}_1,\boldsymbol{c}_2)\geqslant W(\boldsymbol{g}-\boldsymbol{g}')\geqslant 2^{m-(r-1)} = 2^{m-r+1}\tag{7.4.3}$$

很明显,式(7.4.2)与式(7.4.3)中的等号都可以取到,故结论成立.

定理 7.4.2 对于 $0\leqslant r\leqslant m-1$, $RM(r,m)$ 的对偶码是 $RM(m-r-1,m)$.

证明 字 $\boldsymbol{a}\in RM(r,m)$ 对应多项式 $a(v_1,v_2,\cdots,v_m)$ 的次数 $\leqslant r$, $\boldsymbol{b}\in RM(m-r-1,m)$ 对应多项式 $b(v_1,v_2,\cdots,v_m)$ 的次数 $\leqslant m-r-1$,所以二者对应多项式乘积的次数 $\leqslant m-1$.因此 $\boldsymbol{ab}$ 是 $RM(m-1,m)$ 中的码字.既然 $RM(r,m)$ 的最小距离是 2^{m-r},而 $RM(m-r-1,m)$ 的最小距离是 2^{r+1},那么 $\boldsymbol{ab}$ 的重量是偶数,即 $\boldsymbol{a}\cdot\boldsymbol{b}\equiv 0 \pmod 2$.从而 $RM(m-r-1,m)$ 是 $RM(r,m)$ 的对偶码的子集. $RM(r,m)$ 和 $RM(m-r-1,m)$ 维数之间的关系为

$$\begin{aligned}&\dim RM(r,m)+\dim RM(m-r-1,m)\\ &= 1+\binom{m}{1}+\binom{m}{2}+\cdots+\binom{m}{r}+1+\binom{m}{1}+\binom{m}{2}+\cdots+\binom{m}{m-r-1}\\ &= 1+\binom{m}{1}+\binom{m}{2}+\cdots+\binom{m}{r}+\binom{m}{r+1}+\binom{m}{r+2}+\cdots+\binom{m}{m}\\ &= 2^m\end{aligned}$$

故二者是对偶的.

7.4.3 1 阶 Reed-Muller 码的译码

本小节讨论 1 阶 Reed-Muller 码 $RM(1,m)$的译码.译码的想法是比较收到的字与 $RM(1,m)$中每个码字之间的相关性.我们看到,根据码的结构相关性,可以由 Hadamard 变换来计算.快速 Hadamard 变换算法的存在使得这是一种有效的算法.

设 $\boldsymbol{r}=[r_0 \quad r_1 \quad \cdots \quad r_{2^m-1}]$是收到的字,$\boldsymbol{c}=[c_0 \quad c_1 \quad \cdots \quad c_{2^m-1}]$是某个码字,则

$$\sum_{i=0}^{2^m-1}(-1)^{r_i}(-1)^{c_i}=\sum_{i=0}^{2^m-1}(-1)^{r_i+c_i}=\sum_{i=0}^{2^m-1}(-1)^{r_i\oplus c_i}$$
$$=\sum_{i=0}^{2^m-1}(-1)^{d(r_i,c_i)}=2^m-2d(\boldsymbol{r},\boldsymbol{c}) \qquad (7.4.4)$$

此处$\oplus$表示模 2 的加法,$d(r_i,c_i)$与 $d(\boldsymbol{r},\boldsymbol{c})$表示 Hamming 距离.使得 $d(\boldsymbol{r},\boldsymbol{c})$取得最小值的字使式(7.4.4)取得最大值.

令 $\Im$ 是把分量为$\{0,1\}$的 $\boldsymbol{r}$ 变为分量为实数± 1的向量 $\Im(\boldsymbol{r})=\boldsymbol{R}$ 的变换,具体对应为

$$\begin{aligned}\Im(\boldsymbol{r})&=\Im([r_0 \quad r_1 \quad \cdots \quad r_{2^m-1}])\\&=\boldsymbol{R}=[(-1)^{r_0} \quad (-1)^{r_1} \quad \cdots \quad (-1)^{r_{2^m-1}}]\\&=[R_0 \quad R_1 \quad \cdots \quad R_{2^m-1}]\end{aligned}$$

同理可知

$$\Im(c)=[(-1)^{c_0} \quad (-1)^{c_1} \quad \cdots \quad (-1)^{c_{2^m-1}}]=\boldsymbol{C}=[C_0 \quad C_1 \quad \cdots \quad C_{2^m-1}]$$

定义相关函数

$$\begin{aligned}T&=\mathrm{cor}(\boldsymbol{R},\boldsymbol{C})=\mathrm{cor}([R_0 \quad R_1 \quad \cdots \quad R_{2^m-1}],[C_0 \quad C_1 \quad \cdots \quad C_{2^m-1}])\\&=\sum_{i=0}^{2^m-1}R_iC_i\end{aligned}$$

根据式(7.4.4),使得 $d(\boldsymbol{r},\boldsymbol{c})$取得最小值的字使相关函数取得最大值.

译码算法可以总结如下:

对 $RM(1,m)$中的每个码字$\boldsymbol{c}_i$,计算 $T_i=\mathrm{cor}(\boldsymbol{R},\boldsymbol{C}_i)$,此处$\boldsymbol{C}_i=\Im(\boldsymbol{c}_i)$;然后选择$\boldsymbol{c}_i$,使得 $T_i=\mathrm{cor}(\boldsymbol{R},\boldsymbol{C}_i)$达到最大.同时计算表示所有相关性的一个矩阵.在不引起混淆的情况下,下面把$\boldsymbol{C}_i$ 写成列向量的形式.构造矩阵如下:

$$\boldsymbol{H}=[\boldsymbol{C}_0 \quad \boldsymbol{C}_1 \quad \cdots \quad \boldsymbol{C}_{2^{m+1}-1}]$$

则所有相关性可以表示为

$$\boldsymbol{T}=[T_0 \quad T_1 \quad \cdots \quad T_{2^{m+1}-1}]=\boldsymbol{RH}$$

$RM(1,m)$的生成矩阵可以写成

$$G = \begin{bmatrix} 1 \\ \boldsymbol{v}_m \\ \boldsymbol{v}_{m-1} \\ \vdots \\ \boldsymbol{v}_1 \end{bmatrix}$$

实际上,我们只需研究 $\boldsymbol{v}_1, \boldsymbol{v}_2, \cdots, \boldsymbol{v}_m$ 的线性组合,因为码字 $\mathbf{1}+\boldsymbol{c}$ 与 $\boldsymbol{c}$ 之间的关系是互补的(即对于 $\boldsymbol{c}$ 的每个分量,$0\leftrightarrow 1$,即得 $\mathbf{1}+\boldsymbol{c}$),所以 $\Im(\mathbf{1}+\boldsymbol{c}) = -\Im(\boldsymbol{c})$.这样研究 $\boldsymbol{H}$ 可以先研究 2^m 阶矩阵 $\boldsymbol{H}_{2^m}$($\boldsymbol{v}_1, \boldsymbol{v}_2, \cdots, \boldsymbol{v}_m$ 的一切线性组合),这一矩阵是 Hadamard 矩阵(正交性由式(7.4.4)可得,因为不等于 0,1 的码字的重量都等于 2^{m-1}(习题),所以式(7.4.4)等于 0).

例 7.4.2　对于 $RM(1,3)$,已知

$$\boldsymbol{H}_8 = \begin{bmatrix} 1 & 1 & 1 & 1 & 1 & 1 & 1 & 1 \\ 1 & -1 & 1 & -1 & 1 & -1 & 1 & -1 \\ 1 & 1 & -1 & -1 & 1 & 1 & -1 & -1 \\ 1 & -1 & -1 & 1 & 1 & -1 & -1 & 1 \\ 1 & 1 & 1 & 1 & -1 & -1 & -1 & -1 \\ 1 & -1 & 1 & -1 & -1 & 1 & -1 & 1 \\ 1 & 1 & -1 & -1 & -1 & -1 & 1 & 1 \\ 1 & -1 & -1 & 1 & -1 & 1 & 1 & -1 \end{bmatrix} \tag{7.4.5}$$

其中行和列的标号都是 0 至 7.检查发现,第一列对应的是 $\Im(\boldsymbol{v}_1)$,第二列对应的是 $\Im(\boldsymbol{v}_2)$,第四列对应的是 $\Im(\boldsymbol{v}_3)$,即第 i 列是 $\boldsymbol{v}_1, \boldsymbol{v}_2, \boldsymbol{v}_3$ 的线性组合 $i_1\boldsymbol{v}_1 + i_2\boldsymbol{v}_2 + i_3\boldsymbol{v}_3$ 经 $\Im$ 变换后的列.此处

$$i = i_1 + 2i_2 + 4i_3$$

一般地,2^m 阶矩阵 $\boldsymbol{H}_{2^m}$ 的第 i 列是线性组合 $\sum_{j=1}^{m} i_j \boldsymbol{v}_j$ 经 $\Im$ 变换后的列,其中 $i = \sum_{j=1}^{m} i_j 2^{j-1}$. $\boldsymbol{RH}$ 称为 Hadamard 变换.

算法 7.4.1($RM(1,m)$的译码)

input $\boldsymbol{r} = [r_0 \quad r_1 \quad \cdots \quad r_{2^m-1}]$

output a maximum-likehood codeword $\hat{c}$

Begin

find the bipolar representation $\boldsymbol{R} = \Im(\boldsymbol{r})$

compute the Hadamard transform $\boldsymbol{T} = \boldsymbol{RH}_{2^m} = [t_0 \quad t_1 \quad \cdots \quad t_{2^m-1}]$

find the coordinate t_i with the largest magnitude

let i have the binary expansion $(i_m, i_{m-1}, \cdots, i_i)_2$

if $(t_i>0)$ (1 is not sent)

$$\hat{c} = \sum_{j=1}^{m} i_j \boldsymbol{v}_j$$

else (1 is sent-complement all the bits)

$$\hat{c} = 1 + \sum_{j=1}^{m} i_j \boldsymbol{v}_j$$

end (if)

End

例 7.4.3 对于 $RM(1,3)$，假设收到的字为

$$\boldsymbol{r} = 10010010$$

算法按以下步骤进行：

(1) 计算变换 $\boldsymbol{R} = [-1\quad 1\quad 1\quad -1\quad 1\quad 1\quad -1\quad 1]$；

(2) 计算 $\boldsymbol{T} = \boldsymbol{R}\boldsymbol{H}_8 = [2\quad -2\quad 2\quad -2\quad -2\quad 2\quad -2\quad -6]$；

(3) 因为绝对值最大的元是 $t_7 = -6$，所以 $i = 7 = (1,1,2)_2$；

(4) 因为 $t_7<0$，所以 $\boldsymbol{c} = \boldsymbol{1} + \boldsymbol{v}_1 + \boldsymbol{v}_2 + \boldsymbol{v}_3 = [1\quad 0\quad 0\quad 1\quad 0\quad 1\quad 1\quad 0]$.

算法的主要步骤是计算 $\boldsymbol{RH}$，这里 $\boldsymbol{H}_{2^m}$ 是 Sylvester 构造的 Hadamard 矩阵. 存在类似于快速 Fourier 变换(FFT)的快速 Hadamard 变换来处理这种计算，而这种快速变换主要依赖于线性代数的知识.

前面看到 $\boldsymbol{H}_{2^m}$ 有下面的递推关系：

$$\boldsymbol{H}_{2^m} = \boldsymbol{H}_2 \otimes \boldsymbol{H}_{2^{m-1}} \tag{7.4.6}$$

这给出了如下分解式：

定理 7.4.3 $\boldsymbol{H}_{2^m}$ 可以写成如下形式：

$$\boldsymbol{H}_{2^m} = \boldsymbol{M}_{2^m}^{(1)} \boldsymbol{M}_{2^m}^{(2)} \cdots \boldsymbol{M}_{2^m}^{(m)} \tag{7.4.7}$$

$$\boldsymbol{M}_{2^m}^{(i)} = \boldsymbol{E}_{2^{m-i}} \otimes \boldsymbol{H}_2 \otimes \boldsymbol{E}_{2^{i-1}}$$

这里 $\boldsymbol{E}_p$ 是 p 阶单位阵.

证明 用归纳法. 很明显，$m=1$ 时结果正确. 假设式(7.4.7)对 m 成立. 考虑

$$\begin{aligned}
\boldsymbol{M}_{2^{m+1}}^{(i)} &= \boldsymbol{E}_{2^{m+1-i}} \otimes \boldsymbol{H}_2 \otimes \boldsymbol{E}_{2^{i-1}} \\
&= (\boldsymbol{E}_2 \otimes \boldsymbol{E}_{2^{m-i}}) \otimes \boldsymbol{H}_2 \otimes \boldsymbol{E}_{2^{i-1}} \\
&= \boldsymbol{E}_2 \otimes (\boldsymbol{E}_{2^{m-i}} \otimes \boldsymbol{H}_2 \otimes \boldsymbol{E}_{2^{i-1}}) \\
&= \boldsymbol{E}_2 \otimes \boldsymbol{M}_{2^m}^{(i)}
\end{aligned}$$

再根据定义 $\boldsymbol{M}_{2^{m+1}}^{(m+1)} = \boldsymbol{H}_2 \otimes \boldsymbol{E}_{2^m}$，可得

$$\begin{aligned}
\boldsymbol{M}_{2^{m+1}}^{(1)} \boldsymbol{M}_{2^{m+1}}^{(2)} \cdots \boldsymbol{M}_{2^{m+1}}^{(m+1)} &= (\boldsymbol{E}_2 \otimes \boldsymbol{M}_{2^{m+1}}^{(1)})(\boldsymbol{E}_2 \otimes \boldsymbol{M}_{2^{m+1}}^{(2)}) \cdots (\boldsymbol{E}_2 \otimes \boldsymbol{M}_{2^{m+1}}^{(m)})(\boldsymbol{E}_2 \otimes \boldsymbol{M}_{2^{m+1}}^{(m+1)}) \\
&= (\boldsymbol{E}_2^m \boldsymbol{H}_2) \otimes (\boldsymbol{M}_{2^m}^{(1)} \boldsymbol{M}_{2^m}^{(2)} \cdots \boldsymbol{M}_{2^m}^{(m)})
\end{aligned}$$

$$= \boldsymbol{H}_2 \otimes \boldsymbol{H}_{2^m} = \boldsymbol{H}_{2^{m+1}}$$

其中第三个等号根据定理7.1.1(9)得到.

例7.4.4　根据定理7.4.3,我们有分解式

$$\begin{aligned}\boldsymbol{H}_8 &= \boldsymbol{M}_8^{(1)}\boldsymbol{M}_8^{(2)}\boldsymbol{M}_8^{(3)}\\ &= (\boldsymbol{E}_{2^2} \otimes \boldsymbol{H}_2 \otimes \boldsymbol{E}_{2^0})(\boldsymbol{E}_{2^1} \otimes \boldsymbol{H}_2 \otimes \boldsymbol{E}_{2^1})(\boldsymbol{E}_{2^0} \otimes \boldsymbol{H}_2 \otimes \boldsymbol{E}_{2^2})\end{aligned}$$

令 $\boldsymbol{R}=[R_0 \quad R_1 \quad \cdots \quad R_7]$,Hadamard 变换可以写成

$$\begin{aligned}\boldsymbol{T} &= \boldsymbol{R}\boldsymbol{H}_8\\ &= \boldsymbol{R}(\boldsymbol{M}_8^{(1)}\boldsymbol{M}_8^{(2)}\boldsymbol{M}_8^{(3)})\\ &= \boldsymbol{R}(\boldsymbol{E}_{2^2} \otimes \boldsymbol{H}_2 \otimes \boldsymbol{E}_{2^0})(\boldsymbol{E}_{2^1} \otimes \boldsymbol{H}_2 \otimes \boldsymbol{E}_{2^1})(\boldsymbol{E}_{2^0} \otimes \boldsymbol{H}_2 \otimes \boldsymbol{E}_{2^2})\end{aligned}$$

其中

$$\boldsymbol{M}_8^{(1)} = \boldsymbol{E}_4 \otimes \boldsymbol{H}_2 = \begin{bmatrix}1 & 1 & & & & & & \\ 1 & -1 & & & & & & \\ & & 1 & 1 & & & & \\ & & 1 & -1 & & & & \\ & & & & 1 & 1 & & \\ & & & & 1 & -1 & & \\ & & & & & & 1 & 1\\ & & & & & & 1 & -1\end{bmatrix}$$

$$\boldsymbol{M}_8^{(2)} = \boldsymbol{E}_2 \otimes \boldsymbol{H}_2 \otimes \boldsymbol{E}_2 = \begin{bmatrix}1 & 0 & 1 & 0 & & & & \\ 0 & 1 & 0 & 1 & & & & \\ 1 & 0 & -1 & 0 & & & & \\ 0 & 1 & 0 & -1 & & & & \\ & & & & 1 & 0 & 1 & 0\\ & & & & 0 & 1 & 0 & 1\\ & & & & 1 & 0 & -1 & 0\\ & & & & 0 & 1 & 0 & -1\end{bmatrix}$$

$$\boldsymbol{M}_8^{(3)} = \boldsymbol{H}_2 \otimes \boldsymbol{E}_4 \begin{bmatrix}1 & & & & 1 & & & \\ & 1 & & & & 1 & & \\ & & 1 & & & & 1 & \\ & & & 1 & & & & 1\\ 1 & & & & -1 & & & \\ & 1 & & & & -1 & & \\ & & 1 & & & & -1 & \\ & & & 1 & & & & -1\end{bmatrix}$$

7.5 二次剩余码

二次剩余码的长为 p(p 是素数).这些码具有很好的距离性质,是大小与维数已知的码中的最优码之一.

令 p 是奇素数,记所有模 p 的二次剩余为 Q_p,所有二次非剩余为 N_p,则 F_p 可以划分为

$$F_p = Q_p \cup N_p \cup \{0\}$$

引理 7.5.1 F_p 的本原元必然是二次非剩余,即属于 N_p.

证明 设 $\alpha \in F_p$ 是本原元,即 $\alpha^{p-1}=1$,且如果 $\alpha^N=1$,则 $p-1 \mid N$.如果 α 是二次剩余,则存在 $\beta=\alpha^i$,满足

$$\alpha^{2i} = \beta^2 \equiv \alpha (\bmod p)$$

即 $\alpha^{2i-1}=1$,故 $p-1 \mid 2i-1$,但是 $-1 \leqslant 2i-1 \leqslant 2(p-1)-1$,因而 $p-1=2i-1$,但 p 是奇素数,矛盾.

这样可以看出 $\alpha^i \in Q_p$ 当且仅当 i 是偶数,Q_p 是 α^2 生成的循环群.

作构造二次剩余码的准备如下:取有限域 F_s,其中 s 是某个模 p 的二次剩余.选择扩域 F_{s^m},使得它包含 p 次本原单位根.从而必然有 $p \mid s^m-1$.

令 β 是 F_{s^m} 中的 p 次本原单位根,则它相对于 F_s 的共轭为

$$\beta, \beta^s, \beta^{s^2}, \cdots$$

因为 $s \in Q_p$,所以 $\{1, s, s^2, \cdots\}$ 是循环群 Q_p 的子群.

例 7.5.1 令 $p=11$,则

$$Q_p = \{1,3,4,5,9\}$$

令 $s=3$,则 F_{3^5} 有 11 次本原根;令 $\beta \in F_{3^5}$,则 β 的共轭为

$$\beta, \beta^3, \beta^9, \beta^{27} = \beta^5, \beta^{81} = \beta^4$$

下一个是 $\beta^{12}=\beta$,所以有且仅有这 5 个(也可以由 Q_p 仅有 5 个元得到).

引理 7.5.2 令 β 是 F_{s^m} 中的 p 次本原单位根,多项式

$$q(x) = \prod_{i \in Q_p} (x-\beta^i), \quad n(x) = \prod_{i \in N_p} (x-\beta^i) \tag{7.5.1}$$

都在 $F_s[x]$ 中,则有分解式

$$x^p - 1 = q(x)n(x)(x-1)$$

证明 设 $l=(p-1)/2$.令

$$q(x)=\prod_{i\in Q_p}(x-\beta^i)=x^l+a_{l-1}x^{l-1}+\cdots+a_0 \qquad (7.5.2)$$

其中 $a_i\in F_{s^m}(0\leqslant i\leqslant l-1)$.对式(7.5.2)的两边 s 次方,得到

$$\prod_{i\in Q_p}(x^s-\beta^{si})=x^{sl}+a_{l-1}^s x^{s(l-1)}+\cdots+a_0^s$$

由于 $s\in Q_p$,所以左边等于 $\prod_{j\in Q_p}(x^s-\beta^j)$,因此展开式的系数不变,即 $a_i^s=a_i$,从而 $a_i\in F_s$.同理,重复上面的过程,可证明 $n(x)\in F_s[x]$.

定义 7.5.1　令 $R_p=F_s[x]/(x^p-1)$.对于素数 p,长度为 p 的二次剩余码 $\Theta,\overline{\Theta},N$ 与 $\overline{N}$ 是分别由下面的多项式在 R_p 中生成的循环码:

$$q(x),\quad (x-1)q(x),\quad n(x),\quad (x-1)n(x)$$

其中 $q(x),n(x)$是由式(7.5.1)定义的.码 Θ,N 的维数是$(p+1)/2$;码 $\overline{\Theta},\overline{N}$ 的维数是$(p-1)/2$.

例 7.5.2　令 $p=17,s=2$.域 F_{2^8} 有 17 次本原单位根,为 $\beta=\alpha^{15}$,其中 α 是 F_{2^8} 的本原元.模 17 的二次剩余是$\{1,2,4,8,9,13,16\}$,则

$$q(x)=1+x+x^2+x^4+x^6+x^7+x^8$$
$$n(x)=1+x^3+x^4+x^5+x^8$$

我们来看二次剩余码的最小距离.

引理 7.5.3　令 $\tilde{q}(x)=q(x^n)$,其中 $n\in N_p$(此处运算在环 R_p 中,即 $q(x^n)$ 要模去 x^p-1,则 $\tilde{q}(x)$的全部根在集合$\{\beta^i\mid i\in N_p\}$中,即 $\tilde{q}(x)$是 $n(x)$的倍数.同理,$n(x^n)$是 $q(x)$的倍数.

证明　令 $\alpha\in F_p$ 是本原元,则 Q_p 由α 的偶次方组成,N_p 由α 的奇次方组成.根据式(7.5.1) 得

$$\tilde{q}(x)=q(x^n)=\prod_{i\in Q_p}(x^n-\beta^i)$$

所以对于任意的 $m\in N_p$,有

$$\tilde{q}(\beta^m)=\prod_{i\in Q_p}(\beta^{mn}-\beta^i)$$

因为 $n\in N_p,m\in N_p$,所以根据定理 7.2.1(2)得出 $mn\in Q_p$,因此上式等于 0,β^m 是 $\tilde{q}(x)$的一个根.

引理 7.5.4　如果 gcd $(n,p)=1$,并把字 $a(x)=a_0+a_1x+\cdots+a_{p-1}x^{p-1}\in R_p$ 等同于向量$[a_0\quad a_1\quad\cdots\quad a_{p-1}]$,那么 $\tilde{a}(x)=a(x^n)$对应的向量是

$$[a_{\sigma(0)}\quad a_{\sigma(1)}\quad\cdots\quad a_{\sigma(p-1)}]$$

其中 σ 是集合$\{0,1,\cdots,p-1\}$上的某一置换.

证明　因为

$$a(x^n) \equiv a_0 + a_1 x^n + \cdots + a_{p-1} x^{n(p-1)} \pmod{x^p - 1}$$
$$\equiv a_0 + a_1 x^{n(\text{mod } p)} + \cdots + a_{p-1} x^{n(p-1)(\text{mod } p)}$$

所以只需证明 $0, n(\text{mod } p), \cdots, n(p-1)(\text{mod } p)$ 是 $0,1,\cdots,p-1$ 的一个置换(习题).

定理 7.5.1 码 Θ, N 的最小距离 d 满足 $d^2 \geqslant p$,而且,如果对于某个整数 k,满足 $p = 4k-1$,则 $d^2 - d + 1 \geqslant p$.

证明 令 $a(x)$ 是 Θ 的达到最小重量的码字.根据引理 7.5.3,$\tilde{a}(x) = a(x^n)$ 是 N 的码字.根据引理 7.5.4,$\tilde{a}(x)$ 的系数只是 $a(x)$ 的系数的置换.因此 N 的最小重量不超过 Θ 的最小重量;反之亦成立.所以两者的最小距离相等,而乘积 $a(x)\tilde{a}(x)$ 必然是下面多项式的倍数:

$$\prod_{i \in Q_p} (x - \beta^i) = \prod_{i \in N_p} (x - \beta^i) = \frac{x^p - 1}{x - 1} = \sum_{i=0}^{p-1} x^i$$

因而重量一定是 p.但是 Θ, N 的最小距离为 d,$a(x)\tilde{a}(x)$ 的完全展开式有 d^2 项(在没合并同类项以及模去 $x^p - 1$ 之前),故最大重量的可能值是 d^2,从而 $d^2 \geqslant p$.

如果 $p = 4k-1$,根据定理 7.2.1(3),$n = -1$ 是二次非剩余,则 $a(x)\tilde{a}(x) = a(x)a(x^{-1})$ 的完全展开式中有 d 项等于常数,故至少可以消去 $d-1$ 项,从而乘积的最大可能值是 $d^2 - d + 1$.

7.6 Golay 码

无论从理论还是从应用的角度来看,Golay 码都是一种重要的码.

在二次剩余码中取 $p = 23$,有限域 $F_{2^{11}}$ 包含 23 次本原单位根.二次剩余是

$$Q_p = \{1,2,3,4,6,8,9,12,13,16,18\}$$

对应 Θ, N 的生成元是

$$q(x) = 1 + x + x^5 + x^6 + x^7 + x^8 + x^9 + x^{11}$$
$$n(x) = 1 + x^2 + x^4 + x^6 + x^{10} + x^{11}$$

这样产生了参数为[23,12,7]的线性码,记为 g_{23},可以立即证明这个码是完备码(习题).把 g_{23} 的码字按照重量的奇偶性增加 1 位:重量为奇数的码字增加分量 1,反之增加分量 0,这样得到的新码仍然是线性码,且参数为[24,12,8],记为 g_{24}.g_{23} 与 g_{24} 统称为二元 Golay 码.

g_{24} 有如下形式的生成矩阵:

$$
\left[\begin{array}{cccccccccccccccccccccccc}
1&1&&&&&&&&&&&&1&1&&1&1&1&&&&1& \\
1&&1&&&&&&&&&&&&1&1&&1&1&1&&&&1 \\
1&&&1&&&&&&&&&&1&&1&1&&1&1&1&&& \\
1&&&&1&&&&&&&&&&1&&1&1&&1&1&1&& \\
1&&&&&1&&&&&&&&&&1&&1&1&&1&1&1& \\
1&&&&&&1&&&&&&&&&&1&&1&1&&1&1&1 \\
1&&&&&&&1&&&&&&1&&&&1&&1&1&&1&1 \\
1&&&&&&&&1&&&&&1&1&&&&1&&1&1&&1 \\
1&&&&&&&&&1&&&&1&1&1&&&&1&&1&1& \\
1&&&&&&&&&&1&&&&1&1&1&&&&1&&1&1 \\
1&&&&&&&&&&&1&&1&&1&1&1&&&&1&&1 \\
0&&&&&&&&&&&&1&1&1&1&1&1&1&1&1&1&1&1
\end{array}\right]
$$

$$
=\begin{bmatrix} \mathbf{1}_{11} & \boldsymbol{E}_{11} & \mathbf{0}_{11} & \boldsymbol{A}_{11}^{\mathrm{T}} \\ \mathbf{0} & \mathbf{0}_{11}^{\mathrm{T}} & \mathbf{1} & \mathbf{1}_{11}^{\mathrm{T}} \end{bmatrix} = \boldsymbol{G}
$$

注意上述生成矩阵的重要特点：

(1) 11 阶矩阵 $\boldsymbol{A}_{11}^{\mathrm{T}}$ 是由例 7.2.2 中 12 阶 Hadamard 矩阵去掉第一行、第一列，然后取转置，再施行 $1\to0$，$-1\to1$ 变换所得的. 因为 12 阶 Hadamard 矩阵的任意两行有 6 个位置不同，所以 $\boldsymbol{A}_{11}^{\mathrm{T}}$ 也如此. 故 $\boldsymbol{G}$ 的任意两行和的重量等于 8.

(2) $\boldsymbol{G}$ 的任意两行正交(习题)，因而 $\boldsymbol{G}$ 也是 g_{24} 的校验矩阵，$g_{24}=g_{24}^{\perp}$，这种码称为自对偶码.

(3) g_{24} 的每个码字的重量都是偶数，$\boldsymbol{G}$ 的每行的重量都可以被 4 整除.

Golay 码的代数译码与 BCH 码相似，具体过程可以参考第 8 章. 我们下面来看 g_{24} 的算术译码. 我们用伴随的重量结构来确定错误.

除了上面形式的生成矩阵，我们还有如下生成矩阵的标准形：

$$
\left[\begin{array}{cccccccccccccccccccccccc}
1&&&&&&&&&&&&&1&1&1&1&1&1&1&1&1&1&1 \\
&1&&&&&&&&&&&1&1&1&&1&1&1&&&&1& \\
&&1&&&&&&&&&&1&1&&1&1&1&&&&1&&1 \\
&&&1&&&&&&&&&1&&1&1&1&&&&1&&1&1 \\
&&&&1&&&&&&&&1&1&1&1&&&&1&&1&1& \\
&&&&&1&&&&&&&1&1&1&&&&1&&1&1&&1 \\
&&&&&&1&&&&&&1&1&&&&1&&1&1&&1&1 \\
&&&&&&&1&&&&&1&&&&1&&1&1&&1&1&1 \\
&&&&&&&&1&&&&1&&&1&&1&1&&1&1&1& \\
&&&&&&&&&1&&&1&&1&&1&1&&1&1&1&& \\
&&&&&&&&&&1&&1&1&&1&1&&1&1&1&&& \\
&&&&&&&&&&&1&1&&1&1&&1&1&1&&&&1
\end{array}\right]
$$

$= [E_{12} \quad \boldsymbol{B}] = \boldsymbol{G}$

显然 $\boldsymbol{B}$ 是对称且正交的：

$$\boldsymbol{B}^{\mathrm{T}}\boldsymbol{B} = \boldsymbol{E}$$

如果收到的字为 $\boldsymbol{r} = \boldsymbol{c} + \boldsymbol{e}$，$\boldsymbol{e} = (\boldsymbol{x}, \boldsymbol{y})$ 为错误，$\boldsymbol{x}, \boldsymbol{y}$ 是长度为 12 的向量．因为 g_{24} 至多能够纠正 3 个错误，所以关于 $\boldsymbol{x}, \boldsymbol{y}$ 的重量分布只有下面几种情况：

$$W(\boldsymbol{x}) \leqslant 3, \quad W(\boldsymbol{y}) = 0$$
$$W(\boldsymbol{x}) \leqslant 2, \quad W(\boldsymbol{y}) = 1$$
$$W(\boldsymbol{x}) \leqslant 1, \quad W(\boldsymbol{y}) = 2$$
$$W(\boldsymbol{x}) = 0, \quad W(\boldsymbol{y}) = 3$$

由于 g_{24} 自对偶，计算伴随：

$$\boldsymbol{s} = \boldsymbol{r}\boldsymbol{G}^{\mathrm{T}} = \boldsymbol{e}\boldsymbol{G}^{\mathrm{T}} = [\boldsymbol{x} \quad \boldsymbol{y}]\boldsymbol{G}^{\mathrm{T}} = \boldsymbol{x} + \boldsymbol{y}\boldsymbol{B}^{\mathrm{T}}$$

如果 $\boldsymbol{y} = \boldsymbol{0}$，则 $\boldsymbol{s} = \boldsymbol{x}$．如果 $W(\boldsymbol{s}) \leqslant 3$，则 $\boldsymbol{y} = \boldsymbol{0}$，错误为 $\boldsymbol{e} = (\boldsymbol{x}, \boldsymbol{0}) = (\boldsymbol{s}, \boldsymbol{0})$．

如果 $W(\boldsymbol{y}) = 1$，错误在 $\boldsymbol{y}$ 的第 i 个坐标，则 $W(\boldsymbol{x}) \leqslant 2$，这时伴随为

$$\boldsymbol{s} = \boldsymbol{x} + \boldsymbol{b}_i$$

其中 $\boldsymbol{b}_i$ 为矩阵 $\boldsymbol{B}$ 的第 i 列，找到这一位置要通过搜索 $\boldsymbol{b}_i$，使得 $W(\boldsymbol{s} + \boldsymbol{b}_i) = W(\boldsymbol{x}) \leqslant 2$．找到这一位置后，错误即为 $\boldsymbol{e} = (\boldsymbol{s} + \boldsymbol{b}_i, \boldsymbol{y}_i)$，$\boldsymbol{y}_i$ 是第 i 个位置等于 1 的长度为 12 的向量．

如果 $W(\boldsymbol{x}) = 0$ 且 $W(\boldsymbol{y}) = 2, 3$，则 $\boldsymbol{s} = \boldsymbol{b}_i + \boldsymbol{b}_j$，或者 $\boldsymbol{s} = \boldsymbol{b}_i + \boldsymbol{b}_j + \boldsymbol{b}_k$．由于 $\boldsymbol{B}$ 是正交阵，所以

$$\boldsymbol{s}\boldsymbol{B} = \boldsymbol{y}\boldsymbol{B}^{\mathrm{T}}\boldsymbol{B} = \boldsymbol{y}$$

错误向量为 $\boldsymbol{e} = (\boldsymbol{0}, \boldsymbol{s}\boldsymbol{B})$．

如果 $W(\boldsymbol{x}) = 1$ 且 $W(\boldsymbol{y}) = 2$，错误在 $\boldsymbol{x}$ 的第 i 个坐标，则

$$\boldsymbol{s}\boldsymbol{B} = (\boldsymbol{x} + \boldsymbol{y}\boldsymbol{B}^{\mathrm{T}})\boldsymbol{B} = \boldsymbol{x}\boldsymbol{B} + \boldsymbol{y} = \boldsymbol{r}_i + \boldsymbol{y}$$

其中 $\boldsymbol{r}_i$ 为矩阵 $\boldsymbol{B}$ 的第 i 行，错误为 $\boldsymbol{e} = (\boldsymbol{x}_i, \boldsymbol{s}B + \boldsymbol{r}_i)$，$\boldsymbol{x}_i$ 为第 i 个位置等于 1 的长度为 12 的向量．

综合上述所有情况，我们有：

算法 7.6.1（g_{24} 的算术译码）

input $\boldsymbol{r} = \boldsymbol{c} + \boldsymbol{e}$ //the received vector

output $\boldsymbol{c}$ // the decoded vector

compute $\boldsymbol{s} = \boldsymbol{r}\boldsymbol{G}^{\mathrm{T}}$

if $W(\boldsymbol{s}) \leqslant 3$

  $\boldsymbol{e} = (\boldsymbol{s}, \boldsymbol{0})$

  else if $W(\boldsymbol{s} + \boldsymbol{b}_i) \leqslant 2$ for some column vector $\boldsymbol{b}_i$

    $\boldsymbol{e} = (\boldsymbol{s} + \boldsymbol{b}_i, \boldsymbol{y}_i)$

```
            else
                compute sB
                if W(sB)≤3
                e=(0,sB)
                else W(sB+r_i)≤2 for some row vector r_i
                    e=(x_i,sB+r_i)
                    else
                        too many errors: declare uncorrectable error
                        pattern and stop
                    end
                end
            end
        end
    End
```

习题

1. 证明:对Hadamard矩阵进行任意行置换或列置换,得到的仍然是Hadamard矩阵.

2. 证明:对正规化Hadamard矩阵作适当的列置换可以变为式(7.1.1)的形式.

3. $RM(1,m)$中不等于0,1的码字的重量都等于2^{m-1}.

4. 如果gcd $(n,p)=1$,证明:$0,n(\mathrm{mod}\ p),\cdots,n(p-1)(\mathrm{mod}\ p)$是$0,1,\cdots,p-1$的一个置换.

5. 证明:g_{23}是完备码.

6. 证明:g_{24}的生成矩阵$\boldsymbol{G}$的任意两行正交.

第8章 LDPC码

低密度校验(LDPC)码是一类线性分组码.其名称源于其校验矩阵(元素只取0或1两个值)相比于0的个数仅有少量的1.LDPC码最大的优点是,在许多不同信道其性能表现得非常接近信道的容量,并且具有线性复杂度的译码算法.

1962年Gallager(加拉格尔)在其博士学位论文中提出了LDPC码.但是由于当时码的编译实现的困难,以及其他码如Reed-Solomon码的引入而被遗忘了三十多年,直到1996年重新被Mackay发现,从而引起了编码工作者的兴趣.

表示LDPC码的方法有两种:一是像所有线性码一样用矩阵表示;二是用非常简单实用的图论表示.

8.1 图论基础

定义8.1.1 一个图G是二元组,记为$G=(V,E)$,其中:

(1) V是一个非空集合,其元素v_l称为图G的节点;

(2) $E=\{e_1,e_2,\cdots,e_m\}$中的元素e_i称为一条边.

有两种记号:一是$\{v_l,v_k\}$,称为以v_l和v_k为端点的无向边;二是$\langle v_l,v_k\rangle$,称为以v_l为起点、以v_k为终点的有向边.

例8.1.1 设$G=(V,E)$(图8.1.1),其中

$$V=\{v_1,v_2,v_3,v_4,v_5\}$$
$$E=\{e_1,e_2,e_3,e_4,e_5,e_6\}$$
$$e_1=\{v_1,v_2\},\quad e_2=\{v_1,v_3\}$$
$$e_3=\{v_3,v_3\},\quad e_4=\{v_4,v_5\}$$
$$e_5=\{v_2,v_3\},\quad e_6=\{v_2,v_4\}$$

定义8.1.2 一条边的两个端点称为**邻接节点**.有共同端点的边称为**邻接边**.两端点重合的边称为**圈**.与一节点v相连的边数称为v的**度数**,记为$d(v)$.

定义 8.1.3　所有边都是无向边的图称为**无向图**；反之，都是有向边的图称为**有向图**.没有圈且任意两个节点都有边相连的图称为**完全图**.

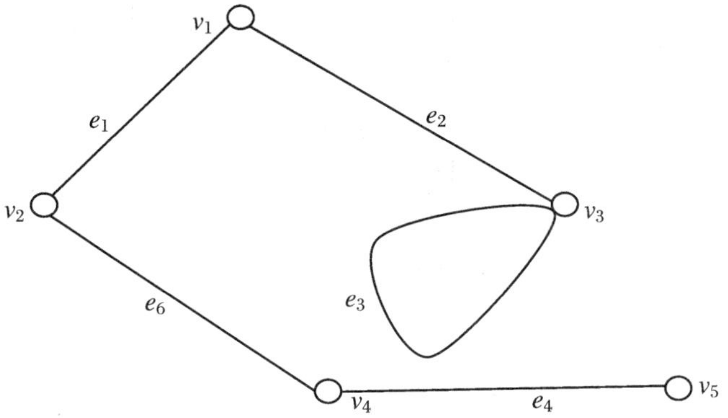

图 8.1.1　例 8.1.1 的图示

定义 8.1.4　图 $G=(V,E)$称为一个**二分图**，如果 V 可以分成两个非空类 V_1 与 V_2，使得每条边在不同的类里(或者说同一类中两个节点必然不邻接).可以把二分图记为 $G=(V_1,V_2,E)$.如果对于二分图 G，V_1 与 V_2 中任意两个节点都有边与之相连，则 G 称为一个**完全二分图**.如果 V_1 与 V_2 中节点的度数都是常数，则 G 称为一个**规则二分图**，反之称为**不规则二分图**(图 8.1.2).

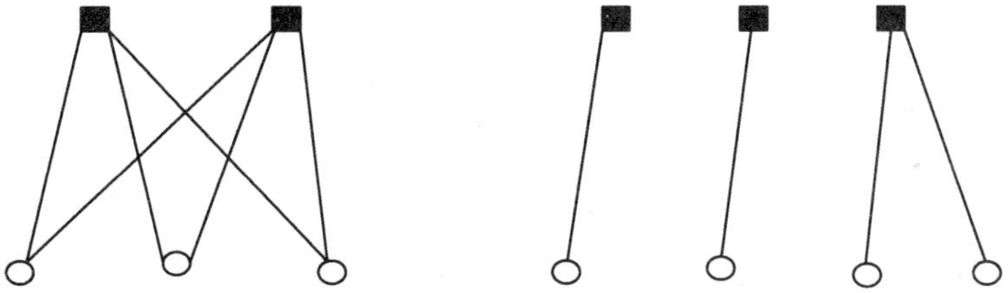

图 8.1.2　规则二分图与不规则二分图

定义 8.1.5　令图 $G=(V,E)$的节点 $V=\{v_1,v_2,\cdots,v_n\}$，边 $E=\{e_1,e_2,\cdots,e_m\}$.定义 n 阶矩阵 $\boldsymbol{A}$ 为图 G 的邻接矩阵，其元素 a_{ij}表示以 v_i 和 v_j 为端点的边数.

例 8.1.2　图 8.1.1 的邻接矩阵为

$$\begin{bmatrix} 0 & 1 & 1 & 0 & 0 \\ 1 & 0 & 0 & 1 & 0 \\ 1 & 0 & 1 & 0 & 0 \\ 0 & 1 & 0 & 0 & 1 \\ 0 & 0 & 0 & 1 & 0 \end{bmatrix}$$

图 8.1.2(为简便起见,编号顺序为由左至右(下同),由上至下)的邻接矩阵为

$$\begin{bmatrix} 0 & 0 & 1 & 1 & 1 \\ 0 & 0 & 1 & 1 & 1 \\ 1 & 1 & 0 & 0 & 0 \\ 1 & 1 & 0 & 0 & 0 \\ 1 & 1 & 0 & 0 & 0 \end{bmatrix}, \quad \begin{bmatrix} 0 & 0 & 0 & 1 & 0 & 0 & 0 \\ 0 & 0 & 0 & 0 & 1 & 0 & 0 \\ 0 & 0 & 0 & 0 & 0 & 1 & 1 \\ 1 & 0 & 0 & 0 & 0 & 0 & 0 \\ 0 & 1 & 0 & 0 & 0 & 0 & 0 \\ 0 & 0 & 1 & 0 & 0 & 0 & 0 \\ 0 & 0 & 1 & 0 & 0 & 0 & 0 \end{bmatrix}$$

由图 8.1.2 的邻接矩阵看出,二分图可以用比邻接矩阵更小的矩阵表示. 例如,图 8.1.2 只需下面的两个矩阵就行:

$$\begin{bmatrix} 1 & 1 & 1 \\ 1 & 1 & 1 \end{bmatrix}, \quad \begin{bmatrix} 1 & 0 & 0 & 0 \\ 0 & 1 & 0 & 0 \\ 0 & 0 & 1 & 1 \end{bmatrix}$$

它们共同的规律是行顺次是顶行的节点,而列顺次是底行的节点. 一般地,对于一个二分图 $G=(V_1, V_2, E)$,假如

$$V_1 = \{x_1, x_2, \cdots, x_m\}, \quad V_2 = \{y_1, y_2, \cdots, y_n\}$$

则类似于邻接矩阵可以构造 $m \times n$ 矩阵 $\boldsymbol{B}$,其元素 b_{ij} 表示以 x_i 与 y_j 为端点的边数.

8.2 LDPC 码的定义与图表示

LDPC 码是一类线性码,它的结构由其校验矩阵定义. 以 N 记 LDPC 码的长度,K 记其维数(信息位),并令 $M=N-K$(校验位).

定义 8.2.1 一个 LDPC 码是一类线性码,它有着非常稀疏的校验矩阵 $\boldsymbol{H}$.

本节我们主要考虑 2 元 LDPC 码. 对 LDPC 码的 $M \times N$ 校验矩阵 $\boldsymbol{H}$ 的附加要求通常有:

(1) $\boldsymbol{H}$ 的每行有 $\rho_i(\ll N)$ 个 1;

(2) $\boldsymbol{H}$ 的每列有 $\gamma_j(\ll M)$ 个 1;

(3) 出于设计的需要,一般 $\boldsymbol{H}$ 的任意两行(或两列)中同一列(行)都是 1 的列(行)数不超过 1.

LDPC 码可以由一个二分图来表示,称为 **Tanner 图**. 其形状类似于图 4. Tanner 图中顶行的 M 个节点称为**校验节点**,底行的 N 个节点称为**变量节点**. 校

验矩阵 $\boldsymbol{H}$ 的元素 $h_{ij}=1$，表示第 i 个校验节点与第 j 个变量节点有一边相连；$h_{ij}=0$ 表示无边相连.

例 8.2.1 如下校验矩阵对应的 Tanner 图是一个规则二分图(图 8.2.1)：

$$\boldsymbol{H}=\begin{bmatrix}1&1&1&1&0&0&0&0&0&0\\1&0&0&0&1&1&1&0&0&0\\0&1&0&0&1&0&0&1&1&0\\0&0&1&0&0&1&0&1&0&1\\0&0&0&1&0&0&1&0&1&1\end{bmatrix}$$

对应于规则二分图的 LDPC 码称为**规则 LDPC 码**；反之则称为**非规则 LDPC 码**. 非规则 LDPC 码的性能通常比规则 LDPC 码好.

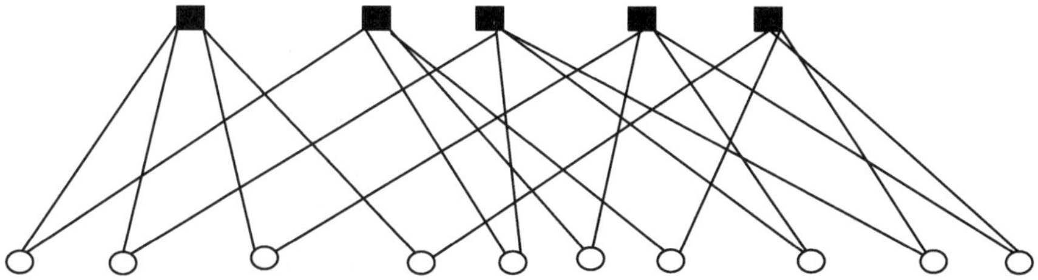

图 8.2.1

8.3 Tanner 图中的环路

在图中经常会出现下面的情况，虽然图 8.3.1 并不包含任何圈，却有一条类似于圈的路径：

$$v_1\to\{v_1,v_2\}\to v_2\to\{v_2,v_3\}\to v_3\to\{v_3,v_4\}\to v_4\to\{v_4,v_1\}\to v_1$$

这种路径称为环路.

定义 8.3.1 图 $G=(V,E)$ 中长为 k 的**环路**是一个节点(下标互异，则节点互异)与边交替出现的序列：

$$v_{i_1}\to\{v_{i_1},v_{i_2}\}\to v_{i_2}\to\cdots\to v_{i_k}\to\{v_{i_k},v_1\}\to v_{i_1}$$

注意，根据定义 8.3.1，环路中不包含圈.

Tanner 图中的环路对 LDPC 码的性能具有决定性影响. 因为 LDPC 码采用迭代译码，算法的基础是节点传递信息的统计独立，如果 Tanner 图中存在环路，则某一节点发出的信息会经环路传递回本身而造成自身信息叠加，从而破坏独立性假设，影响译码的正确性，而且环路越短越明显，因此我们希望在 Tanner 图中较长的环路多,而较短的环路少.

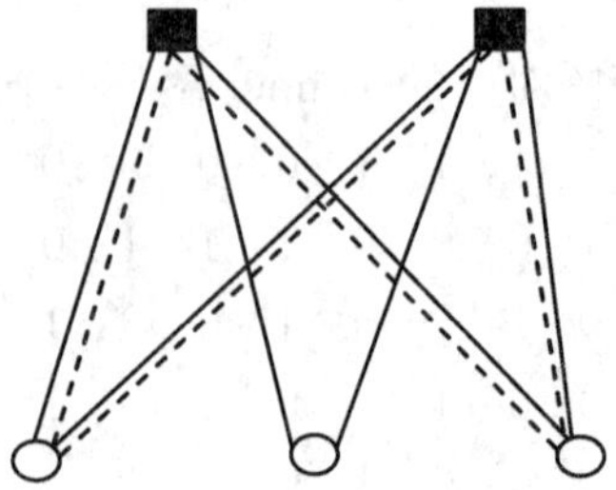

图 8.3.1　图中的环路

定理 8.3.1　2 元 LDPC 码的 Tanner 图中任意环路的长度 $k \geqslant 4$,并且是偶数.

证明　设 2 元 LDPC 码的 Tanner 图 $G=(V_1, V_2, E)$. 由于其校验矩阵的元素由 0 与 1 组成,所以任意两个节点之间相连的边数至多有 1 条,故环路的长度 $k \geqslant 3$.

下面证明 k 必为偶数. 根据环路的定义,环路中任意一个落在 V_1(或 V_2)中的节点都有且只有该环路的两条边与之相连. 显然这两条边的另一端点在 V_2(或 V_1)中,所以计算边数只需计算环路落在 V_1(或 V_2)中的节点数 l,再乘以 2 即可. 如果边数大于 $2l$,则落在 V_1(或 V_2)中的节点之间还有边相连,矛盾. 同时我们还证明了 $k \geqslant 4$.

因此 Tanner 图中最短的环路长为 4. 长度为 4 的环路也很容易由校验矩阵检验出来,例如,校验矩阵

$$
\boldsymbol{H}=\begin{bmatrix}
1 & \boxed{1} & 0 & 0 & 0 & 0 & \boxed{1} & 0 \\
0 & 0 & 1 & 0 & 1 & 1 & 0 & 0 \\
1 & 0 & 0 & 1 & 0 & 0 & 0 & 1 \\
0 & \boxed{1} & 0 & 0 & 1 & 0 & \boxed{1} & 0
\end{bmatrix}
$$

对应的 Tanner 图是图 8.3.2.

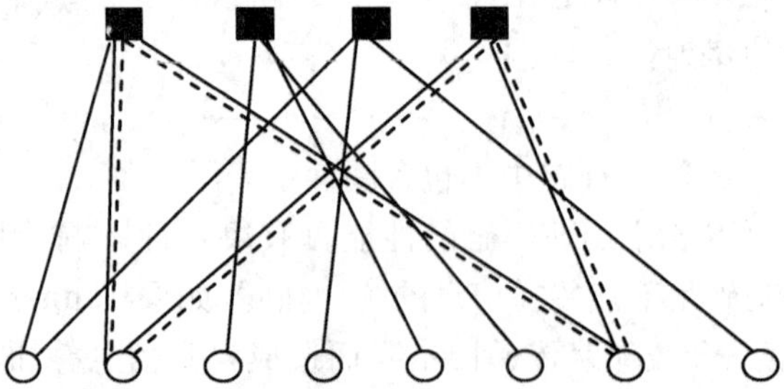

图 8.3.2

根据上面所述的原因，在实际应用中经常设法避免出现长度为4的环路.

下面我们来看环路与矩阵乘积的关系.由前面的知识我们知道，如果按由左到右的顺序把校验节点编号为$1,2,\cdots,M$，变量节点编号为$M+1,M+2,\cdots,N$，则LDPC码的校验矩阵$\boldsymbol{H}$与其Tanner图的邻接矩阵的关系是

$$\boldsymbol{T}=\begin{bmatrix}\boldsymbol{0} & \boldsymbol{H}\\ \boldsymbol{H}^{\mathrm{T}} & \boldsymbol{0}\end{bmatrix}$$

其中矩阵$\boldsymbol{T}$的元素$t_{ij}=1$，表示第i个节点与第j个节点有一条边相连.

考虑$\boldsymbol{T}^2$(乘积运算在整数环内进行)的元素$t_{ij}^{(2)}$的含义.例如，$t_{ij}^{(2)}=1$表示$\boldsymbol{T}$的第i行、某一列(不妨假设是第k列)的元素$t_{ik}=1$，且第j列、第k行元素$t_{kj}=1$，故在Tanner图中存在一条由第i个节点到第j个节点的路径，有两条边(可以相同)相连，并且经由第k个节点.一般地，可以归纳证明(习题)：如果对于正整数l，$\boldsymbol{T}^l$的元素$t_{ij}^{(l)}=q$，则在Tanner图中存在q条由第i个节点到第j个节点的不同路径，每条路径有l条边相连.这样$t_{ii}^{(l)}$的值表示从第i个节点出发的长度为l(条边)的**回路**的个数.应该注意，$t_{ii}^{(l)}$不一定是**环路**的个数.例如，$t_{ii}^{(2)}=1$，自然有

$$t_{ik}=1,\quad t_{ki}=1$$

但是这个回路是按原路返回的.所以长度为l的回路是环路，当且仅当回路由l条不同的边组成.

8.4　LDPC码的构造

Gallager构造LDPC码的方法如下：以确定方式构造规则矩阵(例如单位阵)，再把该矩阵的列作随机列置换形成一系列规则矩阵，再把所有规则矩阵组合在一起形成所需的校验矩阵.因此，Gallager的论文中定义的规则LDPC码的校验矩阵具有如下形式：

$$\boldsymbol{H}=\begin{bmatrix}\boldsymbol{H}_1\\ \boldsymbol{H}_2\\ \vdots\\ \boldsymbol{H}_{w_{\mathrm{c}}}\end{bmatrix}$$

其中子矩阵$\boldsymbol{H}_i$的构造如下：取定大于1的正整数v和w_{r}，每个子矩阵$\boldsymbol{H}_i$都是$v\times vw_{\mathrm{r}}$矩阵.其中$\boldsymbol{H}_i$的每行的Hamming重量为w_{r}，每列的重量都是1.对于$\boldsymbol{H}_1$，第i行中第$(i-1)w_{\mathrm{r}}+1$列到iw_{r}列等于1，其余位置等于0：

$$\begin{matrix} 1 & 2 & \cdots & w_r \\ \downarrow & \downarrow & & \downarrow \end{matrix}$$

$$\boldsymbol{H}_1 = \begin{bmatrix} 1 & 1 & \cdots & 1 & & & & & & & & \\ & & & & 1 & 1 & \cdots & 1 & & & & \\ & & & & & & & \cdots & \cdots & \cdots & \cdots & \cdots \\ & & & & & & & & 1 & 1 & \cdots & 1 \end{bmatrix}$$

其余 $\boldsymbol{H}_i$ 都是由 $\boldsymbol{H}_1$ 作列置换所得到的.这样 $\boldsymbol{H}$ 是 $vw_c \times vw_r$ 矩阵,每行的重量是 w_r,每列的重量是 w_c,对应的 Tanner 图是规则的,故所得码为规则的 LDPC 码,可以把它记为(n, w_c, w_r).由于列置换是随机的,所以不能保证没有长为 4 的环路.

除此之外,还有很多构造 LDPC 码的方法.下面再介绍一种较为“几何化”的途径.

考虑有限域 F_{2^r} 的 $k(\geqslant 2)$ 次扩域 K,自然可以把 K 看成是 F_{2^r} 上的 k 维线性空间.为简便起见,我们用几何化的语言描述其中的一些结构.首先,我们把 K 中的元素 γ 称为**点**,它的**坐标**即为固定 K 在 F_{2^r} 上的一组基后 γ 在这组基下线性表示的系数,这样零向量称为 K 的原点.K 中的**直线**定义为 K 中的一维子空间的所有陪集,同一一维子空间的两个陪集之间的关系称为**平行**.显然,K 中的任意两条直线的位置关系为平行或者**相交于一点**.这样要想构造一个稀疏的校验矩阵,可以选择 $r \leqslant k$,然后选择 K 中某些直线

$$L = \{l_1, l_2, \cdots, l_M\}$$

直线上所有点的集合

$$P = \{\gamma_1, \gamma_2, \cdots, \gamma_N\}$$

构造 $M \times N$ 矩阵 $\boldsymbol{H}$,其中元素 $h_{ij} = 1$ 当且仅当点 γ_j 在直线 l_i 上,否则 $h_{ij} = 0$.

例 8.4.1 设 F_4 的 2 次扩域为 F_{16},α 是 F_{16} 的本原元,在 F_2 上的极小多项式为 $x^4 + x + 1$.$\beta = \alpha^5$ 显然是 F_4 的本原元.现在计算 F_{16} 在 F_4 上过原点的直线的条数.F_{16} 中有 15 个非零向量$\{\alpha^i \mid 0 \leqslant i \leqslant 14\}$,任取 α^i,与之同在一条直线上的点是

$$0, \quad \alpha^i, \quad \beta\alpha^i = \alpha^{i+5}, \quad \beta^2\alpha^i = \alpha^{i+10}$$

所以过原点的直线的条数为 $15/3 = 5$.而根据陪集分解的性质(Lagrange 定理)得出与其中任意一条平行的直线有 $16/4 = 4$ 条,所以直线共有 20 条,具体如下:

$$[0, \alpha^0, \alpha^5, \alpha^{10}], [0, \alpha^1, \alpha^6, \alpha^{11}], [0, \alpha^2, \alpha^7, \alpha^{12}], [0, \alpha^3, \alpha^8, \alpha^{13}]$$

$$[0, \alpha^4, \alpha^9, \alpha^{14}], [\alpha^3, \alpha^{11}, \alpha^{12}, \alpha^{14}], [\alpha^0, \alpha^4, \alpha^{12}, \alpha^{13}], [\alpha^1, \alpha^5, \alpha^{13}, \alpha^{14}]$$

$$[\alpha^0, \alpha^2, \alpha^6, \alpha^{14}], [\alpha^0, \alpha^1, \alpha^3, \alpha^7], [\alpha^1, \alpha^2, \alpha^4, \alpha^8], [\alpha^2, \alpha^3, \alpha^5, \alpha^9]$$

$$[\alpha^3, \alpha^4, \alpha^6, \alpha^{10}], [\alpha^4, \alpha^5, \alpha^7, \alpha^{11}], [\alpha^5, \alpha^6, \alpha^8, \alpha^{12}], [\alpha^6, \alpha^7, \alpha^9, \alpha^{13}]$$

$$[\alpha^7, \alpha^8, \alpha^{10}, \alpha^{14}], [\alpha^0, \alpha^8, \alpha^9, \alpha^{11}], [\alpha^1, \alpha^9, \alpha^{10}, \alpha^{12}], [\alpha^2, \alpha^{10}, \alpha^{11}, \alpha^{13}]$$

这样以上面顺序排列直线,以顺序 $1, \alpha, \alpha^2, \cdots, \alpha^{14}, 0$ 排列所有的点,得到矩阵

$$
H = \begin{bmatrix}
1&0&0&0&0&1&0&0&0&0&1&0&0&0&0&1\\
0&1&0&0&0&0&1&0&0&0&0&1&0&0&0&1\\
0&0&1&0&0&0&0&1&0&0&0&0&1&0&0&1\\
0&0&0&1&0&0&0&0&1&0&0&0&0&1&0&1\\
0&0&0&0&1&0&0&0&0&1&0&0&0&0&1&1\\
0&0&0&1&0&0&0&0&0&0&0&1&1&0&1&0\\
1&0&0&0&1&0&0&0&0&0&0&0&1&1&0&0\\
0&1&0&0&0&1&0&0&0&0&0&0&0&1&1&0\\
1&0&1&0&0&0&1&0&0&0&0&0&0&0&1&0\\
1&1&0&1&0&0&0&1&0&0&0&0&0&0&0&0\\
0&1&1&0&1&0&0&0&1&0&0&0&0&0&0&0\\
0&0&1&1&0&1&0&0&0&1&0&0&0&0&0&0\\
0&0&0&1&1&0&1&0&0&0&1&0&0&0&0&0\\
0&0&0&0&1&1&0&1&0&0&0&1&0&0&0&0\\
0&0&0&0&0&1&1&0&1&0&0&0&1&0&0&0\\
0&0&0&0&0&0&1&1&0&1&0&0&0&1&0&0\\
0&0&0&0&0&0&0&1&1&0&1&0&0&0&1&0\\
1&0&0&0&0&0&0&0&1&1&0&1&0&0&0&0\\
0&1&0&0&0&0&0&0&0&1&1&0&1&0&0&0\\
0&0&1&0&0&0&0&0&0&0&1&1&0&1&0&0
\end{bmatrix}
$$

8.5 LDPC码的译码

LDPC码的译码方法有多种，分为两种类型：硬判决译码与软判决译码. 较为常见的译码算法有**置信传播算法**与**和积译码算法**等.

首先我们来介绍由 Gallager 提出的一种**硬判决译码算法**. 以下面例子说明，校验矩阵

$$
H = \begin{bmatrix}
0&1&0&1&1&0&0&1\\
1&1&1&0&0&1&0&0\\
0&0&1&0&0&1&1&1\\
1&0&0&1&1&0&1&0
\end{bmatrix}
$$

对应的 Tanner 图为图 8.5.1.

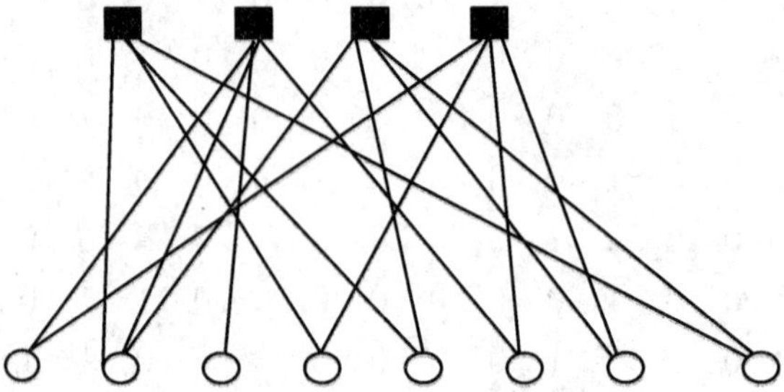

图 8.5.1

设校验节点依次为 f_0,f_1,f_2,f_3,变量节点为 $c_0,c_1,c_2,c_3,c_4,c_5,c_6,c_7$.发送的码字假设为 $\boldsymbol{c}=10010101$,接收的字为 $\boldsymbol{r}=11010101$.

(1) 变量节点接收的比特($\boldsymbol{r}=11010101$)为 $c_0=1,c_1=1,c_2=0,c_3=1,c_4=0,c_5=1,c_6=0,c_7=1$.每一变量节点 c_i 把接收到的比特发送给与之相连的校验节点 f_j,请求"投票".例如,c_0 把 1 发送给 f_1,f_3,c_1 把 1 发送给 f_0,f_1,等等.

(2) 校验节点计算与之相连的变量节点的"投票结果".校验节点 f_j 反馈给 c_i 的投票结果是除 c_i 之外与 f_j 相连的变量节点发送的比特之和(运算在 $\boldsymbol{F}_2$ 中进行).显然如果变量节点 c_i 发送的比特与反馈的比特完全一致,则 c_i 开始接收的比特是正确的;如果所有的反馈与发送一致,则算法停止.以 f_0 为例,与之相连的变量节点是 c_1,c_3,c_4,c_7,所以 f_0 接收到的比特序列是 1101,反馈的序列是 0010,详见表 8.5.1 和表 8.5.2.

表 8.5.1　校验节点的投票情况

校验节点	
f_0	接收:$c_1\to1$,　$c_3\to1$,　$c_4\to0$,　$c_7\to1$ 发送:$0\to c_1$,　$0\to c_3$,　$1\to c_4$,　$0\to c_7$
f_1	接收:$c_0\to1$,　$c_1\to1$,　$c_2\to0$,　$c_5\to1$ 发送:$0\to c_0$,　$0\to c_1$,　$1\to c_2$,　$0\to c_5$
f_2	接收:$c_2\to0$,　$c_5\to1$,　$c_6\to0$,　$c_7\to1$ 发送:$0\to c_2$,　$1\to c_5$,　$0\to c_6$,　$1\to c_7$
f_3	接收:$c_0\to1$,　$c_3\to1$,　$c_4\to0$,　$c_6\to0$ 发送:$1\to c_0$,　$1\to c_3$,　$0\to c_4$,　$0\to c_6$

(3) c_i 综合反馈的投票结果与接收比特进行"表决".表决的就是"得票"最多的比特.当然可能出现 0 与 1 得票相等的情况(虽然这个例子不会发生),这时 c_i 把原接收的比特作"翻转"(即 $0\leftrightarrow1$)再发送给校验节点.

(4) 回到(2).

表 8.5.2　硬判决译码的表决结果

变量节点	接收比特	由校验节点收到的投票		表决结果
c_0	1	$f_1 \to 0$	$f_3 \to 1$	1
c_1	1	$f_0 \to 0$	$f_1 \to 0$	0
c_2	0	$f_1 \to 1$	$f_2 \to 0$	0
c_3	1	$f_0 \to 0$	$f_3 \to 1$	1
c_4	0	$f_0 \to 1$	$f_3 \to 0$	0
c_5	1	$f_1 \to 0$	$f_2 \to 1$	1
c_6	0	$f_2 \to 0$	$f_3 \to 0$	0
c_7	1	$f_0 \to 1$	$f_2 \to 1$	1

我们再来看一种**软判决译码算法**.软判决译码算法主要依赖于置信传播的概念,它的基本思想与硬判决算法一致.在给出算法前,我们先介绍几个基本概念.

$P_i = P(c_i = 1 | y_i)$是条件概率,表示收到的字的第 i 个分量为y_i、发送码字的第 i 分量$c_i = 1$ 的概率.q_{ij}为变量节点c_i 发给与之相连的校验节点f_j 的信息,由 $q_{ij}(0)$与 $q_{ij}(1)$组成,表示对 $y_i = 0$ 或 $y_i = 1$ 的“相信程度”.r_{ji}为校验节点f_j 发给与之相连的变量节点c_i 的信息,仍然由 $r_{ji}(0)$与 $r_{ji}(1)$组成,表示目前对 $y_i = 0$ 或 $y_i = 1$ 表决的“相信程度”.

与前面硬判决算法相对应,有下面的算法:

(1) 所有变量节点发送信息 q_{ij}.因为这一步没有其他信息发送,故 $q_{ij}(1) = P_i$,$q_{ij}(0) = 1 - P_i$.

(2) 校验节点计算反馈信息:

$$r_{ji}(0) = \frac{1}{2} + \frac{1}{2}\prod_{i' \in V_j \setminus \{i\}} (1 - 2q_{i'j}(1)) \tag{8.5.1}$$

$$r_{ji}(1) = 1 - r_{ji}(0) \tag{8.5.2}$$

其中 $V_j \setminus \{i\}$表示除 c_i 外与f_j 相连的所有变量节点,这样式(8.5.1)所算的概率为除 c_i 外有偶数个1的概率(偶数个1在 F_2 中相加等于0,见上面的硬判决算法),此概率等于相信 $c_i = 0$ 的概率 $r_{ji}(0)$.式(8.5.1)为Gallager的结果:对于一个长度为 M 的二元序列$\{a_i\}$,其中 $a_i = 1$ 的概率为 p_i,则整个序列包含偶数个1的概率为 $\frac{1}{2} + \frac{1}{2}\prod_{i=1}^{M}(1 - 2p_i)$.

(3) 变量节点根据反馈信息更新发送给校验节点的信息.更新的公式如下:

$$q_{ij}(0) = K_{ij}(1 - P_i) \prod_{j' \in C_i \setminus \{j\}} r_{j'i}(0) \tag{8.5.3}$$

$$q_{ij}(1) = K_{ij}P_i \prod_{j' \in C_i \setminus \{j\}} r_{j'i}(1) \tag{8.5.4}$$

其中 $C_i \setminus \{j\}$表示除 f_j 外与 c_i 相连的所有校验节点. 常数 K_{ij} 满足 $q_{ij}(0) + q_{ij}(1) = 1$. 同时,变量节点也更新对 c_i 等于 0 还是 1 的判断 $\hat{c}_i$,更新的根据是已经收到的对两个结果信任程度的反馈信息:

$$Q_i(0) = K_i(1 - P_i) \prod_{j \in C_i} r_{ji}(0) \tag{8.5.5}$$

$$Q_i(1) = K_iP_i \prod_{j \in C_i} r_{ji}(1) \tag{8.5.6}$$

结果类似于式(8.5.3)与式(8.5.4),但是 C_i 表示与 c_i 相连的所有校验节点. 这样更新的判断为

$$\hat{c}_i = \begin{cases} 1, & Q(1) > Q_i(0) \\ 0, & \text{其他} \end{cases} \tag{8.5.7}$$

如果当前估计 $\hat{c} = \hat{c}_1\hat{c}_2\cdots\hat{c}_n$ 满足校验方程式,则算法停止,或者确认本次已经达到预先设定的最大迭代步数后停止.

(4) 回到(2).

习题

1. 证明:如果对于正整数 l, $\boldsymbol{T}^l$ 的元素 $t_{ij}^{(l)} = q$,则在 Tanner 图中存在 q 条由第 i 个节点到第 j 个节点的不同路径,每条路径由 l 条边相连.

2. 在例 8.4.1 中,求对应 LDPC 码的维数和最小距离.

第3篇

BCH码与RS码

第 9 章　BCH 码与 RS 码基础

一般循环码包含一个明显的问题：不能从其生成多项式得到很多关于最小距离的信息，甚至不能把最小距离的范围确定得准确一点. 显然这是多项式本身的复杂性导致的. 如果我们选择一些特殊的多项式，问题就能够得到改观.

最为常见的特殊循环码是 BCH 码和 RS 码. BCH 码是 Bose、Ray-Chaudhuri 与 Hocquenghem 在 1959～1960 年发现的；RS 码则是 Reed 与 Solomon 在 1960 年发现的. 这两种码之间有非常密切的关系.

9.1　BCH 码的定义

下面我们将会看到，在某种意义下，BCH 码是 Hamming 码的推广.

回忆 2 元 Hamming 码的定义（命题 5.4.2），它主要依赖于一个特殊的校验矩阵

$$\boldsymbol{H} = [\boldsymbol{h}_1 \quad \boldsymbol{h}_2 \quad \cdots \quad \boldsymbol{h}_n]$$

其中 $\boldsymbol{H}$ 的列是 $\boldsymbol{F}_2$ 上 r 维非零向量的全体. 我们知道有限域 $\boldsymbol{F}_{2^r}$ 同样是 $\boldsymbol{F}_2$ 上的 r 维线性空间，而且 $\boldsymbol{F}_{2^r}^*$ 是循环群，即存在本原元 $\alpha \in \boldsymbol{F}_{2^r}^*$，使得 $\boldsymbol{F}_{2^r}^* = \{\alpha^i \mid i = 0, 1, \cdots, 2^r - 2\}$，因此可以把 $\boldsymbol{H}$ 写成如下形式：

$$\boldsymbol{H} = [1 \quad \alpha \quad \cdots \quad \alpha^{2^r-2}]$$

所以 $\boldsymbol{c} = [c_0 \quad c_1 \quad \cdots \quad c_{2^r-2}]$ 是 Hamming 码的码字，当且仅当

$$0 = [c_0 \quad c_1 \quad \cdots \quad c_{2^r-2}]\boldsymbol{H}^{\mathrm{T}} = c_0 + c_1\alpha + \cdots + c_{2^r-2}\alpha^{2^r-2}$$

即 α 是多项式 $c(x) = c_0 + c_1 x + \cdots + c_{2^r-2}x^{2^r-2}$ 的一个根. 设 α 在 $\boldsymbol{F}_2$ 上的极小多项式为 $p(x)$，此条件等价于 $p(x) \mid c(x)$. 因此在

$$R_n = \boldsymbol{F}_2[x]/(x^n - 1) \quad (n = 2^r - 1)$$

中考虑 $p(x)$ 生成的循环码：

$$C = (p(x)) = \{c(x) \in R_n \mid p(x) \mid c(x)\}$$

这等价于 2 元 Hamming 码.

在一般的有限域 F_q 上推广上面的想法时,可以这样考虑:α 不必是 F_{q^r} 的本原元,例如只是 F_{q^r} 中的 n **次本原单位根**(即 α 是方程 $x^n-1=0$ 的根,但如果 $k<n$,则 α 不是 $x^k-1=0$ 的根).这样我们设计一个(校验)矩阵 $\boldsymbol{H}$,它的第一行即为

$$1 \quad \alpha \quad \cdots \quad \alpha^{n-1}$$

如果要设计 $\boldsymbol{H}$ 的第二行,仍然有很大的弹性,例如我们可以把第一行的平方置为矩阵的第二行:

$$1 \quad \alpha^2 \quad \cdots \quad (\alpha^2)^{n-1}$$

最后这一过程何时停止呢?要人为地规定一个界限:**设计距离** δ.最后一行是

$$1 \quad \alpha^{\delta-1} \quad \cdots \quad (\alpha^{\delta-1})^{n-1}$$

这样整个 $\boldsymbol{H}$ 写出来即为

$$\boldsymbol{H}=\begin{bmatrix}1 & \alpha & \cdots & \alpha^{n-1}\\ 1 & \alpha^2 & \cdots & (\alpha^2)^{n-1}\\ \vdots & \vdots & & \vdots\\ 1 & \alpha^{\delta-1} & \cdots & (\alpha^{\delta-1})^{n-1}\end{bmatrix} \tag{9.1.1}$$

可以用两种观点看 $\boldsymbol{H}$,一是把它的每个元素都看成 F_{q^r} 的元素,这样 $\boldsymbol{H}$ 就是一个 $(\delta-1)\times n$ 矩阵;如果把 $\boldsymbol{H}$ 的每个元素都看成 F_q 上的 r 维向量,那么 $\boldsymbol{H}$ 是一个 $(\delta-1)r\times n$ 矩阵.但是后面一种观点不能保证 $\boldsymbol{H}$ 是一个行满秩的矩阵,同时作矩阵运算也不方便.因此,不管怎么说,$\boldsymbol{H}$ 不会是真正意义上的校验矩阵,无法直接由 $\boldsymbol{H}$ 求出码的维数,但 $\boldsymbol{H}$ 仍然可以起到校验的作用.

另外,必要时我们可以附加一些限制.例如,可以取定 n,而让 F_{q^r} 是满足包含 n 次本原单位根的最小扩域,令设计距离 $\delta=2t+1$,等等.

定义 9.1.1 设正整数 n 满足 $\gcd(n,q)=1$,F_{q^r} 是 F_q 的 r 次扩域,r 是使得 F_{q^r} 包含 n 次本原单位根 α 的最小扩域,设计距离 $\delta\geqslant 2$ 是一个整数.如果 $\boldsymbol{H}$ 如式(9.1.1)所示,则设计距离 δ 的 q 元(狭义)BCH 码定义为

$$C=\{\boldsymbol{c}\in V(n,q)\mid \boldsymbol{c}\boldsymbol{H}^{\mathrm{T}}=\boldsymbol{0}\}$$

定理 9.1.1 设计距离 δ 的 q 元(狭义)BCH 码是 $R_n=F_q[x]/(x^n-1)$ 的循环码,且如果设 α^i 的极小多项式是 $g_i(x)$,则 BCH 码的生成多项式是

$$g(x)=\operatorname{lcm}(g_1(x),g_2(x),\cdots,g_{\delta-1}(x))$$

其中 lcm 表示最小公倍式.

证明 完全类似于 2 元 Hamming 码.如果 $\boldsymbol{c}=c_0c_1\cdots c_{n-1}$ 是码字,对于 $i=1,2,\cdots,\delta-1$,则得到 α^i 是多项式 $c(x)=c_0+c_1x+\cdots+c_{n-1}x^{n-1}$ 的根,因而 $g_i(x)\mid c(x)$,结论成立.

例 9.1.1 设 α 是 F_2 上多项式 $1+x+x^3$ 的根,显然它是 F_8 的本原元.取 $\delta=3$,这时根据第 2 章的知识,知 $g_1(x)=g_2(x)$,即它与 $\delta=2$ 时所得的码一样,而

此时，

$$H = [1 \quad \alpha \quad \cdots \quad \alpha^6]$$

所以是参数[7,4,3]的 2 元 Hamming 码的校验矩阵.

9.2　BCH 码的参数

BCH 码的生成多项式没有很明确的表达，因此在一般情况下确定其次数较为困难，而且很难直接确定其维数，但是对其最小距离，我们有如下结果：

定理 9.2.1　设计距离 δ 的 q 元(狭义)BCH 码 C 的最小距离 $d(C) \geqslant \delta$.

证明　即证明下面矩阵的任意 $\delta-1$ 个列 $\boldsymbol{j}_1, \boldsymbol{j}_2, \cdots, \boldsymbol{j}_{\delta-1}$ 线性无关：

$$\boldsymbol{H} = \begin{bmatrix} 1 & \alpha & \cdots & \alpha^{n-1} \\ 1 & \alpha^2 & \cdots & (\alpha^2)^{n-1} \\ \vdots & \vdots & & \vdots \\ 1 & \alpha^{\delta-1} & \cdots & (\alpha^{\delta-1})^{n-1} \end{bmatrix}$$

设 $\beta_1 = \alpha^{j_1}, \beta_2 = \alpha^{j_2}, \cdots, \beta_{\delta-1} = \alpha^{j_{\delta-1}}$. 这 $\delta-1$ 个列的行列式为

$$B = \begin{vmatrix} \beta_1 & \beta_2 & \cdots & \beta_{\delta-1} \\ \beta_1^2 & \beta_2^2 & \cdots & \beta_{\delta-1}^2 \\ \vdots & \vdots & & \vdots \\ \beta_1^{\delta-1} & \beta_2^{\delta-1} & \cdots & \beta_{\delta-1}^{\delta-1} \end{vmatrix}$$

由于 $\beta_1, \beta_2, \cdots, \beta_{\delta-1}$ 互不相同，根据线性代数的知识，它与 Vandermonde(范德蒙德)行列式相差一个非零常数，故不等于 0，即得结论.

由上述证明可以发现，在上一节中取第一行为 $1, \alpha, \cdots, \alpha^{n-1}$，对最小距离的影响并不是实质性的. 因此我们可以根据下面的矩阵定义(广义)BCH 码：

$$\boldsymbol{H}_b = \begin{bmatrix} 1 & \alpha^b & \cdots & (\alpha^b)^{n-1} \\ 1 & \alpha^{b+1} & \cdots & (\alpha^{b+1})^{n-1} \\ \vdots & \vdots & & \vdots \\ 1 & \alpha^{b+\delta-2} & \cdots & (\alpha^{b+\delta-2})^{n-1} \end{bmatrix} \tag{9.2.1}$$

定义 9.2.1　设正整数 n 满足 $\gcd(n, q) = 1$，F_{q^r} 是 F_q 的 r 次扩域，r 是使得 F_{q^r} 包含 n 次本原单位根 α 的最小扩域，设计距离 $\delta \geqslant 2$ 是一个整数. 并设 b 是一个非负整数，若 $\boldsymbol{H}_b$ 如式(9.2.1)所示，则设计距离为 δ、参数为 b 的 q 元**广义 BCH 码**定义为

$$C = \{\boldsymbol{c} \in V(n, q) \mid \boldsymbol{c}\boldsymbol{H}_b^{\mathrm{T}} = \boldsymbol{0}\}$$

根据定理 9.1.1 与定理 9.2.1,我们有:

定理 9.2.2 设计距离为 δ、参数为 b 的 q 元广义 BCH 码是 $R_n = F_q[x]/(x^n-1)$ 的循环码,且如果 α^i 的极小多项式是 $g_i(x)$,则 BCH 码的生成多项式是

$$g(x) = \mathrm{lcm}(g_b(x), g_{b+1}(x), \cdots, g_{b+\delta-2}(x))$$

定理 9.2.3 设计距离为 δ、参数为 b 的 q 元广义 BCH 码 C 的最小距离 $d(C) \geqslant \delta$.

例 9.2.1 设 α 是 F_2 上多项式 $1+x+x^3$ 的根,显然它是 F_8 的本原元. 取 $\delta=4, b=0, g_0(x)=1+x, g_1(x)=g_2(x), g(x)=(1+x)(1+x+x^3)=1+x^2+x^3+x^4$. 因此,该 2 元 BCH 码的最小距离 $\leqslant W(g(x))=4$,但根据定理 9.2.3 知最小距离为 4.

定义 9.2.2 对于广义 BCH 码,如果 $n=q^r-1$,则称之为设计距离为 δ、参数为 b 的 q 元**本原 BCH 码**.

我们可以把元素 $\alpha^b, \alpha^{b+1}, \cdots, \alpha^{b+\delta-2}$ 的极小多项式归一下类. 通过命题 2.4.1,我们知道共轭的元素具有相同的极小多项式,即

$$\begin{aligned}
&\alpha^b, \alpha^{bq}, \alpha^{bq^2}, \cdots \\
&\alpha^{b+1}, \alpha^{(b+1)q}, \alpha^{(b+1)q^2}, \cdots \\
&\cdots \\
&\alpha^{b+\delta-2}, \alpha^{(b+\delta-2)q}, \alpha^{(b+\delta-2)q^2}, \cdots
\end{aligned}$$

当然 $\alpha^b, \alpha^{b+1}, \cdots, \alpha^{b+\delta-2}$ 中并不是每一类的元素都出现. 另外,在每一类中的元素总数都不超过相应极小多项式的次数,而极小多项式的次数又不超过 $[F_{q^r} : F_q] = r$. 所以关于 BCH 码次数最坏的估计是 $\deg g(x) \leqslant r(\delta-1)$. 通常选择 $\delta < n$,那么当 $r(\delta-1) > n$ 时,这一估计是没有意义的. 不过在本原 BCH 的情况下,$n=q^r-1$,可以使 $\delta \ll n$,这样可以得到有价值的结果.

命题 9.2.1 设计距离为 δ、参数为 b 的 q 元本原 BCH 码的维数至少是 $q^r-1-r(\delta-1)$.

9.3 RS 码的参数

上一节最后已发现精确确定 BCH 码的维数不是一件容易的事,因为对于连续方幂作准确的共轭分类是困难的. 不过如果在下面这种特殊情况下,一切将变得简单.

定义 9.3.1　对于设计距离为 δ、参数为 b 的 q 元广义 BCH 码，如果 $n=q-1$，则称之为**广义 RS 码**. 特别地，如果 $b=1$，则称之为(狭义)**RS 码**.

定理 9.3.1　广义 RS 码的生成多项式为

$$g(x)=(x-\alpha^{b})(x-\alpha^{b+1})\cdots(x-\alpha^{b+\delta-2})$$

因此维数为 $n-\delta+1$.

例 9.3.1　设 α 是 F_8 的本原元. 当 $\delta=4$，$b=0$ 时，8 元广义 RS 码的生成多项式为

$$g(x)=(x-1)(x-\alpha)(x-\alpha^{2})$$

因此维数为 4.

定理 9.3.2　广义 RS 码是 MDS 码，其最小距离 $d=\delta$.

证明　根据推论 5.4.1，对广义 RS 码，我们有

$$d\leqslant n-k+1=n-(n-\delta+1)+1=\delta$$

而由于广义 RS 码是特殊的广义 BCH 码，所以由定理 9.2.3 有 $d\geqslant\delta$，即得结论.

推论 9.3.1　广义 RS 码的参数与 b 无关，即当给定 $\delta\geqslant 2$ 时，码的参数为 $[q-1,q-\delta,\delta]$.

例 9.3.2　设 α 是 F_2 上多项式 $1+x+x^4$ 的根，即是 F_{16} 的本原元. 当 $\delta=4$ 时，16 元广义 RS 码的参数为[16,12,4].

9.4　GRS 码

本节介绍另外一种推广 RS 码的方法.

定理 9.4.1　令 α 是 q 元有限域 F_q 的本原元，设计距离 δ 满足 $q-1\geqslant\delta\geqslant 2$. 生成多项式

$$g(x)=(x-\alpha)(x-\alpha^{2})\cdots(x-\alpha^{\delta-1})$$

的(狭义)q 元 RS 码即

$$V=\{(f(1),f(\alpha),\cdots,f(\alpha^{q-2}))\mid f(x)\in F_q[x],\deg f(x)\leqslant q-\delta-1\}$$

证明　易证 V 是线性空间. 首先证明 V 含在 $g(x)$ 生成的 RS 码中，即证明 $g(x)$ 整除 V 中任意的码字 $c(x)=\sum_{i=0}^{q-2}f(\alpha^{i})x^{i}$(写成多项式)，或者

$$c(\alpha)=c(\alpha^{2})=\cdots=c(\alpha^{q-2})=0$$

设 $f(x)=\sum_{j=0}^{q-\delta-1}f_jx^j$，则对于 $1\leqslant l\leqslant\delta-1$，有

$$c(\alpha^l)=\sum_{i=0}^{q-2}f(\alpha^i)(\alpha^l)^i=\sum_{i=0}^{q-2}\Big(\sum_{j=0}^{q-\delta-1}f_j(\alpha^i)^j\Big)(\alpha^l)^i$$
$$=\sum_{j=0}^{q-\delta-1}f_j\Big(\sum_{i=0}^{q-2}(\alpha^{j+l})^i\Big)=0$$

其中括号中的项$\sum_{i=0}^{q-2}(\alpha^{j+l})^i=0$,是因为$1\leqslant j+l\leqslant q-2$.

另外,如果取F_q上的线性空间$S=\{f(x)\in F_q[x]\mid\deg f(x)\leqslant q-\delta-1\}$,则线性映射

$$\varphi:S\rightarrow V$$
$$f(x)\mapsto(f(1),f(\alpha),\cdots,f(\alpha^{q-2}))$$

是单射(习题),当然也是满射,故φ是线性空间的同构.而维数$\dim_{F_q}V=\dim_{F_q}S=q-\delta$恰好是$g(x)$生成的RS码的维数.

下面从上述角度考虑RS码的一种推广,为和前面定义过的广义RS码加以区别,我们称之为GRS码.

定义9.4.1 令正整数$k\leqslant n\leqslant q$,$\boldsymbol{\alpha}=[\alpha_1\ \ \alpha_2\ \ \cdots\ \ \alpha_n]$,其中对于$1\leqslant i\leqslant n$,$\alpha_i$是$F_q$中不同的元素.令$\boldsymbol{v}=[v_1\ \ v_2\ \ \cdots\ \ v_n]$,其中对于$1\leqslant i\leqslant n$,$v_i\in F_q^*$.则GRS码$GRS_k(\boldsymbol{\alpha},\boldsymbol{v})$定义成

$$\{[v_1f(\alpha_1)\ \ v_2f(\alpha_2)\ \ \cdots\ \ v_nf(\alpha_n)]\mid f(x)\in F_q[x],\deg f(x)\leqslant k-1\}$$

$\alpha_1,\alpha_2,\cdots,\alpha_n$称为$GRS_k(\boldsymbol{\alpha},\boldsymbol{v})$的码定位子.

定理9.4.2 GRS码$GRS_k(\boldsymbol{\alpha},\boldsymbol{v})$的参数为$[n,k,n-k+1]$,因此是MDS码.

证明 长度显然,维数的证明仿照定理9.4.1的证明(习题).只需说明最小距离为$n-k+1$.

假设$f(x)\neq0$,因为$\deg f(x)\leqslant k-1$,所以$f(x)$至多有$k-1$个根.设α_i是F_q中不同的元素且$v_i\in F_q^*$,所以$[v_1f(\alpha_1)\ \ v_2f(\alpha_2)\ \ \cdots\ \ v_nf(\alpha_n)]$至多有$k-1$个分量等于0,即$GRS_k(\boldsymbol{\alpha},\boldsymbol{v})$的最小重量$\geqslant n-k+1$,而Singleton界又说最小重量$\leqslant n-k+1$,即得定理.

定理9.4.3 F_q上长度为n的GRS码$GRS_k(\boldsymbol{\alpha},\boldsymbol{v})$的对偶码为$GRS_{n-k}(\boldsymbol{\alpha},\boldsymbol{v}')$,其中$\boldsymbol{v}'\in(F_q^*)^n$.

证明 对于特殊情况$k=n-1$,由定理9.4.2,可知$GRS_{n-1}(\boldsymbol{\alpha},\boldsymbol{v})$的对偶码是1维MDS码,其参数为$[n,1,n]$,因此它有基$\boldsymbol{v}'=[v_1'\ \ v_2'\ \ \cdots\ \ v_n']$,其中对于$1\leqslant i\leqslant n$,$v_i'\in F_q^*$.从而该对偶码为$GRS_1(\boldsymbol{\alpha},\boldsymbol{v}')$.特别地,根据对偶关系得到,对于任意的多项式$f(x)\in F_q[x]$,如果$\deg f(x)\leqslant n-2$,则

$$v_1v_1'f(\alpha_1)+v_2v_2'f(\alpha_2)+\cdots+v_nv_n'f(\alpha_n)=0\tag{9.4.1}$$

现在证明一般情况. $GRS_k(\boldsymbol{\alpha},\boldsymbol{v})$中的一个码字为

$$[v_1f(\alpha_1)\quad v_2f(\alpha_2)\quad \cdots \quad v_nf(\alpha_n)]$$

其中 $\deg f(x)\leqslant k-1$; $GRS_{n-k}(\boldsymbol{\alpha},\boldsymbol{v}')$中一个码字为

$$[v'_1g(\alpha_1)\quad v'_2g(\alpha_2)\quad \cdots \quad v'_ng(\alpha_n)]$$

其中 $\deg g(x)\leqslant n-k-1$. 因而 $\deg f(x)g(x)\leqslant n-2$,满足条件式(9.4.1),故 $GRS_k(\boldsymbol{\alpha},\boldsymbol{v})$与码 $GRS_{n-k}(\boldsymbol{\alpha},\boldsymbol{v}')$正交,再由维数之间的关系即得结论.

9.5　Goppa 码

V. D. Goppa(戈帕)在20世纪70年代初发现了一类包含本原BCH码的线性码,称为Goppa码. 本节我们来介绍Goppa码.

定义 9.5.1　令 $g(z)\in F_{q^m}[z]$,其中 m 是一个固定的正整数.

$$L=\{\alpha_1,\alpha_2,\cdots,\alpha_n\}$$

是 F_{q^m} 的子集,使得 L 至少包含 $g(z)$ 的一个根. 对于 $\boldsymbol{v}=[v_1\quad v_2\quad \cdots \quad v_n]\in F_q^n$,令

$$R_{\boldsymbol{v}}(z)=\sum_{i=1}^{n}\frac{v_i}{z-\alpha_i}$$

则 **Goppa 码** $\Gamma(L,g)$定义为

$$\Gamma(L,g)=\{\boldsymbol{v}\in F_q^n \mid R_{\boldsymbol{v}}(z)\equiv 0(\mathrm{mod}\ g(z))\}$$

$g(z)$称为 **Goppa 多项式**. 如果 $g(z)$不可约,则 $\Gamma(L,g)$称为**不可约 Goppa 码**.

引理 9.5.1　Goppa码 $\Gamma(L,g)$是线性码,且 $\boldsymbol{v}=[v_1\quad v_2\quad \cdots \quad v_n]\in\Gamma(L,g)$ 当且仅当

$$\sum_{i=1}^{n}v_i\frac{g(z)-g(\alpha_i)}{z-\alpha_i}g(\alpha_i)^{-1}=0 \tag{9.5.1}$$

命题 9.5.1　给定次数为 t 的 Goppa 多项式 $g(z)$, $L=\{\alpha_1,\alpha_2,\cdots,\alpha_n\}$,有

$$\Gamma(L,g)=\{\boldsymbol{v}\in F_q^n \mid \boldsymbol{v}\boldsymbol{H}^{\mathrm{T}}=\boldsymbol{0}\}$$

其中

$$\boldsymbol{H}=\begin{bmatrix} g(\alpha_1)^{-1} & \cdots & g(\alpha_n)^{-1}\\ \alpha_1g(\alpha_1)^{-1} & \cdots & \alpha_ng(\alpha_n)^{-1}\\ \vdots & & \vdots\\ \alpha_1^{t-1}g(\alpha_1)^{-1} & \cdots & \alpha_n^{t-1}g(\alpha_n)^{-1}\end{bmatrix}$$

证明　由引理 9.5.1, $\boldsymbol{v}\in\Gamma(L,g)$ 当且仅当式(9.5.1)成立. 设 $g(z)=$

$\sum_{i=0}^{t} g_i x^i$，代入式(9.5.1)，则由 z 的任意方幂前的系数为0，得到 $\boldsymbol{v} \in \Gamma(L, g)$ 当且仅当 $\boldsymbol{v}\boldsymbol{H}_1^{\mathrm{T}} = \boldsymbol{0}$，其中

$$\boldsymbol{H}_1 = \begin{bmatrix} g_t g(\alpha_1)^{-1} & \cdots & g_t g(\alpha_n)^{-1} \\ (g_{t-1} + \alpha_1 g_t) g(\alpha_1)^{-1} & \cdots & (g_{t-1} + \alpha_n g_t) g(\alpha_n)^{-1} \\ \vdots & & \vdots \\ (g_1 + \alpha_1 g_2 + \cdots + \alpha_1^{t-1} g_t) g(\alpha_1)^{-1} & \cdots & (g_1 + \alpha_n g_2 + \cdots + \alpha_n^{t-1} g_t) g(\alpha_n)^{-1} \end{bmatrix}$$

此矩阵可以分解为

$$\begin{bmatrix} g_t & 0 & \cdots & 0 \\ g_{t-1} & g_t & \cdots & 0 \\ \vdots & \vdots & & \vdots \\ g_1 & g_2 & \cdots & g_t \end{bmatrix} \begin{bmatrix} 1 & 1 & \cdots & 1 \\ \alpha_1 & \alpha_2 & \cdots & \alpha_n \\ \vdots & \vdots & & \vdots \\ \alpha_1^{t-1} & \alpha_2^{t-1} & \cdots & \alpha_n^{t-1} \end{bmatrix} \begin{bmatrix} g(\alpha_1)^{-1} & 0 & \cdots & 0 \\ 0 & g(\alpha_2)^{-1} & \cdots & 0 \\ \vdots & \vdots & & \vdots \\ 0 & 0 & \cdots & g(\alpha_n)^{-1} \end{bmatrix}$$

后两个矩阵的乘积是 $\boldsymbol{H}$. 由于 $g(z)$ 的次数为 t，所以 $g_t \neq 0$，因此第一个矩阵是可逆阵. 综合起来，即有 $\boldsymbol{v}\boldsymbol{H}_1^{\mathrm{T}} = \boldsymbol{0} \Leftrightarrow \boldsymbol{v}\boldsymbol{H}^{\mathrm{T}} = \boldsymbol{0}$.

定理 9.5.1 所有记号如前所述，则 Goppa 码

$$\Gamma(L, g) = GRS_{n-t}(\boldsymbol{\alpha}, \boldsymbol{v}) \cap F_q^n$$

此处 $\boldsymbol{v} = [v_1 \quad v_2 \quad \cdots \quad v_n]$，对于 $1 \leqslant i \leqslant n$，$v_i = g(\alpha_i) / \prod_{j \neq i} (\alpha_i - \alpha_j)$.

证明 根据命题 9.5.1，以及定义 9.4.2 与定理 9.4.2，可得 $\Gamma(L, g) = GRS_t(\boldsymbol{\alpha}, \boldsymbol{v}')^{\perp} \cap F_q^n$，此处

$$\boldsymbol{v}' = [g(\alpha_1)^{-1} \quad g(\alpha_2)^{-1} \quad \cdots \quad g(\alpha_n)^{-1}]$$

因此只需证明 $GRS_t(\boldsymbol{\alpha}, \boldsymbol{v}')^{\perp} = GRS_{n-t}(\boldsymbol{\alpha}, \boldsymbol{v})$，即

$$v_1 g(\alpha_1)^{-1} f(\alpha_1) + v_2 g(\alpha_2)^{-1} f(\alpha_2) + \cdots + v_n g(\alpha_n)^{-1} f(\alpha_n) = 0$$

把已知条件代入，即对于任意的 $f(x) \in F_{q^m}[x]$，如果 $\deg f(x) \leqslant n-2$，证明：

$$\sum_{i=1}^{n} \frac{f(\alpha_i)}{\prod_{j \neq i} (\alpha_i - \alpha_j)} = 0 \tag{9.5.2}$$

由于 $\deg f(x) \leqslant n-2$，所以使用代数中的 Lagrange 插值多项式，得到

$$f(x) = \sum_{i=1}^{n} f(\alpha_i) \left(\prod_{j \neq i} \frac{z - \alpha_j}{\alpha_i - \alpha_j} \right)$$

小括号中乘积的次数是 $n-1$，而 $\deg f(x) \leqslant n-2$，所以所有 $n-1$ 次项前的系数的和等于0，而系数的和恰为式(9.5.2).

例 9.5.1 设任意素数方幂为 q，取 $g(z) = z^t$，$\alpha \in F_{q^m}$ 是本原元，$L = \{1, \alpha^{-1}, \alpha^{-2}, \cdots, \alpha^{-(q^m-2)}\}$，$n = q^m - 1$，则对应的 $\Gamma(L, g)$ 的校验矩阵为

$$H = \begin{bmatrix} 1 & \alpha^{t} & \alpha^{2t} & \cdots & \alpha^{(n-1)t} \\ 1 & \alpha^{t-1} & \alpha^{2(t-1)} & \cdots & \alpha^{(n-1)(t-1)} \\ \vdots & \vdots & \vdots & & \vdots \\ 1 & \alpha & \alpha^{2} & \cdots & \alpha^{n-1} \end{bmatrix}$$

显然这是本原 BCH 码.

例 9.5.2　对于 $q=2$,取 $g(z)=z$,$L=F_{2^m}^{*}$,则对应的 $\Gamma(L,g)$的校验矩阵为

$$H = [1 \quad \alpha \quad \alpha^{2} \quad \cdots \quad \alpha^{2^m-2}]$$

所以 $\Gamma(L,g)$是 Hamming 码.

习题

1. 设 α 是F_2 上多项式 $1+x^2+x^3$ 的根,取 $\delta=4$,求相应的 BCH 码.
2. 证明:定理 9.4.1 中的映射 φ 是单射.
3. 证明:GRS 码 $GRS_k(\boldsymbol{\alpha},\boldsymbol{v})$的维数等于 k.
4. 证明引理 9.5.1.

第 10 章　BCH 码与 RS 码的译码

BCH 码与 RS 码的编码与一般循环码一样，比较方便. 关于两者的译码的研究非常深入. 本章介绍两者译码的一般方法. 首先，我们列出伴随式译码的一般步骤.

(1) 计算伴随.

(2) 决定所谓的“错误定位多项式”. 该多项式的根给出了错误的位置. 有多种方法来确定该多项式. 例如，对于 BCH 码，有 Peterson 算法、Berlekamp-Massey 算法；对于 RS 码，有 Peterson-Gorenstien-Zierler 算法、Berlekamp-Massey 算法与Euclid 算法. 另外还存在基于有限域上 Fourier 变换的技巧.

(3) 找到错误定位多项式的根. 主要方法是 Chien 搜索，是一种对域中所有元素的穷举法.

(4) 对于 RS 码或非 2 元的 BCH 码，还需确定“错误的值”. 一般用 Forney 算法来完成.

以下我们假设主要讨论狭义 BCH 码或 RS 码，而且假设设计距离 $\delta = 2t+1$.

10.1　伴随的计算

对于 BCH 码，由我们的附加假设 $\delta = 2t+1$，

$$c(x) = c_0 + c_1 x + \cdots + c_{n-1} x^{n-1}$$

是一个码字当且仅当对于 $i = 1, 2, \cdots, 2t$，有

$$c(\alpha) = c(\alpha^2) = \cdots = c(\alpha^{2t}) = 0$$

对于发出的码字 $c(x)$，如果发生的错误 $e(x) = e_0 + e_1 x + \cdots + e_{n-1} x^{n-1}$，则接收的字可以写成 $r(x) = c(x) + e(x)$. 因此对应的伴随为

$$S_j = r(\alpha^j) = e(\alpha^j) = \sum_{k=0}^{n-1} e_k \alpha^{jk}$$

如果 $r(x)$有 v 个错误发生在位置 $i_1, i_2, \cdots, i_v$，或者对于 $j = 1, 2, \cdots, v$，对应的错误多项式的系数 $e_{i_j} \neq 0$，而其余位置 $e_{i_j} = 0$，则上述伴随可以简写成

$$S_j = \sum_{l=1}^{v} e_{i_l}\alpha^{ji_l} = \sum_{l=1}^{v} e_{i_l}(\alpha^{i_l})^j$$

令 $X_l = \alpha^{i_l}$,上式可进一步简化为

$$S_j = \sum_{l=1}^{v} e_{i_l}X_l^j \quad (j = 1,2,\cdots,2t) \tag{10.1.1}$$

对于2元BCH码,一定有 $e_{i_l} = 1$,这样有更加简洁的形式:

$$S_j = \sum_{l=1}^{v} X_l^j \tag{10.1.2}$$

在这种情况下,无须确定错误的值,只需发现错误的位置,相当于求出 X_l. 例如 $X_1 = \alpha^3$,则 $i_1 = 3$. 这样可以称 X_l 为**错误定位子**.

对于式(10.1.2),下面我们在伴随已经确定的假设下来确定错误定位子.

10.2　错误定位多项式

由式(10.1.2),得到下面的方程组:

$$\begin{cases} S_1 = X_1 + X_2 + \cdots + X_v \\ S_2 = X_1^2 + X_2^2 + \cdots + X_v^2 \\ \cdots \\ S_{2t} = X_1^{2t} + X_2^{2t} + \cdots + X_v^{2t} \end{cases} \tag{10.2.1}$$

这一方程组称为**幂和对称函数**. 方程组本身有 v 个未知数、$2t$ 个方程. 当然可以由穷举法求出式(10.2.1)的所有解,但是显然比较耗费机器时间(具有较高的时间复杂度).

一般不是直接去解式(10.2.1),而是引入并且研究下面的**错误定位多项式**. 它被定义成

$$\begin{aligned} \Lambda(x) &= \prod_{l=1}^{v}(1 - X_l x) \\ &= \Lambda_v x^v + \Lambda_{v-1}x^{v-1} + \cdots + \Lambda_1 x + \Lambda_0 \end{aligned} \tag{10.2.2}$$

显然 $\Lambda_0 = 1$. 如果令 $x = X_l^{-1}$,则 $\Lambda(x) = 0$,故错误定位多项式的根与错误定位子的关系是互反的.

例 10.2.1　在 F_{16} 中,α 是本原元. 对于2元本原BCH码,如果发现 $x = \alpha^4$ 是错误定位多项式的根,则错误定位子为 α^{11},所以错误的位置在第12位.

如果已经确定了错误定位多项式,下一步即是找出它的全部根. 因为是在有限域中,我们自然可以逐一验证每个元素是否是该多项式的根. 有很多分解多项式的

方法，但是在目前的情况下，**Chien 搜索**无疑是十分有效的一种.

例如，在 $v=3$ 的情况下，错误定位多项式为

$$\Lambda(x) = 1 + \Lambda_1 x + \Lambda_2 x^2 + \Lambda_3 x^3$$

在有限域的非零元 $x=1,\alpha,\alpha^2,\cdots,\alpha^{2^r-2}$ 处连续对该多项式赋值：

$$\begin{aligned}
&\Lambda(1) = 1 + \Lambda_1 + \Lambda_2 + \Lambda_3 \\
&\Lambda(\alpha) = 1 + \Lambda_1\alpha + \Lambda_2\alpha^2 + \Lambda_3\alpha^3 \\
&\Lambda(\alpha^2) = 1 + \Lambda_1\alpha^2 + \Lambda_2(\alpha^2)^2 + \Lambda_3(\alpha^2)^3 \\
&\cdots \\
&\Lambda(\alpha^{2^r-2}) = 1 + \Lambda_1\alpha^{2^r-2} + \Lambda_2(\alpha^{2^r-2})^2 + \Lambda_3(\alpha^{2^r-2})^3
\end{aligned}$$

该计算可以在计算机上有效实现.

10.3 找到错误定位多项式

现在我们回到对给定式(10.2.1)后计算式(10.2.2)的问题.一般地，根据在代数里我们已经熟知的根与系数的关系，可以得到

$$\begin{cases}
\Lambda_0 = 1 \\
-\Lambda_1 = \sum_{i=1}^{v} X_i = X_1 + X_2 + \cdots + X_v \\
\Lambda_2 = \sum_{i<j} X_i X_j = X_1X_2 + X_1X_3 + \cdots + X_1X_v + \cdots + X_{v-1}X_v \\
-\Lambda_3 = \sum_{i<j<k} X_iX_jX_k = X_1X_2X_3 + X_1X_2X_4 + \cdots + X_{v-2}X_{v-1}X_v \\
\cdots \\
(-1)^v\Lambda_v = X_1X_2\cdots X_v
\end{cases} \tag{10.3.1}$$

方程组(10.3.1)称为错误定位子的**初等对称函数**.我们通过式(10.2.1)和式(11.3.1)求出错误定位多项式的系数与伴随之间的关系.仍然根据代数知识，可以由下面的 **Newton 恒等式**导出.

定理 10.3.1 错误定位多项式(10.2.2)的系数与伴随式(10.2.1)之间的关系是

$$\begin{cases}
S_k + \Lambda_1 S_{k-1} + \cdots + \Lambda_{k-1}S_1 + k\Lambda_k = 0 \quad (1 \leqslant k \leqslant v) \\
S_k + \Lambda_1 S_{k-1} + \cdots + \Lambda_{v-1}S_{k-v+1} + \Lambda_v S_{k-v} = 0 \quad (k > v)
\end{cases} \tag{10.3.2}$$

即

$$\begin{cases} k=1: S_1+\Lambda_1=0 \\ k=2: S_2+\Lambda_1 S_1+2\Lambda_2=0 \\ \cdots \\ k=v: S_v+\Lambda_1 S_{v-1}+\cdots+\Lambda_{v-1}S_1+v\Lambda_v=0 \end{cases} \tag{10.3.3}$$

$$\begin{cases} k=v+1: S_{v+1}+\Lambda_1 S_v+\cdots+\Lambda_{v-1}S_2+\Lambda_v S_1=0 \\ k=v+2: S_{v+2}+\Lambda_1 S_{v+1}+\cdots+\Lambda_{v-1}S_3+\Lambda_v S_2=0 \\ \cdots \\ k=2t: S_{2t}+\Lambda_1 S_{2t-1}+\cdots+\Lambda_{v-1}S_{2t-v+1}+\Lambda_v S_{2t-v}=0 \end{cases} \tag{10.3.4}$$

对于 $k>v$，这是一个伴随与错误定位多项式系数之间的**线性回归移位寄存关系**：

$$S_j=-\sum_{i=1}^{v}\Lambda_i S_{j-i} \tag{10.3.5}$$

方程组(10.3.5)可以表示为下面的矩阵(10.3.6)，其中系数矩阵称为 Toeplitz 矩阵，记为 $\boldsymbol{M}_v$.

但有一个问题是：由于错误的个数 v 没有确定(现在只知道伴随)，因此不知道 $\boldsymbol{M}_v$ 的阶. Peterson-Gorenstien-Zierler 译码器对该矩阵的操作如下：

(1) 设 $v=t$.

(2) 对于矩阵 $\boldsymbol{M}_v$，计算其行列式 $\det(\boldsymbol{M}_v)$. 如果 $\det(\boldsymbol{M}_v)=0$，则令 $v\leftarrow v-1$.

(3) 若 $\det(\boldsymbol{M}_v)\neq 0$，求系数 $\Lambda_1,\Lambda_2,\cdots,\Lambda_v$.

$$\begin{bmatrix} S_1 & S_2 & \cdots & S_v \\ S_2 & S_3 & \cdots & S_{v+1} \\ S_3 & S_4 & \cdots & S_{v+2} \\ \vdots & \vdots & & \vdots \\ S_v & S_{v+1} & \cdots & S_{2v-1} \end{bmatrix} \begin{bmatrix} \Lambda_v \\ \Lambda_{v-1} \\ \Lambda_{v-2} \\ \vdots \\ \Lambda_1 \end{bmatrix} = -\begin{bmatrix} S_{v+1} \\ S_{v+2} \\ S_{v+3} \\ \vdots \\ S_{2v} \end{bmatrix} \tag{10.3.6}$$

对于 2 元码来说，Newton 恒等式更加简单. 因为对于 nS_j，当 n 是偶数时，$nS_j=0$；而当 n 是奇数时，$nS_j=S_j$. 而且根据推论 2.2.1 有

$$S_{2j}=\sum_{l=1}^{v}X_l^{2j}=\left(\sum_{l=1}^{v}X_l^{j}\right)^2=S_j^2$$

这样 Newton 恒等式(10.3.2)可简化为

$$\begin{aligned} & S_1+\Lambda_1=0 \\ & S_3+\Lambda_1 S_2+\Lambda_2 S_1+\Lambda_3=0 \\ & \cdots \\ & S_{2t-1}+\Lambda_1 S_{2t-2}+\cdots+\Lambda_t S_{t-1}=0 \end{aligned}$$

用矩阵表示出来即为

$$\begin{bmatrix} 1 & 0 & 0 & 0 & \cdots & 0 & 0 \\ S_2 & S_1 & 1 & 0 & \cdots & 0 & 0 \\ S_4 & S_3 & S_2 & S_1 & \cdots & 0 & 0 \\ \vdots & \vdots & \vdots & \vdots & & \vdots & \vdots \\ S_{2t-4} & S_{2t-5} & S_{2t-6} & S_{2t-7} & \cdots & S_{t-2} & S_{t-3} \\ S_{2t-2} & S_{2t-3} & S_{2t-4} & S_{2t-5} & \cdots & S_t & S_{t-1} \end{bmatrix} \begin{bmatrix} \Lambda_1 \\ \Lambda_2 \\ \vdots \\ \Lambda_t \end{bmatrix} = \begin{bmatrix} -S_1 \\ -S_3 \\ \vdots \\ -S_{2t-1} \end{bmatrix} \tag{10.3.7}$$

或者 $\boldsymbol{A\Lambda} = -\boldsymbol{S}$.如果错误恰好有 t 个,则矩阵 $\boldsymbol{A}$ 可逆;如果 $\boldsymbol{A}$ 不可逆,则去掉两行、两列再看它是否可逆.解出 $\boldsymbol{\Lambda}$,即找到了 $\Lambda(x)$的根.基于矩阵去求解 $\Lambda(x)$的根的方法,称为 2 元 BCH 码译码的 **Peterson(彼得松)算法**.

如果错误个数较少,可以直接写出 $\Lambda(x)$的系数.例如:

(1) 1 个错误:

$$\Lambda_1 = S_1$$

(2) 2 个错误:

$$\Lambda_1 = S_1, \quad \Lambda_2 = \frac{S_3 + S_1^3}{S_1}$$

(3) 3 个错误:

$$\Lambda_1 = S_1, \quad \Lambda_2 = \frac{S_1^2 S_3 + S_5}{S_1^3 + S_3}, \quad \Lambda_3 = S_1^3 + S_3 + S_1 \Lambda_2$$

(4) 4 个错误:

$$\Lambda_1 = S_1, \quad \Lambda_2 = \frac{S_1(S_7 + S_1^7) + S_3(S_1^5 + S_5)}{S_3(S_3 + S_1^3) + S_1(S_1^5 + S_5)}$$

$$\Lambda_3 = S_1^3 + S_3 + S_1 \Lambda_2, \quad \Lambda_4 = \frac{(S_5 + S_1^2 S_3) + (S_1^3 + S_3)\Lambda_2}{S_1}$$

例 10.3.1 取 $\delta = 5, n = 31, \alpha$ 是本原元.按共轭关系分类,可以分成两组:$\{\alpha, \alpha^2, \alpha^4\}$与$\{\alpha^3\}$.假设 α 的极小多项式 $g_1(x) = x^5 + x^2 + 1$,则 α^3 的极小多项式是

$$g_3(x) = x^5 + x^4 + x^3 + x^2 + x + 1$$

所以该 BCH 码的生成多项式为 $g(x) = g_1(x)g_3(x) = x^{10} + x^9 + x^8 + x^6 + x^5 + x^3 + 1$,它是参数为[31,21]的 2 元 BCH 码.假设发出的码字为

$$c(x) = x^{25} + x^{24} + x^{23} + x^{21} + x^{20} + x^{18} + x^{17} + x^{16} + x^{14} + x^{10} + x^8 + x^6 + x^5 + x^4 + x^3 + 1$$

收到的字为

$$r(x) = x^{25} + x^{24} + x^{23} + x^{21} + x^{20} + x^{17} + x^{16} + x^{14} + x^{10} + x^8 + x^6 + x^5 + x^3 + 1$$

伴随为

$$S_1 = \alpha^{17}, \quad S_2 = \alpha^3, \quad S_3 = 1, \quad S_4 = \alpha^6$$

这样 $\Lambda_1 = S_1 = \alpha^{17}$，$\Lambda_2 = (S_3 + S_1^3)/S_1 = \alpha^{22}$，错误定位多项式为

$$\Lambda(x) = 1 + \alpha^{17}x + \alpha^{22}x^2$$

求出该多项式的两根，分别为 $x_1 = \alpha^{13}$，$x_2 = \alpha^{27}$，其互反根为 α^{18}，α^4，所以错误多项式为 $e(x) = x^4 + x^{18}$，容易验证 $r(x) = c(x) + e(x)$.

10.4　Berlekamp-Massey 算法

上一节提到的 Peterson 算法比较直接，只使用线性代数的知识来算行列式(10.3.7)是否可逆：如果可逆则求解(一般通过 Gauss 消元法)，如果不可逆则去掉两行、两列再计算新的行列式.

Berlekamp-Massey 算法采用不同的手段. 它从小问题开始，随着算法的运行，处理的问题不断变长直至获得整个问题的解. 它的特点是，在每一步能够利用前面已经获得的信息. 从计算复杂度来讲，如果 v 代表错误的个数，则 Peterson 算法的复杂度为 $O(v^3)$，而 Berlekamp-Massey 算法的复杂度为 $O(v^2)$.

考虑 Newton 恒等式

$$S_j = -\sum_{i=1}^{v} \Lambda_i S_{j-i} \quad (j = v+1, v+2, \cdots, 2t) \tag{10.4.1}$$

把这一公式当成系数为 $\Lambda_1, \Lambda_2, \cdots, \Lambda_v$ 的**线性回归移位寄存器**(LFSR). 为了使此公式成立，必须找到系数 Λ_i，使得 LFSR 生成伴随 $\{S_1, S_2, \cdots, S_{2t}\}$. 而且根据最大似然(译码)原理，在已知伴随下，错误的个数 v 必须是最小的. 因此我们要确定最短的 LFSR.

Berlekamp-Massey 算法对通过不断修改已知的 LFSR 得到整个序列 $\{S_1, S_2, \cdots, S_{2t}\}$ 的 LFSR，必要的时候产生不断变长的序列. 整个算法开始于产生 S_1 的 LFSR，然后确定该 LFSR 是否能够生成 $\{S_1, S_2\}$. 如果可以，则没有修改 LFSR 的必要；如果不能，则修改当前 LFSR，使其能够产生更长的序列. 按这种方式进行归纳，可对一个能够产生 $\{S_1, S_2, \cdots, S_{k-1}\}$ 的 LFSR 作必要的修改得到 $\{S_1, S_2, \cdots, S_k\}$ 的 LFSR. 在每一步，LFSR 的修改要保证其尽可能最短. 采用这种办法，在算法结束后即发现一个产生 $\{S_1, S_2, \cdots, S_{2t}\}$ 的 LFSR，其系数对应一个次数最小的错误定位多项式 $\Lambda(x)$.

既然用前面计算所得的信息来构造 LFSR，就需要引入记号代表算法在不同步骤得到的 $\Lambda(x)$. 令 L_k 代表在第 k 步中 LFSR 的长度，

$$\Lambda^{[k]}(x) = 1 + \Lambda_1^{[k]}x + \cdots + \Lambda_{L_k}^{[k]}x^{L_k}$$

为第 k 步的关联多项式，与能够产生$\{S_1, S_2, \cdots, S_k\}$的 LFSR 的相关联，即有

$$S_j = -\sum_{i=1}^{L_k} \Lambda_i^{[k]} S_{j-i} \quad (j = L_k + 1, L_k + 2, \cdots, k) \tag{10.4.2}$$

应该注意的是，因为 $\Lambda^{[k]}(x)$的一些系数可能为 0，所以 $\Lambda^{[k]}(x)$的次数未必就是 L_k.

中间的某一步产生了长度 L_{k-1}的关联多项式 $\Lambda^{[k-1]}(x)$，它能够产生$\{S_1, S_2, \cdots, S_{k-1}\}$，其中 $k-1<2t$. 可以检查关联多项式 $\Lambda^{[k-1]}(x)$是否也能产生 S_k，计算输出：

$$\hat{S}_k = -\sum_{i=1}^{L_{k-1}} \Lambda_i^{[k-1]} S_{k-i}$$

如果 $\hat{S}_k = S_k$，则无须修改 LFSR，即令 $\Lambda^{[k]}(x) = \Lambda^{[k-1]}(x)$，$L_k = L_{k-1}$；否则，$\Lambda^{[k-1]}(x)$就有非零的误差：

$$d_k = S_k - \hat{S}_k = S_k + \sum_{i=1}^{L_{k-1}} \Lambda_i^{[k-1]} S_{k-i} = \sum_{i=0}^{L_{k-1}} \Lambda_i^{[k-1]} S_{k-i} \tag{10.4.3}$$

此时，我们把 $\Lambda^{[k-1]}(x)$修改为

$$\Lambda^{[k]}(x) = \Lambda^{[k-1]}(x) + Ax^l \Lambda^{[m-1]}(x) \tag{10.4.4}$$

其中 A 是域中的一个元素，l 是一个整数，而 $\Lambda^{[m-1]}(x)$是前面某个具有非零误差的关联多项式（当然这样的关联多项式是否存在是个问题，下面我们将在定理 10.5.1 初始化的步骤中完成存在性的说明）. 用新的关联多项式计算误差：

$$d'_k = \sum_{i=0}^{L_k} \Lambda_i^{[k]} S_{k-i} = \sum_{i=0}^{L_{k-1}} \Lambda_i^{[k-1]} S_{k-i} + A \sum_{i=0}^{L_{m-1}} \Lambda_i^{[m-1]} S_{k-i-l} \tag{10.4.5}$$

令 $l = k - m$，根据误差(10.4.3)的定义，式(10.4.5)右边中的第二项即为

$$A \sum_{i=0}^{L_{m-1}} \Lambda_i^{[m-1]} S_{m-i} = Ad_m$$

取 $A = -d_k d_m^{-1}$，可得 $d'_k = 0$. 这样新的关联多项式产生$\{S_1, S_2, \cdots, S_k\}$，且没有误差.

10.5 Berlekamp-Massey 算法中 LFSR 的长度

式(10.4.4)的更新步骤实际上是 Berlekamp-Massey 算法的核心. 如果算法就是找到关联多项式，那么没必要再作任何分析. 但是要求找到产生伴随序列的最短

LFSR.要说明这一点需要下面额外的努力.

定理 10.5.1　假设 LFSR 的长度为 L_{k-1} 的关联多项式为 $\Lambda^{[k-1]}(x)$，它能够产生 $\{S_1, S_2, \cdots, S_{k-1}\}$，但是不能产生 $\{S_1, S_2, \cdots, S_k\}$，则任意产生第二个序列的关联多项式 $\Lambda^{[k]}(x)$ 的长度 L_k 必须满足

$$L_k \geqslant k - L_{k-1}$$

证明　如果不等式的右边小于或等于 0，则没有价值，因而可以假设 $L_{k-1} < k-1$. 令产生 $\{S_1, S_2, \cdots, S_{k-1}\}$ 的关联多项式为

$$\Lambda^{[k-1]}(x) = 1 + \Lambda_1^{[k-1]} x + \cdots + \Lambda_{L_{k-1}}^{[k-1]} x^{L_{k-1}}$$

产生 $\{S_1, S_2, \cdots, S_k\}$ 的关联多项式为

$$\Lambda^{[k]}(x) = 1 + \Lambda_1^{[k]} x + \cdots + \Lambda_{L_k}^{[k]} x^{L_k}$$

下面用反证法完成证明.假设

$$L_k \leqslant k - 1 - L_{k-1} \tag{10.5.1}$$

根据关联多项式的定义与已知假设，有

$$-\sum_{i=1}^{L_{k-1}} \Lambda_i^{[k-1]} S_{j-i} \begin{cases} = S_j & (j = L_{k-1}+1, L_{k-1}+2, \cdots, k-1) \\ \neq S_k & (j = k) \end{cases} \tag{10.5.2}$$

$$-\sum_{i=1}^{L_k} \Lambda_i^{[k]} S_{j-i} = S_j \quad (j = L_k + 1, L_k + 2, \cdots, k) \tag{10.5.3}$$

特别地，对于式(10.5.3)，有

$$S_k = -\sum_{i=1}^{L_k} \Lambda_i^{[k]} S_{k-i} \tag{10.5.4}$$

上式右边伴随的下标取值范围是 $\{k - L_k, k - L_k + 1, \cdots, k-1\}$，而根据假设式(10.5.1)得到 $k - L_k \geqslant L_{k-1} + 1$，因而 $\{k - L_k, k - L_k + 1, \cdots, k-1\}$ 是集合 $\{L_{k-1}+1, L_{k-1}+2, \cdots, k-1\}$ 的子集，从而式(10.5.4)右边出现的 S_{k-i} 可以由式(10.5.2)中的展开式代替，此时有

$$S_k = -\sum_{i=1}^{L_k} \Lambda_i^{[k]} S_{k-i} = \sum_{i=1}^{L_k} \Lambda_i^{[k]} \sum_{j=1}^{L_{k-1}} \Lambda_j^{[k-1]} S_{k-i-j}$$

交换求和的次序，得到

$$S_k = \sum_{j=1}^{L_{k-1}} \Lambda_j^{[k-1]} \sum_{i=1}^{L_k} \Lambda_i^{[k]} S_{k-i-j} \tag{10.5.5}$$

另外，对于式(10.5.2)，有

$$S_k \neq -\sum_{i=1}^{L_{k-1}} \Lambda_i^{[k-1]} S_{k-i} \tag{10.5.6}$$

上式右边伴随的下标取值范围是 $\{k - L_{k-1}, k - L_{k-1} + 1, \cdots, k-1\}$. 同理，根据式(10.5.1)得到 $k - L_{k-1} \geqslant L_k + 1$，因而 $\{k - L_{k-1}, k - L_{k-1} + 1, \cdots, k-1\}$ 是集合

$\{L_k+1, L_k+2, \cdots, k\}$的子集，从而式(10.5.4)右边出现的$S_{k-i}$可以由式(10.5.3)代替，此时有

$$S_k \neq \sum_{j=1}^{L_{k-1}} \Lambda_j^{[k-1]} \sum_{i=1}^{L_k} \Lambda_i^{[k]} S_{k-i-j} \tag{10.5.7}$$

显然，式(10.5.5)与式(10.5.7)矛盾，故结论成立.

另外，产生$\{S_1, S_2, \cdots, S_k\}$的最短LFSR必产生$\{S_1, S_2, \cdots, S_{k-1}\}$，因此$L_k \geqslant L_{k-1}$，从而有

$$L_k \geqslant \max\{L_{k-1}, k - L_{k-1}\} \tag{10.5.8}$$

已经在式(10.4.4)中看到如何更新LFSR产生更长的序列，上述结果告诉我们LFSR的长度存在下界. 下面将要证明下界可以达到，从而下界即是最短LFSR的长度.

定理10.5.2 在更新的步骤中，如果$\Lambda^{[k]}(x) \neq \Lambda^{[k-1]}(x)$，则可以找到新的LFSR，其长度满足

$$L_k = \max\{L_{k-1}, k - L_{k-1}\} \tag{10.5.9}$$

证明 用归纳法. 不妨假设$L_0 = 0$，$\Lambda^{[0]}(x) = 1$. 首先对$k = 1$验证结论，此时误差为

$$d_1 = S_1$$

如果$S_1 = 0$，没有更新的必要；如果$S_1 \neq 0$，取$\Lambda^{[m]}(x) = \Lambda^{[0]}(x) = 1$(此处$m$对应式(10.4.4))，使得$l = 1 - 0 = 1$，同样取$d_m = 1$，更新后的多项式为

$$\Lambda^{[1]}(x) = 1 + S_1 x$$

这样$\Lambda^{[1]}(x)$的次数满足：

$$L_1 = \max\{L_0, 1 - L_0\} = 1$$

此时式(10.4.2)对于包含一元的序列$\{S_1\}$正确.

记$\Lambda^{[m-1]}(x)$为$\Lambda^{[k-1]}(x)$前最后一个($L_{m-1} < L_{k-1}$)能够产生序列$\{S_1, S_2, \cdots, S_{m-1}\}$而不能产生序列$\{S_1, S_2, \cdots, S_m\}$的关联多项式，其中$m < k-1$，则根据关联多项式更新的条件，有

$$L_m = L_{k-1}$$

根据归纳假设式(10.5.9)以及$L_{m-1} < L_{k-1}$，可得

$$L_m = m - L_{m-1} = L_{k-1} \quad 或 \quad L_{m-1} - m = -L_{k-1} \tag{10.5.10}$$

根据更新公式(10.4.4)，其中$l = k - m$，可得

$$L_k = \max\{L_{k-1}, k - m + L_{m-1}\}$$

由式(10.5.10)即得结论.

在更新的步骤中注意新长度与原长度一样的情况，即$L_{k-1} \geqslant k - L_{k-1}$，或者

$$2L_{k-1} \geqslant k$$

在这种情况下，关联多项式更新了，但是长度没有变.

下面完整地写出 Berlekamp-Massey 算法. 为简便起见，记 $c(x) = \Lambda^{[k]}(x)$ 为当前关联多项式，记 $p(x) = \Lambda^{[m-1]}(x)$ 为前面的关联多项式，$N = 2t$ 为输入伴随的个数.

算法 10.5.1（Berlekamp-Massey 算法）

```
Input S_1, S_2, …, S_N
Initialize
L = 0  // the current length of the LFSR
c(x) = 1  // the current connection polynomial
p(x) = 1  // the connection polynomial before last length change
l = 1  // is k - m, the amount of shifts in update
d_m = 1  // previous discrepancy
for k = 1 to N do
    d = S_k + Σ_{i=1}^{L} c_i S_{k-i}  // compute discrepancy
    if d = 0
    l ← l + 1
    else
        if 2L ≥ k
        c(x) ← c(x) - d d_m^{-1} x^l p(x)
        else
            t(x) ← c(x)
            c(x) ← c(x) - d d_m^{-1} x^l p(x)
            L ← k - L
            p(x) ← t(x)
            d_m ← d
            l ← 1
output L, c(x)
```

例 10.5.1　对于伴随序列 $S = \{1,1,1,0,1,0,0\}$，使用算法 10.5.1，得到输出多项式为

$$c(x) = 1 + x + x^3$$

该序列由下面的公式决定：

$$S_j = S_{j-1} + S_{j-3}$$

具体过程见表 10.5.1.

表 10.5.1　例 10.5.1 中 Berlekamp-Massey 算法的运行过程

k	S_k	d_k	$c(x)$	L	$p(x)$	l	d_m
1	1	1	$1+x$	1	1	1	1
2	1	0	$1+x$	1	1	2	1
3	1	0	$1+x$	1	1	3	1
4	0	1	$1+x+x^3$	3	$1+x$	1	1
5	1	0	$1+x+x^3$	3	$1+x$	2	1
6	0	0	$1+x+x^3$	3	$1+x$	3	1
7	0	0	$1+x+x^3$	3	$1+x$	4	1

10.6　非 2 元 BCH 码与 RS 码的译码

对于非 2 元 BCH 码与 RS 码来说，在译码的过程中，除了要确定错误定位子，还要确定错误的值，即非 2 元的情况下，伴随的值为

$$\begin{cases} S_1 = e_{i_1}X_1 + e_{i_2}X_2 + \cdots + e_{i_v}X_v \\ S_2 = e_{i_1}X_1^2 + e_{i_2}X_2^2 + \cdots + e_{i_v}X_v^2 \\ \cdots \\ S_{2t} = e_{i_1}X_1^{2t} + e_{i_2}X_2^{2t} + \cdots + e_{i_v}X_v^{2t} \end{cases} \tag{10.6.1}$$

正因为系数的存在，这些伴随不再是幂和对称函数，但是仍然允许以相同的方式使用错误定位多项式.

引理 10.6.1　假设伴随满足式(10.6.1)，错误定位多项式为 $\Lambda(x)=\Lambda_v x^v+\Lambda_{v-1}x^{v-1}+\cdots+\Lambda_1 x+\Lambda_0$. 按式(9.6.2)的定义，两者的关系为

$$S_j + \Lambda_1 S_{j-1} + \cdots + \Lambda_{v-1}S_{j-v+1} + \Lambda_v S_{j-v} = 0 \tag{10.6.2}$$

证明　对 $\Lambda(x)=\Lambda_v x^v+\Lambda_{v-1}x^{v-1}+\cdots+\Lambda_1 x+\Lambda_0$ 进行赋值：

$$0 = \Lambda(X_l^{-1}) = \Lambda_v X_l^{-v} + \Lambda_{v-1}X_l^{1-v} + \cdots + \Lambda_1 X_l^{-1} + \Lambda_0$$

两边同乘以 $e_{i_l}X_l^j$，得到

$$0 = \Lambda(X_l^{-1}) = e_{i_l}(\Lambda_v X_l^{j-v} + \Lambda_{v-1}X_l^{j+1-v} + \cdots + \Lambda_1 X_l^{j-1} + \Lambda_0 X_l^j) \tag{10.6.3}$$

对 l 求和，即得

$$0 = \sum_{l=1}^{v} e_{i_l}(\Lambda_v X_l^{j-v} + \Lambda_{v-1}X_l^{j+1-v} + \cdots + \Lambda_1 X_l^{j-1} + \Lambda_0 X_l^j)$$

$$= \Lambda_v \sum_{l=1}^{v} e_{i_l} X_l^{j-v} + \Lambda_{v-1} \sum_{l=1}^{v} e_{i_l} X_l^{j+1-v} + \cdots + \Lambda_1 \sum_{l=1}^{v} e_{i_l} X_l^{j-1} + \Lambda_0 \sum_{l=1}^{v} e_{i_l} X_l^{j}$$

$$= \Lambda_v S_{j-v} + \Lambda_{v-1} S_{j-v+1} + \cdots + \Lambda_1 S_{j-1} + \Lambda_0 S_j$$

因为此式成立，所以前面的 Berlekamp-Massey 算法仍然可用. 这样余下的事情是确定错误的值.

让我们回到式(10.6.1). 如果错误定位子已知(已求得错误定位多项式的根)，那么可以直接去解线性方程组：

$$\begin{bmatrix} X_1 & X_2 & X_3 & \cdots & X_v \\ X_1^2 & X_2^2 & X_3^2 & \cdots & X_v^2 \\ \vdots & \vdots & \vdots & & \vdots \\ X_1^{2t} & X_2^{2t} & X_3^{2t} & \cdots & X_v^{2t} \end{bmatrix} \begin{bmatrix} e_{i_1} \\ e_{i_2} \\ \vdots \\ e_{i_v} \end{bmatrix} = \begin{bmatrix} S_1 \\ S_2 \\ \vdots \\ S_{2t} \end{bmatrix} \tag{10.6.4}$$

然而有计算起来更加容易的方法，而且提供了另一种译码方法的关键想法，此方法称为 **Forney(福尼)算法**.

首先给出必要的定义. 伴随多项式 $S(x)$ 定义为

$$S(x) = S_1 + S_2 x + \cdots + S_{2t} x^{2t-1} = \sum_{j=0}^{2t-1} S_{j+1} x^j \tag{10.6.5}$$

同时错误赋值多项式 $\Omega(x)$ 定义为

$$\Omega(x) \equiv S(x)\Lambda(x) (\text{mod } x^{2t}) \tag{10.6.6}$$

这一方程式称为**关键方程**. 其中模 x^{2t} 的作用相当于去掉 $S(x)\Lambda(x)$ 中次数 $\geqslant 2t$ 的那些项. 这样如果确定了 $\Lambda(x)$，则容易算出 $\Omega(x)$.

定理 10.6.1(Forney 算法)　式(10.6.1)中的错误值可以计算如下：

$$e_{i_k} = -\frac{\Omega(X_k^{-1})}{\Lambda'(X_k^{-1})} \tag{10.6.7}$$

其中 $\Lambda'(x)$ 是 $\Lambda(x)$ 的形式导数.

证明　首先注意恒等式

$$1 - x^{2t} = (1-x)(1 + x + x^2 + \cdots + x^{2t-1}) = (1-x)\sum_{j=0}^{2t-1} x^j \tag{10.6.8}$$

而根据定义知

$$\begin{aligned} \Omega(x) &\equiv S(x)\Lambda(x) (\text{mod } x^{2t}) \\ &= \left(\sum_{j=0}^{2t-1} \sum_{l=1}^{v} e_{i_l} X_l^{j+1} x^j\right) \left(\prod_{i=1}^{v} (1 - X_i x)\right) (\text{mod } x^{2t}) \\ &= \sum_{l=1}^{v} e_{i_l} X_l \sum_{j=0}^{2t-1} (X_l x)^j \prod_{i=1}^{v} (1 - X_i x) (\text{mod } x^{2t}) \\ &= \sum_{l=1}^{v} e_{i_l} X_l \left((1 - X_l x) \sum_{j=0}^{2t-1} (X_l x)^j\right) \prod_{i \neq l}^{v} (1 - X_i x) (\text{mod } x^{2t}) \end{aligned}$$

$$= \sum_{l=1}^{v} e_{i_l} X_l (1-(X_l x)^{2t}) \prod_{i \neq l}^{v} (1 - X_i x) (\bmod x^{2t})$$

$$= \sum_{l=1}^{v} e_{i_l} X_l \prod_{i \neq l}^{v} (1 - X_i x) (\bmod x^{2t})$$

即 $\Omega(x) = \sum_{l=1}^{v} e_{i_l} X_l \prod_{i \neq l}^{v} (1 - X_i x)$.

对 $\Omega(x)$在 $x = X_k^{-1}$ 处赋值,得

$$\Omega(X_k^{-1}) = \sum_{l=1}^{v} e_{i_l} X_l \prod_{i \neq l}^{v} (1 - X_i X_k^{-1})$$

这样除了 $l = k$ 这一项,和式的每一项都是 0,因此

$$\Omega(X_k^{-1}) = e_{i_k} X_k \prod_{i \neq k}^{v} (1 - X_i X_k^{-1})$$

即

$$e_{i_k} = \frac{\Omega(X_k^{-1})}{X_k \prod_{i \neq k}^{v} (1 - X_i X_k^{-1})} \tag{10.6.9}$$

而形式导数为

$$\Lambda'(x) = \left(\prod_{i=1}^{v} (1 - X_i x)\right)' = -\sum_{l=1}^{v} X_l \prod_{i \neq l}^{v} (1 - X_i x)$$

故

$$\Lambda'(X_k^{-1}) = -X_k \prod_{i \neq k}^{v} (1 - X_i X_k^{-1})$$

即得证.

例 10.6.1 设 F_8 是 F_2 上添加 $x^3 + x + 1$ 的根 α 得到的. C 为设计距离 $\delta = 5$ 的 BCH 码. 设伴随多项式

$$S(x) = \alpha^6 + \alpha^3 x + \alpha^4 x^2 + \alpha^3 x^3$$

错误定位多项式

$$\Lambda(x) = 1 + \alpha^2 x + \alpha x^2 = (1 + \alpha^3 x)(1 + \alpha^5 x)$$

故错误定位子 $X_1 = \alpha^3, X_2 = \alpha^5$. 因而错误赋值多项式

$$\Omega(x) = \alpha^6 + x$$

根据定理 10.6.1,得到错误值:

$$e_3 = \alpha^4 + \alpha^5(\alpha^3)^{-1} = \alpha, \quad e_5 = \alpha^4 + \alpha^5(\alpha^5)^{-1} = \alpha^5$$

错误多项式

$$e(x) = \alpha x^3 + \alpha^5 x^5$$

10.7 错误定位多项式的 Euclid 算法

回忆关键方程式(10.6.6)：

$$\Omega(x) \equiv S(x)\Lambda(x)(\bmod x^{2t})$$

如果仅给出 $S(x)$与 t，是否能够确定 $\Lambda(x)$与 $\Omega(x)$呢？看起来比较困难. 但是应该注意到式(10.6.6)意味着存在多项式 $\Theta(x)$，使得下式成立：

$$\Theta(x)x^{2t} + S(x)\Lambda(x) = \Omega(x)$$

回顾算法 3.4.2(扩展的 Euclid 算法)，可认为现在要求多项式 gcd $(x^{2t}, S(x))$，而通过算法 3.4.2 获得多项式的序列 $\Theta^{[k]}(x)$，$\Lambda^{[k]}(x)$与 $\Omega^{[k]}(x)$满足

$$\Theta^{[k]}(x)x^{2t} + S(x)\Lambda^{[k]}(x) = \Omega^{[k]}(x)$$

当 deg $(\Omega(x)) < t$ 时，算法停止.

Euclid 算法译码过程具体如下：

(1) 计算伴随多项式 $S(x) = S_1 + S_2 x + \cdots + S_{2t}x^{2t-1}$；

(2) 运行算法 3.4.2，使得 deg $r(x) < t$，令 $\Omega(x) \leftarrow r(x)$，$\Lambda(x) \leftarrow t(x)$；

(3) 发现 $\Lambda(x)$的根；

(4) 用式(10.6.7)求错误值.

习题

1. 求出当错误个数为 5 时，$\Lambda(x)$的系数.

2. 考虑例 10.3.1，输入伴随序列即为$\{\alpha^{17}, \alpha^3, 1, \alpha^6\}$，模仿表 10.5.1 列出用 Berlekamp-Massey 算法求错误定位多项式的运行过程.

3. 设 F_{16}是 F_2 上添加 $x^4 + x + 1$ 的根 α 得到的. 某个设计距离 $\delta = 7$ 的 BCH 码的生成多项式

$$g(x) = \alpha^6 + \alpha^9 x + \alpha^6 x^2 + \alpha^4 x^3 + \alpha^{14} x^4 + \alpha^{10} x^5 + x^6$$

设对某个收到的字，所求伴随多项式

$$S(x) = \alpha^{13} + \alpha^4 x + \alpha^8 x^2 + \alpha^2 x^3 + \alpha^3 x^4 + \alpha^8 x^5$$

错误定位多项式

$$\Lambda(x) = 1 + \alpha^3 x + \alpha^{11} x^2 + \alpha^9 x^3$$

试确定错误值.

4. 在第 3 题的伴随下，假设不知道 $\Lambda(x)$，试用扩展的 Euclid 算法计算$\Lambda(x)$与 $\Omega(x)$.

第 11 章 RS 码译码的其他方法

本章介绍与前面第 8 章译码思想不同的 RS 码的译码算法.这种译码算法基于一个新的关键方程,称为**剩余译码**.剩余译码的动机是实现较低的译码复杂度.对于一个$[n,k]$线性码,**冗余度**定义为 $\rho = n - k$.前面伴随式译码过程的复杂度可以总结如下:

(1) 计算伴随.必须计算 ρ 个伴随,每个伴随的计算需 $O(n)$次运算,总数为 $O(\rho n)$.而且本步计算的特点是不管有没有错误,每个伴随都要计算.

(2) 找到错误定位多项式与错误赋值多项式.本步需要计算 $O(\rho^2)$次.

(3) 找到错误定位多项式的根,用 Chien 搜索需计算 $O(\rho n)$次.

(4) 计算错误值,需要计算 $O(\rho^2)$次.

因此,如果 $\rho < n/2$,则消耗最大的步骤是计算伴随和发现根.剩余译码中以计算剩余代替计算伴随,其余的步骤保持相似的复杂度,这样导致更快速的译码.而且我们将会看到可以用高度并行化的算法找到错误定位多项式.译码的复杂度如下:

(1) 计算剩余多项式 $r(x) \equiv R(x) \pmod{g(x)}$,复杂度为 $O(n)$.

(2) 计算错误定位多项式 $W(x)$和伴随多项式 $N(x)$,复杂度为 $O(\rho^2)$.并行算法存在.

(3) 找到错误定位多项式的根,复杂度为 $O(\rho n)$.

(4) 计算错误值,复杂度为 $O(\rho^2)$.

11.1 Welch-Berlekamp 的关键方程

由定理 9.3.1,广义 RS 码的生成多项式是

$$g(x) = \prod_{i=b}^{b+\delta-2} (x - \alpha^i) = (x - \alpha^b)(x - \alpha^{b+1}) \cdots (x - \alpha^{b+\delta-2})$$

已知广义 RS 码是 MDS 码,本节假设 $\delta = 2t + 1$,因而 $2t + 1 = n - k + 1$.记收到的字为 $R(x) = c(x) + E(x)$,把 $R(x)$的前 $\delta - 1 = n - k$ 个符号(系数)称为**校验符**

号,其余的 k 个称为**信息符号**.当然在系统编码中如此称呼比较自然,但是我们把这一称呼推广到一般情况.

令 $L_c=\{0,1,\cdots,\delta-2\}$为校验位置的下标,$L_m=\{\delta-1,\delta,\cdots,n-1\}$为信息位置的下标,对应的校验定位子为

$$L_{\alpha^c}=\{\alpha^k \mid 0\leqslant k\leqslant \delta-2\}$$

同时,对应的信息定位子为

$$L_{\alpha^m}=\{\alpha^k \mid \delta-1\leqslant k\leqslant n-1\}$$

定义剩余多项式

$$r(x)\equiv R(x)(\mathrm{mod}\ g(x))$$

易知 $g(x)$的次数为 $\delta-1$,所以可以把 $r(x)$写成

$$r(x)=\sum_{i=0}^{\delta-2} r_i x^i$$

剩余的计算使用 LFSR 进行译码运算,计算复杂度为 $O(n)$.

引理 11.1.1　$r(x)\equiv E(x)(\mathrm{mod}\ g(x))$,且对于 $k=b,b+1,\cdots,b+\delta-2$,$r(\alpha^k)=E(\alpha^k)$.

证明　因为对于某个信息多项式 $m(x)$,$R(x)=m(x)g(x)+E(x)$,所以剩余多项式与传输的码字无关.因而

$$r(x)\equiv E(x)(\mathrm{mod}\ g(x))$$

另一事实的证明留作习题.

为方便起见,经常用记号 $r[\alpha^k]$表示剩余多项式的下标为 k 的系数 r_k,同样 $Y[\alpha^k]$表示错误定位子 α^k 前面的错误值.

为了导出 Welch-Berlekamp 的关键方程,我们先考虑只有一个错误发生的情况.我们需区别错误的位置是校验的位置还是信息的位置.先假设错误 $e\in L_m$,且错误的值为 Y,因此 $E(x)=Yx^e$,或者记为$(\alpha^e,Y)=(X,Y)$,表示错误位置与错误值.同样,记号 $Y[X]=Y$ 表示错误定位子 X 前的错误值是 Y.

当 $e\in L_m$ 时,Yx^e 模 $g(x)$相当于把此多项式的所有系数变回校验位置,对 $r(x)$在 $g(x)$的所有根处赋值,根据引理 11.1.1,可得

$$\begin{aligned} r(\alpha^k)&=E(\alpha^k)=Y(\alpha^k)^e\\ &=YX^k\quad(k=b,b+1,\cdots,b+\delta-2) \end{aligned}\tag{11.1.1}$$

此处 $X=\alpha^e$ 是错误定位子.从而有

$$\begin{aligned} r(\alpha^k)-Xr(\alpha^{k-1})&=YX^k-XYX^{k-1}\\ &=0\quad(k=b+1,b+2,\cdots,b+\delta-2) \end{aligned}$$

定义 $u(x)=r(x)-Xr(\alpha^{-1}x)$,其次数小于 $\delta-1$,则 $u(x)$以 $\alpha^{b+1},\alpha^{b+2},\cdots,\alpha^{b+\delta-2}$为根,从而被多项式

$$p(x)=\prod_{k=b+1}^{b+\delta-2}(x-\alpha^k)=\sum_{i=0}^{\delta-2}p_ix^i$$

整除.由于 $p(x)$是首1的,所以次数等于 $\delta-2$.因而 $u(x)$是 $p(x)$的常数倍,即对于某个 $a\in F_q$,

$$u(x)=ap(x) \tag{11.1.2}$$

比较两边的系数,可得

$$r_i(1-X\alpha^{-i})=ap_i \quad (i=0,1,\cdots,\delta-2)$$

即

$$r_i(\alpha^i-X)=a\alpha^ip_i \quad (i=0,1,\cdots,\delta-2) \tag{11.1.3}$$

与前面的定义不同,我们定义错误定位多项式为 $W_{\mathrm{m}}(x)=x-X=x-\alpha^e$.根据 $W_{\mathrm{m}}(x)$,可以看出式(11.1.3)为

$$r_iW_m(\alpha^i)=a\alpha^ip_i \quad (i=0,1,\cdots,\delta-2) \tag{11.1.4}$$

因为 $e\in L_{\mathrm{m}}$,所以对于 $i=0,1,\cdots,\delta-2$, $W_{\mathrm{m}}(\alpha^i)\neq 0$,从而可以解出

$$r_i=\frac{a\alpha^ip_i}{W_{\mathrm{m}}(\alpha^i)} \tag{11.1.5}$$

由式(11.1.4)消去系数 a,可以选择 $k=b$,由式(11.1.1)来计算错误值:

$$Y=Y[X]=X^{-b}r(\alpha^b)=X^{-b}\sum_{i=0}^{\delta-2}r_i\alpha^{ib}$$

$$=X^{-b}\sum_{i=0}^{\delta-2}\frac{a\alpha^ip_i}{W_{\mathrm{m}}(\alpha^i)}\alpha^{ib}=aX^{-b}\sum_{i=0}^{\delta-2}\frac{\alpha^{i(b+1)}p_i}{(\alpha^i-X)}$$

定义

$$f(x)=x^{-b}\sum_{i=0}^{\delta-2}\frac{\alpha^{i(b+1)}p_i}{(\alpha^i-x)} \quad (x\in L_{\alpha^{\mathrm{m}}})$$

可以先对所有的 $x\in L_{\alpha^{\mathrm{m}}}$ 作预计算,则 $Y=af(X)$,

$$r_i=\frac{Y\alpha^ip_i}{f(X)W_{\mathrm{m}}(\alpha^i)} \tag{11.1.6}$$

下面考虑信息位置发生多个错误的情况.

假设 $v\geqslant 1$,对于 $i=1,2,\cdots,v$,错误定位子 $X_i\in L_{\alpha^{\mathrm{m}}}$,错误值 $Y_i=Y[X_i]$.对应于每个错误,可以定义 $r^{[j]}(x)\equiv Y_jx^j(\mathrm{mod}\ g(x))$,使得

$$r(x)=\sum_{j=1}^{v}r^{[j]}(x) \tag{11.1.7}$$

从而 $r^{[j]}(\alpha^k)=Y_jX_j^k$.与发生一个错误的情况相比,不同的 $r^{[j]}(x)$的唯一差别是 $W_{\mathrm{m}}(x)=x-X_j$,因而对于不同的 j,系数

$$r_k^{[j]}=\frac{Y_j\alpha^kp_k}{f(X_j)(\alpha^k-X_j)}$$

根据式(11.1.7),得

$$r_k = r[\alpha^k] = p_k\alpha^k \sum_{j=1}^{v} \frac{Y_j}{f(X_j)(\alpha^k - X_j)} \quad (k = 0,1,\cdots,\delta-2) \tag{11.1.8}$$

因此可以定义函数

$$F(x) = \sum_{j=1}^{v} \frac{Y_j}{f(X_j)(x - X_j)} = \frac{N_{\mathrm{m}}(x)}{W_{\mathrm{m}}(x)} \tag{11.1.9}$$

其中

$$W_{\mathrm{m}}(x) = \prod_{j=1}^{v}(x - X_j)$$

是错误定位多项式. 显然 $\deg N_{\mathrm{m}}(x) < \deg W_{\mathrm{m}}(x)$. 式(11.1.9)的和式是 $N_{\mathrm{m}}(x)/W_{\mathrm{m}}(x)$的部分分式展开. 这样可以把式(11.1.8)改写成

$$r_k = p_k\alpha^k F(\alpha^k) = p_k\alpha^k \frac{N_{\mathrm{m}}(\alpha^k)}{W_{\mathrm{m}}(\alpha^k)}$$

$$N_{\mathrm{m}}(\alpha^k) = \frac{r_k}{p_k\alpha^k} W_{\mathrm{m}}(\alpha^k) \quad (k \in L_{\mathrm{c}} = \{0,1,\cdots,\delta-2\}) \tag{11.1.10}$$

$N_{\mathrm{m}}(x)$与 $W_{\mathrm{m}}(x)$有限制:$\deg N_{\mathrm{m}}(x) < \deg W_{\mathrm{m}}(x)$以及 $\deg W_{\mathrm{m}}(x) \leqslant \lfloor \delta - 1/2 \rfloor = t$(错误个数不超过纠错能力). 方程(11.1.10)具有我们寻求的关键方程的形式.

现在研究**校验位置**发生错误的情况.

如果只有一个错误出现在校验位置 $e \in L_{\mathrm{c}}$,则有 $r(x) = E(x)$,并且多项式 $u(x) = r(x) - Xr(\alpha^{-1}x)$必须恒等于0,即式(11.1.2)中的常数 a 必须等于0. 因此

$$r_k = \begin{cases} Y, & k = e \\ 0, & \text{其他} \end{cases}$$

如果校验位置与信息位置都有错误,可以令 $E_m = \{i_1, i_2, \cdots, i_{v_1}\} \subseteq L_m$ 是信息位置中的错误位,而 $E_{\mathrm{c}} = \{i_{v_1+1}, i_{v_1+2}, \cdots, i_v\} \subseteq L_{\mathrm{c}}$ 是校验位置中的错误位,$E_{\alpha^{\mathrm{m}}} = \{\alpha^{i_1}, \alpha^{i_2}, \cdots, \alpha^{i_{v_1}}\}$和 $E_{\alpha^{\mathrm{c}}} = \{\alpha^{i_{v_1+1}}, \alpha^{i_{v_2+2}}, \cdots, \alpha^{i_v}\}$分别是对应的错误定位子. 同理,可以对 $i = i_1, i_2, \cdots, i_{v_1}$,定义$(X_i, Y_i)$为信息位置中的错误对;对于 $i = i_{v_1+1}, i_{v_1+2}, \cdots, i_v$,定义$(X_i, Y_i)$为校验位置中的错误对. 根据前面的讨论,可得

$$r_k = r[\alpha^k] = p_k\alpha^k \sum_{j=1}^{v_1} \frac{Y_j}{f(X_j)(\alpha^k - X_j)} + \begin{cases} Y_i & (\text{如果校验位置的错误定位子 } X_i = \alpha^k) \\ 0 & (\text{其他}) \end{cases}$$

由于上式的余项,式(11.1.10)无法应用到 $k \in L_{\mathrm{c}}$ 的情况,故

$$N_{\mathrm{m}}(\alpha^k) = \frac{r_k}{p_k\alpha^k} W_{\mathrm{m}}(\alpha^k) \quad (k \in L_{\mathrm{c}} \backslash E_{\mathrm{c}}) \tag{11.1.11}$$

为研究校验位置出现错误的情况，令 $W_c(x)=\prod_{i\in L_c}(x-\alpha^i)$ 为校验位置出现错误的错误定位多项式，

$$N(x)=N_m(x)W_c(x)$$
$$W(x)=W_m(x)W_c(x)$$

因为对于 $k\in L_c$，$N(\alpha^k)=W(\alpha^k)=0$，故

$$N(\alpha^k)=\frac{r_k}{p_k\alpha^k}W(\alpha^k)\quad(k\in L_c=\{0,1,\cdots,\delta-2\})\tag{11.1.12}$$

式(11.1.12)称为 Welch-Berlekamp(WB)关键方程，限制条件为

$$\deg N(x)<\deg W(x),\quad \deg W(x)\leqslant\left\lfloor\frac{\delta-1}{2}\right\rfloor=t$$

错误定位多项式 $W(x)$ 以全部错误定位子为根. 对于点

$$(x_i,y_i)=\left(\alpha^{i-1},\frac{r_{i-1}}{p_{i-1}\alpha^{i-1}}\right)\quad(i=1,2,\cdots,2t)$$

可以把式(11.1.12)简写为

$$N(x_i)=W(x_i)y_i\quad(i=1,2,\cdots,\delta-1=2t)\tag{11.1.13}$$

例 11.1.1 考虑 F_{16}(本原元选为 F_2 上多项式 x^4+x+1 的根 α)上的广义 RS 码，其中 $b=2$，$\delta=7$. 生成多项式为

$$g(x)=\alpha^{12}+\alpha^{14}x+\alpha^{10}x^2+\alpha^7x^3+\alpha x^4+\alpha^{12}x^5+x^6$$

函数 $p(x)$ 为

$$p(x)=\alpha^{10}+\alpha^9x+\alpha^{11}x^2+\alpha^6x^3+\alpha^9x^4+x^5$$

假设接收的字为 $R(x)=\alpha^5x^4+\alpha^7x^9+\alpha^8x^{12}$，则

$$r(x)\equiv R(x)(\text{mod }g(x))=\alpha^2+\alpha x+\alpha^6x^3+\alpha^3x^5$$

函数 $f(x)$ 在信息位置的取值如表 11.1.1 所示，关键方程中的 (x_i,y_i) 如表 11.1.2 所示.

表 11.1.1

x	α^6	α^7	α^8	α^9	α^{10}	α^{11}	α^{12}	α^{13}	α^{14}
$f(x)$	1	α^8	α^{12}	α^2	α^{11}	α^7	α^7	α^8	α^5

表 11.1.2

i	1	2	3	4	5	6
x_i	1	α	α^2	α^3	α^4	α^5
y_i	α^7	α^6	0	α^{12}	0	α^{13}

此后，把本节得到的 $N(x)$，$W(x)$ 分别记为 $N_1(x)$，$W_1(x)$.

11.2　导出关键方程的另一种方法

WB 关键方程也可以由其他方法导出. 记伴随为

$$S_i = R(\alpha^{b+i}) = r(\alpha^{b+i}) = \sum_{j=0}^{\delta-2} r_j(\alpha^{b+i})^j \quad (i = 0,1,\cdots,\delta-2)$$

定义错误定位多项式为

$$\begin{aligned}\Lambda(x) &= \prod_{i=1}^{v}(1 - X_i x)\\ &= \Lambda_v x^v + \Lambda_{v-1} x^{v-1} + \cdots + \Lambda_1 x + \Lambda_0\end{aligned}$$

此处 $\Lambda_0 = 1$，而 WB 错误定位多项式为

$$\begin{aligned}W(x) &= \prod_{i=1}^{v}(x - X_i)\\ &= x^v + W_{v-1} x^{v-1} + \cdots + W_1 x + W_0\end{aligned}$$

所以两者的系数关系是 $\Lambda_i = W_{v-i}$. 因为卷积形式的关键方程(10.3.5)为

$$\sum_{i=0}^{v} \Lambda_i S_{k-i} = 0 \quad (k = v, v+1,\cdots,\delta-2)$$

以 $W(x)$的系数代入，有

$$\sum_{i=0}^{v} W_i S_{k+i} = 0 \quad (k = 0,1,\cdots,\delta-2-v)$$

或者

$$\sum_{i=0}^{v} W_i \sum_{j=0}^{\delta-2} r_j \alpha^{j(b+k+i)} = 0$$

交换求和顺序，有

$$\sum_{j=0}^{\delta-2} r_j \Big(\sum_{i=0}^{v} W_i \alpha^{ji}\Big)\alpha^{j(k+b)} = 0 \quad (k = 0,1,\cdots,\delta-2-v) \qquad (11.2.1)$$

令

$$f_j = r_j W(\alpha^j)\alpha^{jb} \qquad (11.2.2)$$

则式(11.2.2)可以写成

$$\sum_{j=0}^{\delta-2} f_j \alpha^{jk} = 0 \quad (k = 0,1,\cdots,\delta-2-v)$$

写成矩阵形式：

$$\begin{bmatrix} 1 & 1 & \cdots & 1 & 1 \\ 1 & \alpha & \cdots & \alpha^{\delta-3} & \alpha^{\delta-2} \\ 1 & \alpha^2 & \cdots & \alpha^{2(\delta-3)} & \alpha^{2(\delta-2)} \\ \vdots & \vdots & & \vdots & \vdots \\ 1 & \alpha^{\delta-2-\nu} & \cdots & \alpha^{(\delta-2-\nu)(\delta-3)} & \alpha^{(\delta-2-\nu)(\delta-2)} \end{bmatrix} \begin{bmatrix} f_0 \\ f_1 \\ \vdots \\ f_{\delta-2} \end{bmatrix} = 0$$

由下述引理可导出 WB 关键方程.

引理 11.2.1 令 $r>m$, $m\times r$ 矩阵 $\boldsymbol{V}$ 具有 Vandermonde 结构：

$$\boldsymbol{V} = \begin{bmatrix} 1 & 1 & \cdots & 1 \\ u_1 & u_2 & \cdots & u_r \\ u_1^2 & u_2^2 & \cdots & u_r^2 \\ \vdots & \vdots & & \vdots \\ u_1^m & u_2^m & \cdots & u_r^m \end{bmatrix}$$

其中 u_i 互异.对于线性方程组 $\boldsymbol{V}z=\boldsymbol{0}$ 的任意解 z,存在唯一一个次数小于 $r-m$ 的多项式$N(x)$,使得对于 $i=1,2,\cdots,r$,有

$$z_i = \frac{N(u_i)}{F'(u_i)}$$

这里 $F(x) = \prod_{i=1}^{r}(x-u_i)$.

证明 线性方程组 $\boldsymbol{V}z=\boldsymbol{0}$ 的任意解 z 都满足

$$\sum_{i=1}^{\nu} u_i^j z_i = 0 \quad (j=0,1,\cdots,m-1) \tag{11.2.3}$$

令 $N(x)$为一个次数小于 $r-m$ 的多项式,则下面形式的多项式的最高次数小于 $r-1$：

$$x^j N(x) \quad (j=0,1,\cdots,m-1)$$

对于 $u_1,u_2,\cdots,u_r$,我们构造插值函数 $\phi_j(x)$,使得对于 $j=0,1,\cdots,m-1$, $\phi_j(u_i)=u_i^jN(u_i)$.用 Lagrange 插值函数,可以得

$$\phi_j(x) = \sum_{i=1}^{r} \frac{F(x)}{x-u_i}\frac{u_i^jN(u_i)}{F'(u_i)} \quad (j=0,1,\cdots,m-1) \tag{11.2.4}$$

因此 $\phi_j(x)=x^jN(x)$,其次数小于 $r-1$,从而式(11.2.4)右侧中次数为 $r-1$ 的项的前面系数必须等于 0.因为 $F(x)/(x-u_i)$的首项系数等于 1,所以

$$\sum_{i=1}^{r} \frac{u_i^jN(u_i)}{F'(u_i)} = 0 \quad (j=0,1,\cdots,m-1)$$

如果 $z_i=N(u_i)/F'(u_i)$,则它满足方程组(11.2.3).式(11.2.3)的解空间的维数为 $r-m$,次数小于 $r-m$ 的多项式空间的维数是 $r-m$.因而下面的线性映射 κ 是两者间的同构(习题)：

$$\kappa: N(x) \mapsto z = [z_1 \quad z_i \quad \cdots \quad z_r] \quad (z_i = N(u_i)/F'(u_i))$$

从而 z 唯一确定 $N(x)$.

现在回到关键方程的问题上，来看引理 11.2.1 前面的矩阵方程. 根据引理 11.2.1，存在次数小于 v 的多项式 $N(x)$，使得 $f_j = N(\alpha^j)/g_0'(\alpha^j)$，此处

$$g_0(x) = \prod_{i=0}^{\delta-2}(x - \alpha^i)$$

由式(11.2.2)，得

$$r_j W(\alpha^j)\alpha^{jb} = \frac{N(\alpha^j)}{g_0'(\alpha^j)} \quad (j = 0,1,\cdots,\delta - 2)$$

这样就得到关键方程的形式：

$$N(\alpha^k) = r_k g_0'(\alpha^k)\alpha^{kb}W(\alpha^k) \quad (k = 0,1,\cdots,\delta - 2) \tag{11.2.5}$$

这里 $\deg N(x) < \deg W(x) \leqslant \lfloor \delta - 1 \rfloor/2 = t$. 方程(11.2.5)也称为 WB 方程的 **Dabiri-Blake(DB)形式**. 根据原来的生成多项式 $g(x)$(定理 9.3.1)，可以把式(11.2.5)改写为

$$N(\alpha^k) = r_k g'(\alpha^{b+k})\alpha^{b(2-\delta+k)}W(\alpha^k) \quad (k = 0,1,\cdots,\delta - 2) \tag{11.2.6}$$

如果令 $x_{k+1} = \alpha^k$，$y_{k+1} = r_k g'(\alpha^{b+k})\alpha^{b(2-\delta+k)}$，则式(11.2.6)变为式(11.1.12)的形式.

例 11.2.1　考虑例 11.1.2 中的广义 RS 码. 根据上面的定义，(x_i, y_i)如表 11.2.1所示.

表 11.2.1

i	1	2	3	4	5	6
x_i	1	α	α^2	α^3	α^4	α^5
y_i	α^9	α^8	0	α^{14}	0	1

此后，把本节用 Dabiri-Blake 方法得到的 $N(x)$，$W(x)$分别记为 $N_2(x)$，$W_2(x)$.

11.3　找出错误值

现在来看 WB 形式的关键方程(11.1.12). 假设已经找出 $W_1(x)$，我们来考虑如何计算对应错误定位子 X_i 和错误值 Y_i，记为 $Y[X_i]$. 考虑信息位置的错误，由式(11.1.8)与式(11.1.9)，得到

$$r_k = p_k\alpha^k \sum_{j=1}^{\nu} \frac{Y_j}{f(X_j)(\alpha^k - X_j)} = p_k\alpha^k \frac{N_1(\alpha^k)}{W_1(\alpha^k)}$$

因此可以定义函数

$$\sum_{j=1}^{\nu} \frac{Y[X_j]}{f(X_j)(x - X_j)} = \frac{N_1(x)}{W_1(x)} = \frac{N_1(x)}{\prod_{j\in E_{\mathrm{cm}}}(x - X_j)} \tag{11.3.1}$$

其中 $E_{\mathrm{cm}} = E_{\mathrm{c}} \cup E_{\mathrm{m}}$，表示所有错误的集合.把式(11.3.1)的两边同时乘以 $W_1(x)$，再在 $x = X_k$ 处赋值，得

$$\frac{Y[X_k]\prod_{j\neq k}(X_k - X_j)}{f(X_k)} = N_1(X_k)$$

对 $W_1(x)$ 取形式导数，得

$$W_1'(x) = \sum_{j\in E_{\mathrm{cm}}} \prod_{i\neq j}(x - X_i)$$

所以 $W_1'(X_k) = \prod_{i\neq k}(X_k - X_i)$. 因此

$$Y[X_k] = f(X_k)\frac{N_1(X_k)}{W_1'(X_k)} \tag{11.3.2}$$

如果错误在校验位置，即对于某个 $k \in E_{\mathrm{c}}$，有 $X_i = \alpha^k$，必须回头看式(11.1.10)，从而得到

$$\begin{aligned} r_k &= Y[X_i] + p_k\alpha^k \sum_{j=1}^{\nu_1} \frac{Y[X_j]}{f(X_j)(\alpha^k - X_j)} \\ &= Y[X_i] + p_k X_i \frac{N_1(X_i)}{W_1(X_i)} \end{aligned}$$

因而对于 $X_i = \alpha^k$，

$$Y[X_i] = r_k - p_k X_i \frac{N_1(X_i)}{W_1(X_i)}$$

注意 $N_1(X_i)/W_1(X_i)$ 的分子和分母都是 0，必须使用类似于“L’Hopital(洛必达)法则”的方法重新对它定义.注意 $N_1(x) = N_{\mathrm{m}}(x)W_{\mathrm{c}}(x)$ 与 $W_1(x) = W_{\mathrm{m}}(x)W_{\mathrm{c}}(x)$，求形式导数并在 X_i 处赋值，得

$$N_1'(X_i) = N_{\mathrm{m}}(X_i)W_{\mathrm{c}}'(X_i), \quad W_1'(X_i) = W_{\mathrm{m}}(X_i)W_{\mathrm{c}}'(X_i)$$

所以 $N_1'(X_i)/W_1'(X_i) = N_{\mathrm{m}}(X_i)/W_{\mathrm{m}}(X_i)$. 因而可以重新定义错误值：

$$Y[X_i] = r_k - p_k X_i \frac{N_1'(X_i)}{W_1'(X_i)} \tag{11.3.3}$$

现在考虑 DB 形式的关键方程.经计算(习题)可知

$$g'(\alpha^{b+k})\alpha^{b(2-\delta+k)}p_k\alpha^k = -\alpha^{b(\delta-2)}\prod_{i=0}^{\delta-3}(\alpha^{r+1} - \alpha^{i+1})$$

可设

$$\frac{N_2(\alpha^k)/W_2(\alpha^k)}{N_1(\alpha^k)/W_1(\alpha^k)} = -\hat{C}$$

其中 $\hat{C}$ 是常数. 故 $f(\alpha^k)g(\alpha^{b+k}) = -\hat{C}\alpha^{b(\delta-1-k)}$(习题). 这样就有 DB 形式的错误值的表达式:

$$Y[X_k] = -\frac{N_2(\alpha^k)\alpha^{b(\delta-1-k)}}{W_2'(\alpha^k)g(\alpha^{b+k})}$$

$$= -\frac{N_2(X_k)X_k^{-b}\alpha^{b(\delta-1)}}{W_2'(X_k)g(X_k\alpha^b)} \quad (信息位置) \qquad (11.3.4)$$

$$Y[X_k] = r_k - \frac{N_2'(\alpha^k)\alpha^{b(\delta-2-k)}}{W_2'(\alpha^k)g'(\alpha^{b+k})}$$

$$= r_k - \frac{N_2'(X_k)X_k^{-b}\alpha^{b(\delta-2)}}{W_2'(X_k)g'(X_k\alpha^b)} \quad (校验位置) \qquad (11.3.5)$$

11.4　WB 关键方程的解法背景:模的概念

WB 关键方程的问题可以表述如下:给定某一域 F 中的点集 $\{(x_i, y_i) \mid i = 1, 2, \cdots, m\}$,找到多项式 $N(x)$, $W(x)$,其中 $\deg N(x) < \deg W(x)$,满足

$$N(x_i) = W(x_i)y_i \quad (i = 1,2,\cdots,m) \qquad (11.4.1)$$

此问题称为**有理插值问题**. 由 $W(x_i) \neq 0$,可得

$$y_i = \frac{N(x_i)}{W(x_i)}$$

有理插值问题的解给出了一组满足式(11.4.1)的多项式$[N(x), W(x)]$.

我们将给出两种不同解有理插值问题的算法,都会用到下面的重要概念:**模**. 模在现代代数学中极为重要,因为它是线性空间这个重要概念的推广.

定义 11.4.1　含幺环 R 上的一个(左)R 模是指一个非空集合 M, M 上有一种运算"+"称为加法,并且带有 R 在 M 上的作用"·"(写成左乘),称为**数乘**(为简便起见经常省略):

(M1) M 关于"+"是加法交换群;

(M2) 对于任意的 $r \in R$, $\alpha, \beta \in M$, $r(\alpha + \beta) = r\alpha + r\beta \in M$;

(M3) 对于任意的 $r, s \in R$, $\alpha \in M$, $(r + s)\alpha = r\alpha + s\alpha \in M$;

(M4) 对于任意的 $r, s \in R$, $\alpha \in M$, $(rs)\alpha = r(s\alpha) \in M$;

(M5) 对于幺元 $1 \in R$,任意的 $\alpha \in M$, $1\alpha = \alpha$.

细心的读者已经发现上面的定义与我们已经熟悉的线性空间的定义几乎一样,唯一的区别是线性空间只需把 R 特殊化为一个数域.所以线性空间是一种特殊的模.这样完全类似地,对于任意的 $r,s\in R,\alpha,\beta\in M$,我们称 $r\alpha+s\beta$ 为 α,β 的**线性组合**,一组元素 $\alpha_1,\alpha_2,\cdots,\alpha_n$ 生成的子模是集合 $\{r_1\alpha_1+r_2\alpha_2+\cdots+r_n\alpha_n \mid r_i\in R\}$. $\alpha_1,\alpha_2,\cdots,\alpha_n$ 称为**线性无关**,如果对于它们的任意线性组合 $r_1\alpha_1+r_2\alpha_2+\cdots+r_n\alpha_n=0$,有 $r_1=r_2=\cdots=r_n=0$. M 的一个非空子集如果对上面的加法与数乘也构成模,则称为 M 的**子模**.

然而,由于环本身的特点,模的性质可能与线性空间有很大不同.

例 11.4.1 $R=\mathbb{Q}[x,y,z]$,$M=\{[f\quad g\quad h]\mid f,g,h\in R\}$,加法定义为分量相加,数乘定义为 R 中元素直接乘以 $[f\quad g\quad h]$ 的分量. M_1 为下面三个元素生成的子模:

$$f_1=[y\quad -x\quad 0],\quad f_2=[z\quad 0\quad -x],\quad f_3=[0\quad z\quad -y]$$

它们是 M_1 的最小生成元的集合,如果是线性空间,我们知道它们应是一组基,因此线性无关,但是

$$zf_1-yf_2+xf_3=0$$

定义 11.4.2 如果环上的一个 R 模 M 存在一组线性无关的生成元,则 M 称为自由 R 模.这组生成元称为 M 的一组基,生成元的个数称为 M 的秩.

例 11.4.2 设 $R=\mathbb{Q}[x]$,$M=\{[f_1\quad f_2\quad \cdots\quad f_m]\mid f_i\in R\}$,加法、数乘的定义同例 11.4.1,则 M 是自由 R 模,一组基为

$$\boldsymbol{e}_1=[1\quad 0\quad \cdots\quad 0],\boldsymbol{e}_2=[0\quad 1\quad \cdots\quad 0],\cdots,\boldsymbol{e}_m=[0\quad 0\quad \cdots\quad 1]$$

11.5 Welch-Berlekamp 算法

本节来看一种解有理插值问题(11.3.1)的方法.从结构的角度看,它很像 Berlekamp-Massey 算法(10.4 节),它给出了解 $N(x)$, $W(x)$ 的"逼近序列",这一序列在新的点发生误差时进行更新.我们选取满足 $\deg N(x)<\deg W(x)$ 且 $\deg W(x)\leqslant m/2$ 的解.

定义 11.5.1 问题(11.3.1)的一个解 $[N(x),W(x)]$ 的秩定义为

$$\operatorname{rank}[N(x),W(x)]=\max\{2\deg W(x),1+2\deg N(x)\}$$

下面构造一个有理插值问题秩 $\leqslant m$ 的解,然后证明它唯一.可以看出秩的定义只有当 $\deg N(x)<\deg W(x)$ 时才有意义.

对于插值问题(11.3.1),多项式的表示是有用的.令 $P(x)$ 为满足 $P(x_i)=y_i$

$(i=1,2,\cdots,m)$的插值多项式.例如,$P(x)$可以是 Lagrange 插值多项式:

$$P(x)=\sum_{i=1}^{m}y_i\frac{\prod\limits_{k=1,k\neq i}^{m}(x-x_k)}{\prod\limits_{k=1,k\neq i}^{m}(x_i-x_k)}$$

这样方程式

$$N(x)=W(x)P(x)(\bmod\ (x-x_i))$$

$(i=1,2,\cdots,m)$与方程式 $N(x_i)=W(x_i)y_i$ 等价(习题).此处可以把上式理解为对多项式 $x-x_i$ 的带余除法,也可以把$(x-x_i)$看成理想.注意到多项式 $x-x_i$ $(i=1,2,\cdots,m)$两两互素,根据**孙子剩余定理**(CRT)(参考定理 3.8.2),有

$$N(x)=W(x)P(x)(\bmod\ \Pi(x))\tag{11.5.1}$$

其中

$$\Pi(x)=\prod_{i=1}^{m}(x-x_i)$$

定义 11.5.2　假设$[N(x),W(x)]$是问题(11.3.1)的一个解,$N(x)$,$W(x)$有一个公因子 $f(x)$,使得

$$N(x)=n(x)f(x),\quad W(x)=w(x)f(x)$$

如果$[n(x),w(x)]$仍是是问题(11.3.1)的一个解,则解$[N(x),W(x)]$称为可约的.如果一个解分离出的一个公因子仍是解,那么这一公因子必须是常数,此时称该解不可约.

根据定义,很明显看出不可约的解可能有形如 $x-x_i$ 的公因子,但是若满足式(11.5.1),则不能把公因子分离.

引理 11.5.1　等式(11.5.1)至少有一个秩$\leqslant m$ 的解.

证明　为方便起见,可以规定零多项式的次数为 -1.令

$$S=\{[N(x),W(x)]\mid \mathrm{rank}[N(x),W(x)]\leqslant m\}$$

是满足秩条件的多项式组.设$[N(x),W(x)]$,$[M(x),V(x)]\in S$,$f\in F$,分别定义加法与数乘:

$$\begin{aligned}&[N(x),W(x)]+[M(x),V(x)]=[N(x)+M(x),W(x)+V(x)]\\&f[N(x),W(x)]=[fN(x),fW(x)]\end{aligned}\tag{11.5.2}$$

则 S 是 F 上的模,因此是线性空间.S 的维数至少是 $m+1$,因为

$$\{[x^i,0]\mid 0\leqslant i\leqslant\lfloor(m-1)/2\rfloor\}\cup\{[0,x^j]0\leqslant j\leqslant\lfloor m/2\rfloor\}$$

线性无关,而个数为$(\lfloor(m-1)/2\rfloor+1)+(\lfloor m/2\rfloor+1)=m+1$.

对照式(11.5.1),对于每个$[N(x),W(x)]\in S$,可以找到商 $Q(x)$与余项 $R(x)$,使得下面的带余除法算式成立(满足 $\deg R(x)<m$):

$$N(x) - W(x)P(x) = Q(x)\Pi(x) + R(x)$$

因此,我们可以定义映射 $E:S \to \{h(x) \in F[x] \mid \deg h(x) < m\}$,满足

$$E([N(x), W(x)]) = R(x) \tag{11.5.3}$$

E 的值域的维数是 m,E 是线性映射(习题),从而由 S 的维数,可知 E 的核 $\ker E \neq \{0\}$,即存在 $[N(x), W(x)] \neq [0,0]$,使得 $N(x) - W(x)P(x) = Q(x)\Pi(x)$,因此式(11.5.1)至少有一个秩 $\leqslant m$ 的解.

上面的引理只是一个存在性的证明,没有给出任何一个解.

Welch-Berlekamp 算法通过对不断增大的点集进行连续插值发现最小秩的有理插值.具体是这样的:首先对一个点 (x_1, y_1) 发现最小秩的有理插值;然后把这一插值用来构造一对点 $\{(x_1, y_1), (x_2, y_2)\}$ 的最小秩的有理插值;由此进行下去,直到所有点 $\{(x_1, y_1), (x_2, y_2), \cdots, (x_m, y_m)\}$ 的最小秩的有理插值被发现.

定义 11.5.3 称 $[N(x), W(x)]$ 满足第 k 步有理插值问题,如果

$$N(x_i) = W(x_i)y_i \quad (i = 1,2,\cdots,k) \tag{11.5.4}$$

对于 $i=1,2,\cdots,k$,用 Welch-Berlekamp 算法可找到一个满足第 k 步有理插值问题的最小秩的解序列 $[N^{[k]}(x), W^{[k]}(x)]$.还可以把第 k 步有理插值问题表示为

$$N(x) = W(x)P_k(x) (\mathrm{mod}\ \Pi_k(x))$$

其中 $\Pi_k(x) = \prod_{i=1}^{k}(x - x_i)$,$P_k(x)$(至少)是前 k 个点的(Lagrange)插值,即对于 $i = 1,2,\cdots,k$,$P(x_i) = y_i$.

像 Berlekamp-Massey 算法一样,Welch-Berlekamp 算法最重要的是更新的步骤.

定义 11.5.4 令 $[N(x), W(x)]$,$[M(x), V(x)]$ 是第 k 步有理插值问题的两个解,使得

$$\mathrm{rank}[N(x), W(x)] + \mathrm{rank}[M(x), V(x)] = 2k + 1$$

以及对某个常数 $f \in F$,

$$N(x)V(x) - M(x)W(x) = f\Pi_k(x)$$

则称 $[N(x), W(x)]$,$[M(x), V(x)]$ 互补,也称 $[M(x), V(x)]$ 是 $[N(x), W(x)]$ 的一个补.

引理 11.5.2 令 $[N(x), W(x)]$ 是满足第 k 步有理插值问题且秩 $\leqslant k$ 的不可约解,则至少存在一个满足第 k 步有理插值问题且与 $[N(x), W(x)]$ 互补的解.

证明 像引理 11.5.1 一样,定义

$$S = \{[M(x), V(x)] \mid \mathrm{rank}[M(x), V(x)] \leqslant 2k + 1 - \mathrm{rank}[N(x), W(x)]\}$$

可以证明(类似于引理 11.5.1),在运算(11.5.2)下 S 的维数至少是 $2k + 2 - \mathrm{rank}[N(x), W(x)]$.因此,同样可以定义线性映射

$$E:S \to \{h(x) \in F[x] \mid \deg h(x) < k\}$$

E 的值域 $\mathrm{im}\, E$ 的维数是 k，核的维数满足

$$\dim \ker E \geqslant \dim S - \dim \mathrm{im}\, E \geqslant k + 2 - \mathrm{rank}[N(x), W(x)]$$

现在必须证明存在 $[M(x), V(x)] \in \ker E$，但不具有形式

$$[g(x)N(x), g(x)W(x)]$$

令

$$T = \{[g(x)N(x), g(x)W(x)] \mid \mathrm{rank}[g(x)N(x), g(x)W(x)] \leqslant 2k + 1 - [N(x), W(x)]\}$$

则 $T \subseteq S$. 根据秩的定义，可得

$$\mathrm{rank}[g(x)N(x), g(x)W(x)] = 2\deg g(x) + \mathrm{rank}[N(x), W(x)]$$

所以

$$\deg g(x) \leqslant k - \mathrm{rank}[N(x), W(x)]$$

这就给出了 $\dim T$ 的上界 $k+1-\mathrm{rank}[N(x), W(x)]$. 从而有

$$\begin{aligned}\dim \ker E - \dim T &\geqslant k + 2 - \mathrm{rank}[N(x), W(x)] \\ &\quad - (k + 1 - \mathrm{rank}[N(x), W(x)]) \\ &= 1\end{aligned}$$

因此至少有一个 $[M(x), V(x)] \in K \backslash T$，使得

$$\mathrm{rank}[M(x), V(x)] + \mathrm{rank}[N(x), W(x)] \leqslant 2k + 1$$

因为 $[M(x), V(x)] \notin T$，所以 $[M(x), V(x)]$ 不能约成 $[N(x), W(x)]$.

要完全证明上面的引理，需要另外一个引理，但我们略去其证明.

引理 11.5.3　令 $[N(x), W(x)]$ 是满足第 k 步有理插值问题且秩 $\leqslant k$ 的不可约解. $[M(x), V(x)]$ 是另外一个满足 $\mathrm{rank}[M(x), V(x)] + \mathrm{rank}[N(x), W(x)] \leqslant 2k$ 的解，则 $[M(x), V(x)]$ 可以约成 $[N(x), W(x)]$.

这样根据引理 11.5.3 可以完成引理 11.5.2 的证明. 首先，可以证明：

$$\mathrm{rank}[M(x), V(x)] + \mathrm{rank}[N(x), W(x)] = 2k + 1$$

因此 $\mathrm{rank}[N(x), W(x)]$ 与 $\mathrm{rank}[M(x), V(x)]$ 的奇偶性不同. 根据秩的定义，上述和必然是

$$2k + 1 = 1 + 2\deg N(x) + 2\deg V(x)$$

或

$$2k + 1 = 2\deg W(x) + 1 + 2\deg M(x)$$

第一种情况是 $\deg(N(x)V(x)) = k$，而 $\deg(W(x)M(x)) < k$；第二种情况是 $\deg(W(x)M(x)) = k$，而 $\deg(N(x)V(x)) < k$. 所以在两种情况下都有

$$\deg(N(x)V(x) - W(x)M(x)) = k$$

因为在第 k 步有理插值中 $\deg \Pi_k(x) = k$，注意到 $N(x)V(x) - M(x)W(x) \equiv 0 (\bmod\ \Pi_k(x))$，所以必然有

$$N(x)V(x) - M(x)W(x) = f\Pi_k(x)$$

引理 11.5.4 令$[N(x),W(x)]$是满足第 k 步有理插值问题且秩$\leqslant k$ 的不可约解,$[M(x),V(x)]$是它的一个补,则对于任意的 $a,b\in F$ 且 $b\neq 0$,$[bM(x)-aN(x),bV(x)-aW(x)]$也是一个补.

证明 根据定义,可得

$$N(x) = W(x)P_k(x)(\text{mod } \Pi_k(x))$$
$$M(x) = V(x)P_k(x)(\text{mod } \Pi_k(x))$$

由此可得

$$bM(x) - aN(x) \equiv (bV(x) - aW(x))P_k(x)(\text{mod } \Pi_k(x))$$

因此$[bM(x)-aN(x),bV(x)-aW(x)]$也是一个解,但它不能约成$[N(x),W(x)]$,因为 $b\neq 0$ 且$[M(x),V(x)]$不能约成$[N(x),W(x)]$.从而只要证明秩关系,而根据引理 11.5.3 知这是自然的:

$$\text{rank}[M(x),V(x)] + \text{rank}[bM(x) - aN(x),bV(x) - aW(x)] = 2k+1$$

下面的定理描述了 Welch-Berlekamp 算法.

定理 11.5.1 假设$[N^{[k]}(x),W^{[k]}(x)]$,$[M^{[k]}(x),V^{[k]}(x)]$是两个满足第 k 步有理插值问题互补的解,$[N^{[k]}(x),W^{[k]}(x)]$是秩更小的解,令

$$\begin{aligned} b_k &= N^{[k]}(x_{k+1}) - y_{k+1}W^{[k]}(x_{k+1}) \\ a_k &= M^{[k]}(x_{k+1}) - y_{k+1}V^{[k]}(x_{k+1}) \end{aligned} \tag{11.5.5}$$

(这是模仿 Berlekamp-Massey 算法得到的两个误差)如果 $b_k=0$(误差为 0,没有更新的必要),则

$$[N^{[k]}(x),W^{[k]}(x)] \quad 与 \quad [(x-x_{k+1})M^{[k]}(x),(x-x_{k+1})V^{[k]}(x)]$$

是第 $k+1$ 步有理插值问题互补的解.

如果 $b_k\neq 0$(误差不是 0,要做必要的更新),则

$$[(x-x_{k+1})M^{[k]}(x),(x-x_{k+1})V^{[k]}(x)]$$

与

$$[b_kM^{[k]}(x) - a_kN^{[k]}(x),b_kV^{[k]}(x) - a_kW^{[k]}(x)]$$

是互补的解,其中秩更低的解是第 $k+1$ 步有理插值问题的解.

证明 根据互补解的定义,可得

$$\text{rank}[N^{[k]}(x),W^{[k]}(x)] + \text{rank}[M^{[k]}(x),V^{[k]}(x)] = 2k+1$$

以及对于某个常数 $f\in F$,

$$N^{[k]}(x)V^{[k]}(x) - M^{[k]}(x)W^{[k]}(x) = f\Pi_k(x)$$

如果 $b_k=0$,则$[N^{[k]}(x),W^{[k]}(x)]$自然是第 $k+1$ 步有理插值问题的解.

对于$[(x-x_{k+1})M^{[k]}(x),(x-x_{k+1})V^{[k]}(x)]$,因为

$$M^{[k]}(x) = V^{[k]}(x)P_k(x)(\text{mod } \Pi_k(x))$$

所以

$$(x-x_{k+1})M^{[k]}(x) \equiv (x-x_{k+1})V^{[k]}(x)(\mathrm{mod}\ \Pi_{k+1}(x))$$

又由于

$$\mathrm{rank}[(x-x_{k+1})M^{[k]}(x),(x-x_{k+1})V^{[k]}(x)] = \mathrm{rank}[M^{[k]}(x),V^{[k]}(x)]+2$$

所以

$$\begin{aligned}&\mathrm{rank}[N^{[k]}(x),W^{[k]}(x)]+\mathrm{rank}[(x-x_{k+1})M^{[k]}(x),(x-x_{k+1})V^{[k]}(x)]\\&\quad=\mathrm{rank}[N^{[k]}(x),W^{[k]}(x)]+\mathrm{rank}[M^{[k]}(x),V^{[k]}(x)]+2\\&\quad=2k+1+2=2(k+1)+1\end{aligned}$$

而且

$$(x-x_{k+1})N^{[k]}(x)V^{[k]}(x)-(x-x_{k+1})M^{[k]}(x)W^{[k]}(x) = f\Pi_{k+1}(x)$$

因而

$$[N^{[k]}(x),W^{[k]}(x)] \quad 与 \quad [(x-x_{k+1})M^{[k]}(x),(x-x_{k+1})V^{[k]}(x)]$$

互补.

如果 $b_k \neq 0$,因为

$$N^{[k]}(x) \equiv W^{[k]}(x)(\mathrm{mod}\ \Pi_k(x)) \tag{11.5.6}$$

所以

$$(x-x_{k+1})N^{[k]}(x) \equiv (x-x_{k+1})W^{[k]}(x)(\mathrm{mod}\ \Pi_{k+1}(x)) \tag{11.5.7}$$

从而$[(x-x_{k+1})M^{[k]}(x),(x-x_{k+1})V^{[k]}(x)]$是第 $k+1$ 步有理插值问题的解.

$$[b_kM^{[k]}(x)-a_kN^{[k]}(x),b_kV^{[k]}(x)-a_kW^{[k]}(x)]$$

是第 k 步有理插值问题的解,这是因为

$$M^{[k]}(x) = V^{[k]}(x)P_{k+1}(x)(\mathrm{mod}\ \Pi_k(x))$$

与

$$N^{[k]}(x) = W^{[k]}(x)P_{k+1}(x)(\mathrm{mod}\ \Pi_k(x))$$

自然成立.

要证明

$$[b_kM^{[k]}(x)-a_kN^{[k]}(x),b_kV^{[k]}(x)-a_kW^{[k]}(x)]$$

也是点(x_{k+1},y_{k+1})处的解,即证明等式

$$b_kM^{[k]}(x_{k+1})-a_kN^{[k]}(x_{k+1}) = (b_kV^{[k]}(x_{k+1})-a_kW^{[k]}(x_{k+1}))y_{k+1}$$

把上式变形为

$$b_kM^{[k]}(x_{k+1})-b_kV^{[k]}(x_{k+1})y_{k+1} = a_kN^{[k]}(x_{k+1})-a_kW^{[k]}(x_{k+1})y_{k+1}$$

根据式(11.5.5)即得.

最后看两者的互补关系.根据引理 11.5.4,第 k 步的解有互补关系,因而

$$\begin{aligned}&\mathrm{rank}[(x-x_{k+1})M^{[k]}(x),(x-x_{k+1})V^{[k]}(x)]\\&+\mathrm{rank}[b_kM^{[k]}(x)-a_kN^{[k]}(x),b_kV^{[k]}(x)-a_kW^{[k]}(x)]\end{aligned}$$

$$= \text{rank}[M^{[k]}(x), V^{[k]}(x)] + 2$$
$$+ \text{rank}[b_k M^{[k]}(x) - a_k N^{[k]}(x), b_k V^{[k]}(x) - a_k W^{[k]}(x)]$$
$$= 2(k+1) + 1$$

又因为第 k 步的解有互补关系,所以

$$(x - x_{k+1}) M^{[k]}(x)(b_k V^{[k]}(x) - a_k W^{[k]}(x))$$
$$-(b_k M^{[k]}(x) - a_k N^{[k]}(x))(x - x_{k+1}) V^{[k]}(x)$$
$$= f\Pi_{k+1}(x)$$

根据定理 11.5.1,我们有下面的算法:

算法 11.5.1(Welch-Berlekamp 算法)

```
input(x_i, y_i), i = 1,2,…,m
return:[N^[m](x), W^[m](x)] of minimal rank satisfying the interpolation
    problem
initialize:
N^[0](x)=0; V^[0](x)=0; W^[0](x)=1;  M^[0](x)=1
for i=0 to m-1
    b_i = N^[i](x_{i+1}) - y_{i+1} W^[i](x_{i+1})  //compute discrepancy
    if b_i = 0 then  //no change in [N, W] solution
        N^[i+1](x) = N^[i](x), W^[i+1](x) = W^[i](x)
        M^[i+1](x) = (x - x_{i+1}) M^[i](x), V^[i+1](x) = (x - x_{i+1}) V^[i](x)
    else  //update to account for dicrepancy
        a_i = M^[i](x_{i+1}) - y_{i+1} V^[i](x_{i+1})  //compute other discrepancy
        M^[i+1](x) = (x - x_{i+1}) M^[i](x)
        V^[i+1](x) = (x - x_{i+1}) V^[i](x)
        N^[i+1](x) = b_i M^[i](x) - a_i N^[i](x)
        W^[i+1](x) = b_i V^[i](x) - a_i W^[i](x)
        if rank[N^[i+1](x), W^[i+1](x)]>rank[M^[i+1](x), V^[i+1](x)]
          //swap for minimal rank
            swap[N^[i+1](x), W^[i+1](x)]↔[M^[i+1](x), V^[i+1](x)]
        end(if)
    end(else)
end(for)
output [N^[m](x), W^[m](x)]
```

例 11.5.1 看例 11.2.1 中广义 RS 码的所有相关内容.用 Welch-Berlekamp 算法对其计算,如表 11.5.1 和表 11.5.2 所示.注意初始值:

$$N^{[0]}(x)=0,\quad V^{[0]}(x)=0,\quad W^{[0]}(x)=1,\quad M^{[0]}(x)=1$$

表 11.5.1

i	b_i	a_i	$N^{[i]}(x)$	$W^{[i]}(x)$
0	α^7	1	α^7	1
1	α^{10}	α^{10}	α^2	$\alpha^{10}x$
2	α^2	α^{12}	$\alpha^{11}+\alpha^9x$	$\alpha^3+\alpha^{12}x$
3	α^{12}	α^{10}	$\alpha^{11}+\alpha^9x$	$\alpha^{13}+x+\alpha^7x^2$
4	α^4	α^{11}	$\alpha^4+\alpha^8x+\alpha^{13}x^2$	$\alpha^{13}+\alpha^5x+\alpha^9x^2$
5	α^2	0	$\alpha^2+\alpha^6x+\alpha^{11}x^2$	$\alpha^4+\alpha^{13}x+\alpha^{14}x^2+\alpha^9x^3$

表 11.5.2

$M^{[i]}(x)$	$V^{[i]}(x)$	Swap?
0	$1+x$	no
$\alpha^8+\alpha^7x$	$\alpha+x$	no
$\alpha^4+\alpha^2x$	$\alpha^{12}+\alpha^{10}x^2$	no
$\alpha^{14}+x+\alpha^9x^2$	$\alpha^6+\alpha^4x+\alpha^{12}x^2$	no
$1+\alpha^4x+\alpha^9x^2$	$\alpha^2+\alpha^{11}x+\alpha^{12}x^2+\alpha^7x^3$	no
$\alpha^9+\alpha^{11}x+\alpha^{13}x^2+\alpha^{13}x^3$	$\alpha^3+\alpha^9x+\alpha^{12}x^2+\alpha^9x^3$	no

11.6　WB 关键方程的模论解法

本节给出 WB 关键方程的另外一种方法，它用到了一些模论的概念. 问题再次回到寻找多项式 $N(x)$，$W(x)$，使之满足有理插值问题：

$$N(x_i)=W(x_i)y_i\quad(i=1,2,\cdots,m)\tag{11.6.1}$$

并满足条件 $\deg N(x)<\deg W(x)$，$\deg W(x)$最小. 现在先不管次数的要求，只考虑式(11.6.1)的解，显然可以把它抽象为下面同态（证明与第 7 题一样）的核的交集：

$$\varphi_i: F[x]\times F[x]\to F$$
$$[w(x),n(x)]\mapsto n(x_i)-w(x_i)y_i$$

核内一组$[w(x),n(x)]$给出插值问题(11.6.1)的一组解. 根据孙子剩余定理，方程组(11.6.1)可表示为

$$N(x)=W(x)P(x)(\mathrm{mod}\ \Pi(x))\tag{11.6.2}$$

其中 $P(x)$为满足

$$P(x_i) = y_i \quad (i = 1,2,\cdots,m)$$

的插值多项式，$\Pi(x) = \prod_{i=1}^{m}(x - x_i)$. 现在的方法是，不管次数最小的限制而直接给出所有解$[w(x), n(x)]$形成的线性空间，然后建立一种方法，从该空间搜索出一个满足最小次数的点.

定义 11.6.1 对于固定的 $D(x), G(x) \in F[x]$，令 M 是满足下面条件的所有对$[w(x), n(x)]$形成的模(验证留作练习)：

$$G(x)n(x) + D(x)w(x) \equiv 0(\mathrm{mod}\ \Pi(x)) \tag{11.6.3}$$

如果取 $G(x)=1, D(x)=-P(x)$，显然模 M 是式(11.6.2)的解空间.

引理 11.6.1 M 是秩 2 的自由的 $F[x]$模，一组基为

$$[\Pi(x)\delta(x), \Pi(x)\gamma(x)], \quad [-G(x)/\lambda(x), D(x)/\lambda(x)]$$

其中

$$\lambda(x) = \gcd(G(x), D(x)), \quad \gcd(\lambda(x), \Pi(x)) = 1 \tag{11.6.4}$$

$$\delta(x)(D(x)/\lambda(x)) + \gamma(x)(G(x)/\lambda(x)) = 1 \tag{11.6.5}$$

证明 显然$[\Pi(x)\delta(x), \Pi(x)\gamma(x)]$，$[-G(x)/\lambda(x), D(x)/\lambda(x)]$都是式(11.6.3)的解. 因此需要证明它们可以 $F[x]$表出式(11.6.3)的任意解，且 $F[x]$线性无关.

如果线性相关，则有

$$G(x)/\lambda(x) = -k(x)\Pi(x)\delta(x), \quad D(x)/\lambda(x) = k(x)\Pi(x)\gamma(x)$$

其中 $k(x) \in F(x)$是有理函数，代入式(11.6.5)，得 $0=1$，矛盾.

现在假设$[w(x), n(x)]$是式(11.6.3)的任意解，则把式(11.6.3)改写成矩阵形式：

$$[w(x), n(x)]\begin{bmatrix} D(x) \\ G(x) \end{bmatrix} \equiv 0(\mathrm{mod}\ \Pi(x)) \tag{11.6.6}$$

考虑矩阵

$$\boldsymbol{A} = \begin{bmatrix} \delta(x) & \gamma(x) \\ -G(x)/\lambda(x) & D(x)/\lambda(x) \end{bmatrix}$$

根据条件式(11.6.5)，$\det \boldsymbol{A} = 1$，所以 $\boldsymbol{A}^{-1} = (\det \boldsymbol{A})^{-1}\boldsymbol{A}^* = \boldsymbol{A}^*$，仍是以多项式作为元素的矩阵. 因此存在多项式 $w(x)^*, n(x)^*$，使得

$$[w(x), n(x)] = [w(x), n(x)]\boldsymbol{A}^*\boldsymbol{A} = [w(x)^*, n(x)^*]\boldsymbol{A} \tag{11.6.7}$$

代入式(11.6.6)，得

$$[w(x)^*, n(x)^*]\begin{bmatrix} \delta(x) & \gamma(x) \\ -G(x)/\lambda(x) & D(x)/\lambda(x) \end{bmatrix}\begin{bmatrix} D(x) \\ G(x) \end{bmatrix} \equiv 0(\mathrm{mod}\ \Pi(x))$$

即

$$[w(x)^*,n(x)^*]\begin{bmatrix}\lambda(x)\\0\end{bmatrix}\equiv 0(\mathrm{mod}\ \Pi(x))$$

因此 $w(x)^*\lambda(x)\equiv 0(\mathrm{mod}\ \Pi(x))$,但是根据条件式(11.6.4),只有 $\Pi(x)\mid w(x)^*$.从而有多项式 $\widetilde{w}(x)$,使得 $w(x)^*=\Pi(x)\widetilde{w}(x)$,方程式(11.6.7)可写成

$$[w(x),n(x)]=[\widetilde{w}(x),n(x)^*]\begin{bmatrix}\delta(x)\Pi(x) & \gamma(x)\Pi(x)\\ -G(x)/\lambda(x) & D(x)/\lambda(x)\end{bmatrix}$$

$$=[\widetilde{w}(x),n(x)^*]\boldsymbol{\Psi} \tag{11.6.8}$$

其中 $\boldsymbol{\Psi}$ 的两行正是 $[\Pi(x)\delta(x),\Pi(x)\gamma(x)]$,$[-G(x)/\lambda(x),D(x)/\lambda(x)]$,故 $[w(x),n(x)]$ 可以被它们 $F[x]$ 表出.

以下我们称 $\boldsymbol{\Psi}$ 是 M 的**基矩阵**.

引理 11.6.2　设 $\boldsymbol{\Psi}$ 是 M 的基矩阵.则 $\det\boldsymbol{\Psi}=\alpha\Pi(x)$($\alpha\in F$ 是非零元).反之,如果 2 阶矩阵 $\boldsymbol{\Psi}\in M_2(F[x])$ 的行在 M 中,且对于非零元 $\alpha\in F$,$\det\boldsymbol{\Psi}=\alpha\Pi(x)$,则 $\boldsymbol{\Psi}$ 的行形成 M 的基.

证明　式(11.6.8)中 $\boldsymbol{\Psi}$ 的行列式

$$\det\boldsymbol{\Psi}=\frac{\Pi(x)}{\lambda(x)}(D(x)\delta(x)+G(x)\gamma(x))=\Pi(x)$$

最后一个等式成立是因为式(11.6.5).令 $\boldsymbol{\Psi}'$ 是任意的基矩阵,由基的定义,存在可逆矩阵 $\boldsymbol{T}$,使得

$$\boldsymbol{\Psi}'=\boldsymbol{T\Psi},\quad \boldsymbol{\Psi}=\boldsymbol{T}^{-1}\boldsymbol{\Psi}'$$

因为 $\boldsymbol{T}$ 可逆,所以 $\det\boldsymbol{T}$ 是 $F[x]$ 中的单位(乘法可逆的元素),从而 $\det\boldsymbol{T}\in F$,因此 $\det\boldsymbol{\Psi}'=\det\boldsymbol{T\Psi}=\det\boldsymbol{T}\det\boldsymbol{\Psi}=\alpha\Pi(x)$.

下面证明逆命题成立.对一个行在 M 的矩阵 $\boldsymbol{\Phi}$,根据引理 11.6.1,一定存在矩阵 $\boldsymbol{T}$,使得 $\boldsymbol{\Phi}=\boldsymbol{T\Psi}$,则

$$\alpha\Pi(x)=\det\boldsymbol{\Phi}=\det\boldsymbol{T}\det\boldsymbol{\Psi}=(\det\boldsymbol{T})\Pi(x)$$

即 $\det\boldsymbol{T}=\alpha$ 是单位.因此 $\boldsymbol{T}$ 是可逆矩阵,$\boldsymbol{\Phi}$ 是基矩阵.

回到本节开头求所有 $\ker\varphi_i$ 的交的问题,我们引入所谓**正合列**的概念.

定义 11.6.2　令 R 是含幺环,A,B,C 是 R 模,f,g 是模同态(与线性映射的定义一致),其中 $f:A\to B$,$g:B\to C$.序列

$$A\xrightarrow{f}B\xrightarrow{g}C$$

称为**正合**的,如果 $\mathrm{im}\,f=\ker g$.

令 $M_i=\ker\varphi_i$.根据引理 11.6.1(引理 11.6.1 对于一切满足条件的 $\Pi(x)$ 都成立),M_i 是秩为 2 的模.令 $\boldsymbol{\Psi}_i$ 是 M_i 的基矩阵,可以定义 $\psi_i([w(x),n(x)])=[w(x),n(x)]\boldsymbol{\Psi}_i(x)$.记 $F[x]^2=F[x]\times F[x]$,则

$$F[x]^2\xrightarrow{\psi_i}F[x]^2\xrightarrow{\varphi_i}F$$

是正合列.

发现 $\ker\varphi_i$ 的交集的算法的主要想法具体包含在下面的引理中.

引理 11.6.3 令

$$A \xrightarrow{\psi} B \xrightarrow{\varphi_1} C$$

是正合列,假设 $\varphi_2: B \to C'$ 是另外一个模同态,则

$$\ker\varphi_1 \cap \ker\varphi_2 = \psi(\ker(\varphi_2\circ\psi))$$

证明 考虑 $\varphi_2\circ\psi: A \to C'$. 因为 $\ker(\varphi_2\circ\psi)\subseteq A$,所以 $\psi(\ker(\varphi_2\circ\psi))\subseteq\psi(A) = \mathrm{im}\,\psi$. 根据正合性,有 $\psi(\ker(\varphi_2\circ\psi))\subseteq\ker\varphi_1$.

根据复合映射和核的定义,可得 $\varphi_2(\psi(\ker(\varphi_2\circ\psi))) = (\varphi_2\circ\psi)(\ker(\varphi_2\circ\psi)) = 0$,所以 $\psi(\ker(\varphi_2\circ\psi))\subseteq\ker(\varphi_2)$. 因此

$$\ker\varphi_1 \cap \ker\varphi_2 \supseteq \psi(\ker(\varphi_2\circ\psi)) \tag{11.6.9}$$

根据核的定义,再由 $\ker\varphi_1\cap\ker\varphi_2\subseteq\ker\varphi_2$,得到

$$\varphi_2\circ\psi(\psi^{-1}(\ker\varphi_1\cap\ker\varphi_2)) = 0$$

所以

$$\psi^{-1}(\ker\varphi_1\cap\ker\varphi_2)\subseteq\ker(\varphi_2\circ\psi)$$

两边用 ψ 作用,得

$$\ker\varphi_1 \cap \ker\varphi_2 \subseteq \psi(\ker(\varphi_2\circ\psi)) \tag{11.6.10}$$

综合式(11.6.9)与式(11.6.10)即得.

这一引理可立即扩充为下面的情况:设 $A \xrightarrow{\psi} B \xrightarrow{\varphi_1} C$ 是正合列,且对于 $i = 2,\cdots,m$,$\varphi_i: B\to C'$ 是模同态,则(习题)

$$\begin{aligned}&\ker\varphi_1\cap\ker\varphi_2\cap\cdots\cap\ker\varphi_m\\ &\quad = \psi(\ker(\varphi_2\circ\psi)\cap\ker(\varphi_3\circ\psi)\cap\cdots\cap\ker(\varphi_m\circ\psi))\end{aligned}$$

对给定的 $G_i, D_i\in F$,考虑下面同余问题的解:

$$G_i n(x) + D_i w(x) \equiv 0 \pmod{x - x_i}\quad (i = 1,2,\cdots,m) \tag{11.6.11}$$

定义对应于此问题的同态为

$$\begin{aligned}\varphi_i([w(x), n(x)]) &= G_i n(x_i) + D_i w(x_i)\\ &= [w(x_i), n(x_i)]\begin{bmatrix} D_i \\ G_i\end{bmatrix}\end{aligned} \tag{11.6.12}$$

$$\psi_i([w(x), n(x)]) = \begin{cases}[w(x), n(x)]\begin{bmatrix} -G_i & D_i \\ x - x_i & 0\end{bmatrix} & (D_i \neq 0)\\ [w(x), n(x)]\begin{bmatrix} -G_i & 0 \\ 0 & x - x_i\end{bmatrix} & (D_i = 0, G_i \neq 0)\end{cases} \tag{11.6.13}$$

引理 11.6.4　对于式(11.6.12)定义的 φ_i 与式(11.6.13)定义的 ψ_i,序列

$$F[x]^2 \xrightarrow{\psi_i} F[x]^2 \xrightarrow{\varphi_i} F$$

是正合的.

证明　考虑 $D_i \neq 0$ 的情况.把$[w(x),n(x)]$用式(11.6.13)中的定义替换,再代入式(11.6.12),显然结果等于0,所以经 ψ_i 映射后的向量在 $\ker \varphi_i$ 内.而矩阵 $\boldsymbol{\Psi}_i = \begin{bmatrix} -G_i & D_i \\ x-x_i & 0 \end{bmatrix}$的每一行都在 $\ker \varphi_i$ 中,且 $\det \boldsymbol{\Psi}_i = -D_i(x-x_i)$.根据引理11.6.2,此矩阵是模 $\ker \varphi_i$ 的基矩阵,因此原序列是正合的.

当 $D_i(x), G_i \neq 0$ 时,证明完全类似.

现在描述算法.每个同态 φ_i 都可以写成

$$\varphi_i([w(x),n(x)]) = [w(x_i),n(x_i)]\begin{bmatrix} D_i \\ G_i \end{bmatrix}$$

因此(D_i,G_i)把同态 φ_i 特征化.令 $\varphi_i^{[0]} = \varphi_i (i=1,2,\cdots,m)$是同态的初始集,初始参数$(D_i^{[0]},G_i^{[0]}) = (D_i,G_i)$,其中上标表示迭代的次数.

算法的第一步是,从集合$\{\varphi_1^{[0]},\varphi_2^{[0]},\cdots,\varphi_m^{[0]}\}$中选出同态 φ_{j_1}(第二个下标仍表示迭代的次数),使得 $D_{j_1}^{[0]} \neq 0$.同态 ψ_{j_1} 可以用下面的矩阵 $\boldsymbol{\Psi}_{j_1}^{[1]}(x)$表示:

$$\boldsymbol{\Psi}_{j_1}^{[1]}(x) = \begin{bmatrix} -G_{j_1}^{[0]} & D_{j_1}^{[0]} \\ x-x_{j_1} & 0 \end{bmatrix}$$

根据引理11.6.4,序列 $F[x]^2 \xrightarrow{\psi_{j_1}} F[x]^2 \xrightarrow{\varphi_{j_1}} F$ 是正合的.定义

$$\varphi_i^{[1]} = \varphi_i^{[0]} \circ \psi_{j_1} \tag{11.6.14}$$

根据引理11.6.3,知

$$M = \psi_{j_1}(\ker \varphi_1^{[1]} \cap \ker \varphi_2^{[1]} \cap \cdots \cap \ker \varphi_m^{[1]})$$

上式又等于 $\ker \varphi_{j_1} \cap \ker \varphi_1^{[0]} \cap \ker \varphi_2^{[0]} \cap \cdots \cap \ker \varphi_m^{[0]}$,因为 $\ker \varphi_{j_1}$ 是$\{\varphi_1^{[0]},\varphi_2^{[0]},\cdots,\varphi_m^{[0]}\}$中的一个,即 $\ker \varphi_1^{[0]} \cap \ker \varphi_2^{[0]} \cap \cdots \cap \ker \varphi_m^{[0]}$.

如果能够找到

$$\ker \varphi_1^{[1]} \cap \ker \varphi_2^{[1]} \cap \cdots \cap \ker \varphi_m^{[1]} \tag{11.6.15}$$

的一组基,相当于发现了迭代问题的解.通过计算可得

$$\begin{aligned}\varphi_i^{[1]}([w(x),n(x)]) &= [w(x_i),n(x_i)]\begin{bmatrix} -G_{j_1}^{[0]} & D_{j_1}^{[0]} \\ x_i-x_{j_1} & 0 \end{bmatrix}\begin{bmatrix} D_i^{[0]} \\ G_i^{[0]} \end{bmatrix} \\ &= [w(x_i),n(x_i)]\boldsymbol{\Psi}_{j_1}^{[1]}(x_i)\begin{bmatrix} D_i^{[0]} \\ G_i^{[0]} \end{bmatrix}\end{aligned}$$

$$= [w(x_i), n(x_i)]\begin{bmatrix} D_{j_1}^{[0]}G_i^{[0]} - D_i^{[0]}G_{j_1}^{[0]} \\ D_i^{[0]}(x_i - x_{j_1}) \end{bmatrix}$$

$$= [w(x_i), n(x_i)]\begin{bmatrix} D_i^{[1]} \\ G_i^{[1]} \end{bmatrix} \tag{11.6.16}$$

因此同态 $\varphi_i^{[1]}$ 可以由($D_i^{[1]}, G_i^{[1]}$)定义. 特别地,当 $i = j_1$ 时,由正合性得 $\varphi_{j_1}^{[1]} = \varphi_{j_1}^{[0]} \circ \psi_{j_1} = 0$. 因此 $\ker \varphi_{j_1}^{[1]} = F[x]^2$,从而 $\ker \varphi_1^{[1]} \cap \ker \varphi_2^{[1]} \cap \cdots \cap \ker \varphi_m^{[1]}$ 中非平凡核的个数至多只有 $m-1$ 个.

同理,第二步是从集合$\{\varphi_1^{[1]}, \varphi_2^{[1]}, \cdots, \varphi_m^{[1]}\}$中选出同态 $\varphi_{j_1}^{[1]}$,使得 $D_{j_2}^{[1]} \neq 0$. 同态 ψ_{j_1} 可以用下面的矩阵 $\boldsymbol{\Psi}_{j_2}^{[2]}(x)$表示:

$$\boldsymbol{\Psi}_{j_2}^{[2]}(x) = \begin{bmatrix} -G_{j_2}^{[1]} & D_{j_2}^{[1]} \\ x - x_{j_2} & 0 \end{bmatrix}$$

这样再次提升同态:

$$\varphi_i^{[2]} = \varphi_i^{[1]} \circ \psi_{j_2} = \varphi_i^{[0]} \circ \psi_{j_1} \circ \psi_{j_2} \quad (i = 1, 2, \cdots, m)$$

类似于第一步,可得

$$\varphi_i^{[1]}([w(x), n(x)]) = [w(x), n(x)]\boldsymbol{\Psi}_{j_2}^{[2]}(x_i)\begin{bmatrix} D_i^{[1]} \\ G_i^{[1]} \end{bmatrix}$$

$$= [w(x_i), n(x_i)]\begin{bmatrix} D_i^{[2]} \\ G_i^{[2]} \end{bmatrix}$$

同样,$\ker \varphi_{j_1}^{[2]} = \ker \varphi_{j_2}^{[2]} = F[x]^2$. 从而有

$$M = \psi_{j_1} \circ \psi_{j_2} \circ (\ker \varphi_1^{[1]} \cap \ker \varphi_2^{[1]} \cap \cdots \cap \ker \varphi_m^{[1]})$$

通过 $l \leqslant m$ 次迭代,最后对于所有的 i,$D_i^{[l]} = 0$. 考虑同态$\{\varphi_1^{[l]}, \varphi_2^{[l]}, \cdots, \varphi_m^{[l]}\}$,定义

$$M^{[l]} = \ker \varphi_1^{[l]} \cap \ker \varphi_2^{[l]} \cap \cdots \cap \ker \varphi_m^{[l]}, \quad \psi = \psi_{j_1} \circ \psi_{j_2} \circ \cdots \circ \psi_{j_l}$$

根据引理 11.6.3,可得

$$M = \psi(M^{[l]})$$

根据归纳假设,对于所有的 i,$D_i^{[l]} = 0$. 因为

$$\varphi_i^{[1]}([w(x), n(x)]) = G_i^{[l]}n(x_i) - D_i^{[l]}w(x_i) \quad (i = 1, 2, \cdots, m)$$

所以$[1,0] \in M^{[l]}$,$\psi([1,0]) \in M$,即找到了插值问题的一个解. 下面只需考虑次数的限制. 要想完成这一点,需要考虑 $\psi = \psi_{j_1} \circ \psi_{j_2} \circ \cdots \circ \psi_{j_l}$ 的结构:

$$\psi([w(x), n(x)])$$

$$= [w(x), n(x)]\begin{bmatrix} -G_{j_l}^{[l-1]} & D_{j_l}^{[l-1]} \\ x - x_{j_l} & 0 \end{bmatrix}\begin{bmatrix} -G_{j_{l-1}}^{[l-2]} & D_{j_{l-1}}^{[l-2]} \\ x - x_{j_{l-1}} & 0 \end{bmatrix}\cdots\begin{bmatrix} -G_{j_1}^{[0]} & D_{j_1}^{[0]} \\ x - x_{j_1} & 0 \end{bmatrix}$$

定义

$$\boldsymbol{\Psi}^{[1]}(x)=\boldsymbol{\Psi}_{j_1}^{[1]}(x)=\begin{bmatrix}-G_{j_1}^{[0]} & D_{j_1}^{[0]}\\ x-x_{j_1} & 0\end{bmatrix}\tag{11.6.17}$$

$$\boldsymbol{\Psi}^{[p]}(x)=\prod_{p=1}^{i}\boldsymbol{\Psi}_{j_p}^{[p]}(x)\quad(i=2,3,\cdots,l)\tag{11.6.18}$$

并记 $\boldsymbol{\Psi}(x)=\boldsymbol{\Psi}^{[l]}(x)$，则 $\psi([w(x),n(x)])=[w(x),n(x)]\boldsymbol{\Psi}(x)$. 所以

$$\begin{bmatrix}\psi([1,0])\\ \psi([0,1])\end{bmatrix}=\boldsymbol{\Psi}(x)=\begin{bmatrix}\Psi_{1,1}(x) & \Psi_{1,2}(x)\\ \Psi_{2,1}(x) & \Psi_{2,2}(x)\end{bmatrix}$$

引理 11.6.5　$[1,0]$在 ψ 下的像是$[\Psi_{1,1}(x),\Psi_{1,2}(x)]$，即

$$[\Psi_{1,1}(x),\Psi_{1,2}(x)]=\psi([1,0])=\psi_{j_1}\circ\psi_{j_2}\circ\cdots\circ\psi_{j_l}([1,0])$$

则$[\Psi_{1,1}(x),\Psi_{1,2}(x)]$是插值问题(11.6.1)的解，而且

$$\deg\Psi_{1,1}(x)<\frac{m}{2},\quad \deg\Psi_{1,2}(x)\leqslant\frac{m}{2}$$

证明　只需证明次数条件满足. 可以归纳证明以下条件成立：

$$\deg\Psi_{1,1}^{[i]}(x)<\left\lfloor\frac{i}{2}\right\rfloor,\quad \deg\Psi_{1,2}^{[i]}(x)\leqslant\left\lfloor\frac{i-1}{2}\right\rfloor$$

$$\deg\Psi_{2,1}^{[i]}(x)<\left\lceil\frac{i}{2}\right\rceil,\quad \deg\Psi_{1,2}^{[i]}(x)\leqslant\left\lceil\frac{i-1}{2}\right\rceil$$

这样，可以由下面的算法解 WB 方程：

算法 11.6.1(Welch-Berlekamp 插值，模论方法)

input (x_i,y_i), $i=1,2,\cdots,m$

return $[N(x),W(x)]$ satisfying $N(x_i)=W(x_i)y_i$, $i=1,2,\cdots,m$

initialize: $G_i^{[0]}(x)=1$; $D_i^{[0]}(x)=-y_i$, $i=1,2,\cdots,m$; $\boldsymbol{\Psi}^{[0]}=\begin{bmatrix}1&0\\0&1\end{bmatrix}$

for $s=1$ to m

　　choose j_s such that $D_{j_s}^{[0]}\neq 0$, if no such j_s, break.

　　for $k=1$ to m　//may be done parallel

$$\begin{bmatrix}D_k^{[s]}\\ G_k^{[s]}\end{bmatrix}=\begin{bmatrix}-G_{j_s}^{[s-1]} & D_{j_s}^{[s-1]}\\ x_k-x_{j_s} & 0\end{bmatrix}\begin{bmatrix}D_k^{[s-1]}\\ G_k^{[s-1]}\end{bmatrix}$$

　　end (for)

$$\begin{bmatrix}\Psi_{1,1}^{[s]}(x) & \Psi_{1,2}^{[s]}(x)\\ \Psi_{2,1}^{[s]}(x) & \Psi_{2,2}^{[s]}(x)\end{bmatrix}=\begin{bmatrix}-G_{j_s}^{[s-1]} & D_{j_s}^{[s-1]}\\ x_k-x_{j_s} & 0\end{bmatrix}\begin{bmatrix}\Psi_{1,1}^{[s-1]}(x) & \Psi_{1,2}^{[s-1]}(x)\\ \Psi_{2,1}^{[s-1]}(x) & \Psi_{2,2}^{[s-1]}(x)\end{bmatrix}$$

end (for)

output $N(x)=\Psi_{1,1}^{[s]}(x)$, $W(x)=\Psi_{1,2}^{[s]}(x)$

例 11.6.1 考虑例 11.1.1 中广义 RS 码的所有(x_i, y_i)的相关内容.

$s=1$:$\{D_i^{[0]}\}=\{\alpha^7,\alpha^6,0,\alpha^{12},0,\alpha^{13}\}$,选择 $j_1=1$,

$$\boldsymbol{\Psi}^{[1]}(x)=\begin{bmatrix}1 & \alpha^7\\ 1+x & 0\end{bmatrix}$$

$s=2$:$\{D_i^{[1]}\}=\{0,\alpha^{10},\alpha^7,\alpha^2,\alpha^7,\alpha^5\}$,选择 $j_2=2$,

$$\boldsymbol{\Psi}^{[2]}(x)=\begin{bmatrix}\alpha^{10}x & \alpha^2\\ \alpha+x & \alpha^8+\alpha^7x\end{bmatrix}$$

$s=3$:$\{D_i^{[2]}\}=\{0,0,\alpha^2,\alpha^4,\alpha^2,\alpha^{14}\}$,选择 $j_3=3$,

$$\boldsymbol{\Psi}^{[3]}(x)=\begin{bmatrix}\alpha^3+\alpha^{12}x & \alpha^{11}+\alpha^9x\\ \alpha^{12}x+\alpha^{10}x^2 & \alpha^4+\alpha^2x\end{bmatrix}$$

$s=4$:$\{D_i^{[3]}\}=\{0,0,0,\alpha^{12},\alpha^4,\alpha^2\}$,选择 $j_3=4$,

$$\boldsymbol{\Psi}^{[4]}(x)=\begin{bmatrix}\alpha^{13}+x+\alpha^7x^2 & \alpha^{11}+\alpha^9x\\ \alpha^6+\alpha^{14}x+\alpha^{12}x^2 & \alpha^{14}+x+\alpha^9x^2\end{bmatrix}$$

$s=5$:$\{D_i^{[4]}\}=\{0,0,0,0,\alpha^4,0\}$,选择 $j_3=5$,

$$\boldsymbol{\Psi}^{[5]}(x)=\begin{bmatrix}\alpha^{13}+\alpha^5x+\alpha^9x^2 & \alpha^4+\alpha^8x+\alpha^{13}x^2\\ \alpha^2+\alpha^{11}x+\alpha^{12}x^2+\alpha^7x^3 & 1+\alpha^4x+\alpha^9x^2\end{bmatrix}$$

$s=6$:$\{D_i^{[5]}\}=\{0,0,0,0,0,\alpha^2\}$,选择 $j_3=6$,

$$\boldsymbol{\Psi}^{[6]}(x)=\begin{bmatrix}\alpha^4+\alpha^{13}x+\alpha^5x^2+\alpha^9x^3 & \alpha^2+\alpha^6x+\alpha^{11}x^2\\ \alpha^3+\alpha^9x+\alpha^{12}x^2+\alpha^9x^3 & \alpha^9+\alpha^{11}x+\alpha^{13}x^2+\alpha^{13}x^3\end{bmatrix}$$

最后一步迭代得到

$$W(x)=\Psi_{1,1}(x)=\alpha^4+\alpha^{13}x+\alpha^5x^2+\alpha^9x^3$$
$$N(x)=\Psi_{1,2}(x)=\alpha^2+\alpha^6x+\alpha^{11}x^2$$

算法的最后一步为 $\boldsymbol{\Psi}(x)=\boldsymbol{\Psi}^{[l]}(x)$,产生的一对$(D_i^{[s]},G_i^{[s]})(u\leqslant s\leqslant l)$满足

$$\begin{bmatrix}D_{j_u}^{[s]}\\ G_{j_u}^{[s]}\end{bmatrix}=\begin{bmatrix}0\\0\end{bmatrix}$$

故对所有 $s=1,2,\cdots,l$,$\ker\varphi_{j_s}^{[l]}=F[x]^2$.根据引理 11.6.3,可得

$$\ker\varphi_{j_1}\cap\ker\varphi_{j_2}\cap\cdots\cap\ker\varphi_{j_l}=\psi(F[x]^2)\tag{11.6.19}$$

再考虑 $\boldsymbol{\Psi}(x)$的第二行 $\psi([0,1])=[\Psi_{2,1}(x),\Psi_{2,2}(x)]$,根据式(11.6.19),得

$$\psi([0,1])\in\ker\varphi_{j_1}\cap\ker\varphi_{j_2}\cap\cdots\cap\ker\varphi_{j_l}$$

根据核的定义,相当于给出下面方程组的解:

$$D_{j_s}\Psi_{2,1}(x_{j_s})+G_{j_s}\Psi_{2,2}(x_{j_s})=0\quad(s=1,2,\cdots,l)\tag{11.6.20}$$

而已知 $\psi([1,0])=[\Psi_{1,1}(x),\Psi_{1,2}(x)]$,可给出下面方程组的解:

$$D_{j_s}\Psi_{1,1}(x_{j_s})+G_{j_s}\Psi_{1,2}(x_{j_s})=0\quad(s=1,2,\cdots,l)\tag{11.6.21}$$

11.7　GRS码的Sudan译码算法

对于线性码，错误界为 τ 的列表译码算法产生一个所有与接收的字的Hamming距离至多为 τ 的码字的列表. 回忆GRS码 $GRS_{k+1}(\boldsymbol{\alpha},\mathbf{1})$ 是 F_q 上参数为 $[n,k+1,n-k]$ 的线性码，其中 $\mathbf{1}$ 表示

$$\mathbf{1}=[1\quad 1\quad \cdots\quad 1]$$

本节讨论M.Sudan提出的 $GRS_{k+1}(\boldsymbol{\alpha},\mathbf{1})$ 的列表译码，它是已知的GRS码最有效的译码方案之一. 当然这一算法修改之后也可以用于其他码的译码，但我们仅就 $GRS_{k+1}(\boldsymbol{\alpha},\mathbf{1})$ 进行讨论.

对于 $GRS_{k+1}(\boldsymbol{\alpha},\mathbf{1})$，收到的字为 $\boldsymbol{\beta}=[\beta_1\quad \beta_2\quad \cdots\quad \beta_n]\in F_q^n$，令 $\mathscr{P}=\{(\alpha_i,\beta_i)\mid 1\leqslant i\leqslant n\}$，$t$ 是小于 n 的正整数. 一般地，错误界为 $\tau=n-t$ 的列表译码可以解决下面多项式重构的问题：

$(\mathscr{P},k,t)$ 重构：对于上述 $\mathscr{P},k,t$，重构多项式集合 $\Omega(\mathscr{P},k,t)$ 包含 $f(x)\in F_q[x]$，这里 $\deg f(x)\leqslant k$，且满足

$$|\{(\alpha,\beta)\mid f(\alpha)=\beta\}|\geqslant t$$

Sudan译码算法是对 $GRS_{k+1}(\boldsymbol{\alpha},\mathbf{1})$ 解决 $(\mathscr{P},k,t)$ 重构问题的一个多项式时间的列表译码算法，分为两步：

(1) $(\mathscr{P},k,t)$ 多项式的生成：生成一个二变量的多项式 $Q(x,y)\in F_q[x,y]$，称为 $(\mathscr{P},k,t)$ 多项式，通过在多项式时间内解一个线性系统，使得对于所有 $f(x)\in\Omega(\mathscr{P},k,t)$，$y-f(x)$ 整除 $Q(x,y)$；

(2) $(\mathscr{P},k,t)$ 多项式的分解：分解 $(\mathscr{P},k,t)$ 多项式 $Q(x,y)$，输出 $\Omega(\mathscr{P},k,t)$，即所有 $f(x)\in F_q[x]$ 满足 $\deg f(x)\leqslant k$，使得 $y-f(x)$ 整除 $Q(x,y)$ 的多项式.

11.7.1　多项式的生成

首先来看 $(\mathscr{P},k,t)$ 多项式的生成.

定义 11.7.1　二变量多项式 $Q(x,y)=\sum\limits_{i,j}q_{ij}x^iy^j\in F_q[x,y]$ 的 x **次数**记为 $\deg_x Q$，是指使得 $q_{ij}\neq 0$ 的最大整数 i；同理，y **次数**记为 $\deg_y Q$，是指使得 $q_{ij}\neq 0$ 的最大整数 j.

定义 11.7.2　对于正整数 r，$(\alpha,\beta)\in F_q^2$ 称为 r **奇异点**，如果多项式

$$Q(x+\alpha,y+\beta)=\sum_{i,j}q'_{ij}x^iy^j$$

对于所有满足 $i+j<r$ 的 i,j,有 $q'_{ij}=0$.

例 11.7.1 令 $q=2$,

$$Q(x,y) = x + x^4 + (1+x^4)y + (1+x)y^2$$

$\deg_x Q=4$,$\deg_y Q=2$.考虑$(1,1)\in F_2^2$,则

$$Q(x+1,y+1) = x^4 y + xy^2$$

所以(1,1)是 3 奇异点.

引理 11.7.1 设$(\alpha,\beta)\in F_q^2$ 为$Q(x,y)\in F_q[x,y]$的 r 奇异点,则对于任意的 $f(x)\in F_q[x]$,如果满足 $f(\alpha)=\beta$,则$(x-\alpha)^r$ 整除$Q(x,f(x))$.

证明 根据 r 奇异点的定义,x^r 整除$Q(x+\alpha,xy+\beta)$.因此对于任意的 $g(x)\in F_q[x]$,$(x-\alpha)^r$ 整除 $Q(x,(x-\alpha)g(x)+\beta)$.如果 $f(\alpha)=\beta$,则 $x-\alpha$ 整除 $f(x)-\beta$,即对于某个 $g(x)\in F_q[x]$,$f(x)=(x-\alpha)g(x)+\beta$,故$(x-\alpha)^r$ 整除 $Q(x,f(x))$.

定义 11.7.3 多项式 $f(x)\in F_q[x]$称为 $Q(x,y)\in F_q[x,y]$的 y **根**,如果 $Q(x,f(x))$恒等于 0 或者 $y-f(x)$整除 $Q(x,y)$.

引理 11.7.2 如果 $\mathscr{P}$的所有对都是 $Q(x,y)\in F_q[x,y]$的 r 奇异点,且满足

$$\deg_x Q + k\deg_y Q \leqslant rt - 1 \tag{11.7.1}$$

则集合 $\Omega(\mathscr{P},k,t)$中的每个多项式都是 $Q(x,y)$的 y 根.

证明 即要证明对于任意的 $f(x)\in\Omega(\mathscr{P},k,t)$,$Q(x,f(x))\equiv 0$.由引理 11.7.1知$(x-\alpha_i)^r$ 整除 $Q(x,f(x))$,所以如果 $Q(x,f(x))$不等于 0,那么由 $\Omega(\mathscr{P},k,t)$的定义知 $\deg Q(x,f(x))\geqslant rt$.而 $\deg f(x)\leqslant k$,再由式(10.2.1)知 $\deg Q(x,f(x))\leqslant rt-1$,矛盾.

引理 11.7.3 设 $Q(x,y) = \sum_{i,j} q_{ij}x^i y^j \in F_q[x,y]$,$(\alpha,\beta)\in F_q^2$,$Q(x+\alpha, y+\beta) = \sum_{i,j} q'_{ij}x^i y^j$,则对于所有非负整数 i,j,

$$q'_{ij} = \sum_{i'\geqslant i,j'\geqslant j}\binom{i'}{i}\binom{j'}{j}q_{i'j'}\alpha^{i'-i}\beta^{j'-j} \tag{11.7.2}$$

引理 11.7.4 如果是 m,l 是非负整数,满足 $m<k$ 及

$$|\mathscr{P}|\binom{r+1}{2} < \frac{(2m+kl+2)(l+1)}{2} \tag{11.7.3}$$

这里$|\mathscr{P}|$是 $\mathscr{P}$ 所含的元素个数,那么至少存在一个二变量多项式 $Q(x,y)\in F_q[x,y]$,满足

$$\deg_x Q + k\deg_y Q \leqslant m + kl \tag{11.7.4}$$

使得 $\mathscr{P}$ 的所有对都是 $Q(x,y)\in F_q[x,y]$的 r 奇异点.

证明 根据引理 11.7.3,$\mathscr{P}$ 的对(α,β)是 $Q(x,y)\in F_q[x,y]$的 r 奇异点,当

且仅当对于满足 $i+j<r$ 所有非负整数 i,j,式(11.7.2)等于0,即

$$q'_{ij}=\sum_{i'\geqslant i,j'\geqslant j}\binom{i'}{i}\binom{j'}{j}q_{i'j'}\alpha^{i'-i}\beta^{j'-j}=0 \tag{11.7.5}$$

当(α,β)取遍 $\mathscr{P}$,i,j 取遍$\{(i,j)\mid i+j<r\}$时,系数 q'_{ij}的个数为$|\mathscr{P}|\binom{r+1}{2}$.如果把 $q_{i'j'}$ 当成未知数,式(11.7.5)即为$|\mathscr{P}|\binom{r+1}{2}$个线性方程组成的方程组,而由式(11.7.4)及 $m<k$,知未知数的个数为

$$\sum_{j=0}^{l}\sum_{i=0}^{(l-j)k+m}1=\frac{(2m+kl+2)(l+1)}{2} \tag{11.7.6}$$

再由式(11.7.3)中的方程数少于未知数个数,即知 $q_{i'j'}$ 的不全为零的解存在,从而二变量多项式 $Q(x,y)$存在.

定义 11.7.4 一个非负整数序列(l,m,r)称为$(\mathscr{P},k,t)$序列,如果式(11.7.3)和 $m<\min\{k,rt-lk\}$成立.

引理 11.7.5 设 $\mathscr{P}\subseteq F_q^2$,$\gamma=k|\mathscr{P}|$,$t>\sqrt{\gamma}$,则下面的序列$(l,m,r)$是一个$(\mathscr{P},k,t)$序列:

$$l=\left\lfloor\frac{rt-1}{k}\right\rfloor,\quad m=rt-1-lk,\quad r=1+\left\lfloor\frac{\gamma+\sqrt{\gamma^2+4(t^2-\gamma)}}{2(t^2-\gamma)}\right\rfloor \tag{11.7.7}$$

定理 11.7.1 如果 $t>\sqrt{k|\mathscr{P}|}$,则满足条件 $\deg_yQ=O(\sqrt{k|\mathscr{P}|^3})$ 的$(\mathscr{P},k,t)$ 多项式 $Q(x,y)=\sum_{i,j}q_{ij}x^iy^j\in F_q[x,y]$ 可以通过在多项式时间内解线性系统(11.7.5) 发现.

证明 令(l,m,r)是式(11.7.7) 定义的一个$(\mathscr{P},k,t)$ 序列,则非零$(\mathscr{P},k,t)$多项式 $Q(x,y)=\sum_{i,j}q_{ij}x^iy^j\in F_q[x,y]$ 可以通过解线性系统(11.7.5) 发现.

因为 $m+kl\leqslant rt-1$,所以由引理 11.7.2 及式(11.7.4),知 $\Omega(\mathscr{P},k,t)$中的每个多项式都是 $Q(x,y)$的 y 根,故 $Q(x,y)$是一个$(\mathscr{P},k,t)$多项式.余下的问题是估计 $\deg_yQ$.

由引理 11.7.5 的假设,可得 $\gamma=O(k|\mathscr{P}|/t^2-k|\mathscr{P}|)$,即

$$\deg_yQ\leqslant l=O(t|\mathscr{P}|/(t^2-k|\mathscr{P}|)) \tag{11.7.8}$$

令 t_0 是满足 $t_0^2-k|\mathscr{P}|\geqslant 1$ 的最小正整数,即 $t_0=O(k|\mathscr{P}|)$.当 $t>\sqrt{k|\mathscr{P}|}$时,$t/(t^2-k|\mathscr{P}|)$是单调增的,所以

$$\deg_yQ=O(|\mathscr{P}|\sqrt{k|\mathscr{P}|})=O(\sqrt{k|\mathscr{P}|^3})$$

证毕.

11.7.2 多项式的分解

下面研究$(\mathscr{P},k,t)$多项式的分解.

为重构$\Omega(\mathscr{P},k,t)$,只需找出$(\mathscr{P},k,t)$多项式$Q(x,y)$满足条件$\deg f(x)\leqslant k$的y根.

引理 11.7.6 设多项式$f_0(x)=\sum_{i\geqslant 0}a_ix^i\in F_q[x]$是非零二变量多项式$Q_0(x,y)$的一个$y$根.令

$$Q_0^*(x,y)=Q_0(x,y)/x^{\lambda_0},\quad Q_1(x,y)=Q_0^*(x,xy+a_0)$$

这里λ_0是使得x^{λ_0}整除$Q_0(x,y)$的最大整数,则a_0是非零多项式$Q_0^*(0,y)$的根,$f_1(x)=\sum_{i\geqslant 0}a_{i+1}x^i\in F_q[x]$是非零二变量多项式$Q_1(x,y)$的一个$y$根.

证明 根据定义,易见$Q_0^*(0,y)$与$Q_1(x,y)$是非零多项式.因为$f_0(x)$是$Q_0(x,y)$的一个y根,所以$Q_0(x,f_0(x))\equiv 0$.因此

$$Q_0^*(x,f_0(x))=Q_0(x,f_0(x))/x^{\lambda_0}=0 \tag{11.7.9}$$

从而得$Q_0^*(0,a_0)=Q_0^*(0,f_0(0))=0$,故$a_0$是非零多项式$Q_0^*(0,y)$的根.

由式(11.7.9),得$Q_1(x,f_1(x))=Q_0^*(x,f_0(x))=0$,即$f_1(x)$是非零二变量多项式$Q_1(x,y)$的一个$y$根.

引理 11.7.7 设$Q_0^*(x,y)\in F_q[x,y]$是非零二变量多项式,$\alpha\in F_q$是非零多项式$Q_0^*(0,y)$的h重根.令

$$Q_1(x,y)=Q_0^*(x,xy+\alpha),\quad Q_1^*(x,y)=Q_1(x,y)/x^{\lambda_1}$$

其中λ_1是使得x^{λ_1}整除$Q_1(x,y)$的最大整数,则多项式$Q_1^*(0,y)$的次数至多为h.

证明 令

$$G(x,y)=Q_0^*(x,y+\alpha)=\sum_{i\geqslant 0}g_i(x)y^i \tag{11.7.10}$$

因为$\alpha\in F_q$是非零多项式$Q_0^*(0,y)$的h重根,故$(0,0)$是$G(x,y)$的h重根(或者0是多项式$G(0,y)$的h重根).因此,对于$i=0,1,\cdots,h-1$,$g_i(0)=0$,而$g_h(0)\neq 0$.由关系式$Q_1(x,y)=G(x,xy)$,知x整除$Q_1(x,y)$,但是x^{h+1}不整除.因而λ_1的取值范围为$1\leqslant\lambda_1\leqslant h$.

由$Q_1^*(x,y)=Q_1(x,y)/x^{\lambda_1}=G(x,xy)/x^{\lambda_1}$和式(11.7.10),推出

$$Q_1^*(x,y)=\sum_{i=0}^{\lambda_1}\frac{g_i(x)x^i}{x^{\lambda_1}}y^i+\sum_{i\geqslant\lambda_1+1}g_i(x)x^{i-\lambda_1}y^i \tag{11.7.11}$$

则多项式$Q_1^*(0,y)$的次数至多为$\lambda\leqslant h$.

对于非零二变量多项式$Q_0^*(x,y)\in F_q[x,y]$和正整数j,记$S_j(Q_0)$为使得

a_i 是非零多项式 $Q_i^*(0,y)$ 的根的序列 $(a_0,a_1,\cdots,a_{j-1})\in F_q^j$ 的集合 $(i=0,1,\cdots,j-1)$，则 $Q_i^*(x,y)=Q_i(x,y)/x^{\lambda_i}$，此处 λ_i 是使得 x^{λ_i} 整除 $Q_i(x,y)$ 的最大整数，且 $Q_{i+1}(x,y)=Q_i^*(x,xy+a_0)$. 应用引理 11.7.6 与引理 11.7.7，有：

定理 11.7.2　对于任意非零二变量多项式 $Q(x,y)\in F_q[x,y]$ 和任意的正整数 j，$S_j(Q)$ 的元素个数不超过 $\deg_y Q$，且对于 $Q(x,y)$ 的一个 y 根 $f(x)=\sum_{i\geqslant 0}a_ix^i\in F_q[x]$，序列 $(a_0,a_1,\cdots,a_{j-1})$ 是 $S_j(Q)$ 的子集.

例 11.7.2　设 θ 是 F_8 的本原元，满足 $\theta^3+\theta+1=0$. 找出下面的多项式满足条件 $f(x)\in F_8[x]$，$\deg f(x)\leqslant 3$ 的一个 y 根：

$$\begin{aligned}Q(x,y)=&(\theta^5x+\theta^2x^3+\theta^6x^4+\theta^2x^5+\theta^5x^6+\theta^2x^7+x^8)\\&+(\theta^4+\theta^3x^2+\theta^5x^4)y+(\theta x+\theta^4x^3+\theta^2x^4)y^2+y^3\end{aligned}$$

$Q_0^*(x,y)=Q(x,y)$，$Q_0^*(0,y)=\theta^4y+y^3$ 的两根是 0 与 θ^2，第二个根的重数为 2.

情形 1：$Q_0^*(0,y)$ 的单根 0. 由于

$$\begin{aligned}Q_1^*(x,y)=&\ Q_0^*(x,xy)/x\\=&\ (\theta^5+\theta^2x^2+\theta^6x^3+\theta^2x^4+\theta^5x^5+\theta^2x^6+x^7)\\&+(\theta^4+\theta^3x^2+\theta^5x^4)y+(\theta x^2+\theta^4x^4+\theta^2x^5)y^2+x^2y^3\end{aligned}$$

故 $Q_1^*(0,y)=\theta^5+\theta^4y$ 的唯一的根是 θ. 由于

$$\begin{aligned}Q_2^*(x,y)=&\ Q_1^*(x,xy+\theta)/x\\=&\ (\theta x+\theta^6x^2+\theta^2x^3+x^4+\theta^2x^5+x^6)+(\theta^4+\theta x^2+\theta^5x^4)y\\&+(\theta^4x^5+\theta^2x^6)y^2+x^4y^3\end{aligned}$$

故 $Q_2^*(0,y)=\theta^4y$ 的唯一的根是 0. 由于

$$\begin{aligned}Q_3^*(x,y)=&\ Q_2^*(x,xy)/x\\=&\ (\theta+\theta^6x+\theta^2x^2+x^3+\theta^2x^4+x^5)+(\theta^4+\theta x^2+\theta^5x^4)y\\&+(\theta^4x^6+\theta^2x^7)y^2+x^6y^3\end{aligned}$$

故 $Q_3^*(0,y)=\theta+\theta^4y$ 的根是 θ^4，$(0,\theta,0,\theta^4)\in S_3(Q)$.

情形 2：$Q_0^*(0,y)$ 的二重根 θ^2. 由于

$$\begin{aligned}Q_1^*(x,y)=&\ Q_0^*(x,xy+\theta^2)/x^2\\=&\ (\theta^5+\theta^2x+\theta^6x^2+\theta^2x^3+\theta^5x^4+\theta^2x^5+x^6)+(\theta^3x+\theta^5x^3)y\\&+(\theta^2+\theta x+\theta^4x^3+\theta^2x^4)y^2+xy^3\end{aligned}$$

故 $Q_1^*(0,y)=\theta^5+\theta^2y^2$ 的二重根是 θ^5. 由于

$$\begin{aligned}Q_2^*(x,y)=&\ Q_1^*(x,xy+\theta^5)/x^2\\=&\ (1+\theta^4x^2+\theta^2x^3+x^4)+\theta^5x^2y\\&+(\theta^2+\theta^6x+\theta^4x^3+\theta^2x^4)y^2+x^2y^3\end{aligned}$$

故 $Q_2^*(0,y)=1+\theta^2y^2$ 的唯一的根是 θ^6. 由于

$$\begin{aligned}Q_3^*(x,y) &= Q_2^*(x,xy+\theta^6)/x \\ &= (\theta^2+\theta^6x+\theta^6x^2+\theta^4x^3+\theta^2x^4)y^2+x^3y^3\end{aligned}$$

故 $Q_3^*(0,y)=\theta^2y^2$ 的二重根是 0, 因此 $(\theta^2,\theta^5,\theta^6,0)\in S_3(Q)$.

已经看到 $S_3(Q)=\{(0,\theta,0,\theta^4),(\theta^2,\theta^5,\theta^6,0)\}$. 相关多项式为

$$f(x)=\theta x+\theta^4x^3,\quad g(x)=\theta^2+\theta^5x+\theta^6x^2$$

但是 $y-f(x)$ 不整除 $Q(x,y)$, $y-g(x)$ 可以. 因此 $F_8[x]$ 中次数 $\leqslant 3$ 的唯一一个 y 根是 $g(x)=\theta^2+\theta^5x+\theta^6x^2$.

实际上, $S_4(Q)=\{(0,\theta,0,\theta^4,\theta^2),(\theta^2,\theta^5,\theta^6,0,0)\}$, $h(x)=\theta x+\theta^4x^3+\theta^2x^4\in F_8[x]$ 也是 $Q(x,y)$ 的 y 根, 且 $Q(x,y)=(y-g(x))^2(y-h(x))$.

根据定理 11.7.2, 可得到下面的分解算法:

算法 11.7.1

input a nonzero bivariate polynomial $Q(x,y)\in F_q[x,y]$ and
  a positive integer k

Step 1: define $Q_h^*(x,y)=Q(x,y)/x^\lambda$ //where h denotes a sequence,
  λ is the number such that x^λ exactly divides $Q(x,y)$
  Set $j\leftarrow 2$
  S as the set of the roots $Q_h^*(0,y)$
  $S'\leftarrow\varnothing$ and goto Step 2

Step 2: for each $\boldsymbol{s}=(s,\alpha)\in S$, do
  i) define $Q_s^*(x,y)=Q_s^*(x,xy+\alpha)/x^\lambda$ //where λ is the number
    such that x^λ exactly divides $Q_s^*(x,xy+\alpha)$
  ii) factorize $Q_s^*(0,y)$ and, for each root β, add (s,β) into S'
    goto Step 3

Step 3: if $j=k+1$, goto Step 4
    else $j\leftarrow j+1$
      $S\leftarrow S'$
      $S'\leftarrow\varnothing$ and goto Step 2

Step 4: output the set Ω of polynomials $f(x)=\sum_{i\geqslant 0}a_ix^i\in F_q[x]$
    with degree $\leqslant k$, for which $(a_0,a_1,\cdots,a_k)\in S'$ and
    $y-f(x)$ divides $Q(x,y)$

习题

1. 完成引理 11.1.1 的证明.

2. 证明：引理11.2.1证明中定义的映射 κ 是线性空间的同构.

3. 证明：等式 $g'(\alpha^{b+k})\alpha^{b(2-\delta+k)}p_k\alpha^k = -\alpha^{b(\delta-2)}\prod_{i=0}^{\delta-3}(\alpha^{r+1}-\alpha^{i+1})$ 成立.

4. 如果

$$\frac{N_2(\alpha^k)/W_2(\alpha^k)}{N_1(\alpha^k)/W_1(\alpha^k)} = -\hat{C}$$

证明：等式 $f(\alpha^k)g(\alpha^{b+k}) = -\hat{C}\alpha^{b(\delta-1-k)}$ 成立.

5. (1) 证明：n 维线性空间 M 上全体线性变换对线性变换的加法与复合形成一个环 R.

(2) 证明：M 关于下面的数乘形成 R 模：对于任意线性变换 $\lambda\in R, m\in M$,

$$\lambda\cdot m = \lambda(m).$$

(3) (2)中的 M 是否为自由 R 模?

6. 令 $P(x)$ 是Lagrange插值多项式：

$$P(x) = \sum_{i=1}^{m} y_i \frac{\prod_{k=1,k\neq i}^{m}(x-x_k)}{\prod_{k=1,k\neq i}^{m}(x_i-x_k)}$$

证明：方程式

$$N(x) = W(x)P(x)(\mathrm{mod}\,(x-x_i)) \quad (i=1,2,\cdots,m)$$

与方程式 $N(x_i)=W(x_i)y_i$ 等价.

7. 证明：引理11.5.1中引入的映射 E 是线性映射.

8. 设 $A\xrightarrow{\psi}B\xrightarrow{\varphi_1}C$ 是正合列，且对于 $i=2,\cdots,m$, $\varphi_i:B\to C'$ 是模同态. 证明：

$$\ker\varphi_1\cap\ker\varphi_2\cap\cdots\cap\ker\varphi_m = \psi(\ker(\varphi_2\circ\psi)\cap\ker(\varphi_3\circ\psi)\cap\cdots\cap\ker(\varphi_m\circ\psi))$$

9. 证明引理11.7.3.

10. 证明引理11.7.5.

附录　本书涉及的部分程序的参考设计

1. Euclid 算法求最大公因子

```
function d = al3_4_1(g,h)
g = sym2poly(g); % sym2poly(a)将多项式转换成系数向量
h = sym2poly(h);
r = g; r1 = h;
while sum(abs(r1))~=0; %判断 r1 不等于 0
    [k,r2] = deconv(r,r1);
    clear r;
    r = r1;
    i=1; %消除 r2 前面的 0
    while (i<length(r2))
        if (r2(i)==0)
            r2 = r2(i+1:length(r2));
        else
            break;
        end
    end
    r1 = r2;
end
d = r/r(1);
d = poly2sym(d);
```

2. 扩展的 Euclid 算法

```
%syms x; h = x^2 - 1; g = x^3 - x^2 + x - 1; [d,s,t] = al3_4_2(g,h)
function [d,s,t] = al3_4_2(g,h)
r = g; r1 = h;
s = 1; s1 = 0;
```

```
t=0;t1=1;
r=sym2poly(r);% sym2poly(a)将多项式转换成系数向量
r1=sym2poly(r1);
while sum(abs(r1))~=0;%判断 r1 不等于 0
    [q,r2]=deconv(r,r1);%求 q 和 r2
    clear r;
    r=r1;
    s=s1;t=t1;
    i=1;%消除 r2 前面的 0
    while (i<length(r2))
        if (r2(i)==0)
            r2=r2(i+1:length(r2));
        else
            break;
        end
    end
    r1=r2;
    q=poly2sym(q);%将 q 转换成多项式
    s1=s-s1*q;
    t1=t-t1*q;
end
c=r(1);%首项系数
d=poly2sym(r)/c;
s=s/c;
t=t/c;
```

3. 线性码的伴随式译码

```
%G=lineG(7,3)
%G=[0 1 0 1 0 1 0;0 0 1 0 1 1 1;1 0 0 1 1 0 1];
function G=lineG(n,k)
G=randint(k,n,[0,1]);
while rank(G)~=k
    G=randint(k,n,[0,1]);
end
```

```
%G 线性码生成矩阵;Gs 系统生成矩阵;H 校验矩阵
%G=[0 1 0 1 0 1 0;0 0 1 0 1 1 1;1 0 0 1 1 0 1];
%G=randint(7,3,[0,1]);
function [Gs,H]=lineGsH(G)
Gs=rref(G);
L=size(Gs);
A=Gs(:,L(2)-L(1):L(2));
H=[A;eye(L(2)-L(1))]';%在 A 的下方加一单位矩阵

%Bs 伴随式;Pj 陪集首
function [Bs,Pj]=lineBsPj(Gs,H)
b1=size(H,1);%H 的行数
b2=size(H,2);%H 的列数
n=2^b2;
nc=2^(b2-b1);%
x=de2bi(0:nc-1);%转换成二进制矩阵
code=lineCode(x,Gs);
%sort
c=de2bi(0:n-1);
change=1;
for i=1:n-1
    if change==1
        change=0;
        for j=1:n-i
            if sum(c(j,:))>sum(c(j+1,:))
                c1=c(j,:);
                c(j,:)=c(j+1,:);
                c(j+1,:)=c1;
                change=1;
            end
        end
    end
end
%sort
```

```
%陪集表
b=1:n;%标志值
Pj=zeros(2^b1,b2);
for i=1:2^b1
    for j=1:n
        if b(j)~=0
            Pj(i,:)=c(j,:);
            b(j)=0;
            break;
        end
    end

    e=mod(Pj(i)+code,2);
    for k=1:nc
        for j=1:n
            if e(k,:)==c(j,:)
                b(j)=0;
                break;
            end
        end
    end
end
Bs=mod(Pj*H',2);

%x=[0 0 0;0 0 1; 0 1 0; 0 1 1;1 0 0;1 0 1;1 1 0;1 1 1];c=lineCode(x,Gs)
function c=lineCode(x,Gs)
if size(x,2)~=size(Gs,1)
    return;
end
c=mod(x*Gs,2);

%line code;decode
%y=[1 1 1 0 1 1 1;0 1 1  1 0 1 0]
%x=[1 1 0;0 1 0]
```

```
%x = lineDeCode(y,H,Bs,Pj)
function x = lineDeCode(y,H,Bs,Pj)
bs = mod(y * H',2);
sBs2 = size(Bs,2);
sPj2 = size(Pj,2);
pj = zeros(size(y,1),size(Pj,2));
for i = 1:size(y,1)
    for j = 1:size(Bs,1)
        if bs(i,:) = = Bs(j,:)
            pj(i,:) = Pj(j,:);
            break;
        end
    end
end
correct = y - pj;
x = correct(:,1:sPj2 - sBs2);
```

4. BCH 码的生成

```
function G = creatG(k,g)
%clear all
row = k;
n = length(g);
%row = 11
col = row - 1 + n;
A = zeros(row,col);
%A(end,row:end) = [1 0 0 1 1]
A(end,row:end) = g;
for i = 1:row - 1
    A(end - i,row - i:end - i) = A(end,row:end);
end
%A(end - 1,2:end - 1) = A(end,3:end)
%A(end - 2,1:end - 2) = A(end - 1,2:end - 1)
for j = row: - 1:2
    for i = j - 1: - 1:1
```

```
        if (A(i,j)>0)
            C1=A(i,:);
            C2=A(j,:);
            C=C1+C2;
            B=mod(C,2);
            A(i,:)=B;
        end
        clear C1 C2 C B
    end
end
G=A;

function H=creatH(k,G,r)
G1=G(:,end-r+1:end);
G1=G1';
Ir=eye(r);
H=[G1,Ir];

%CodeBCH.m
clear all;
%a=[1  0  1  0  1  1  1  0  0  0  1]
a=[0 1 1 0 1 1 0 1 1 1 1];
%n=length(a)
k=11;
g=[1 0 0 1 1];
G=creatG(k,g);
t=a*G;
t=mod(t,2)

function [bch]=correctcode(data,G,HT)
k=0;
for i=1:15
    if data(i)==1
        k=i;
```

```
            break
        end
    end
    g=circshift(G,[0 k-1]);
    g1=g;
    c=data;
    for n=1:15
        c=xor(c,g1);

        h=0;
        for i=1:15
            if c(i)==0
                h=h+1;
            end
        end

        if h==15
            break
        end

        g1=G;
        for i=1:15
            if c(i)==1
                kk=i;
                break
            end
        end
        if kk>11
            break
        end
        g1=circshift(g1,[0 kk-1]);
    end

    k1=0;
```

```
for i=1:15
    if c(i)==1
        k1=k1+1;
    end
end

if k1==0
    bch=data;
else
    for i=1:4
        s(i)=c(11+i);
    end
    for j=1:15
        ht(j,:)=xor(s,HT(j,:));
        k2=0;
        for i=1:4;
            if ht(j,i)==0
                k2=k2+1;
            end
            if k2==4
                k3=j;
                break
            end
        end
    end
    for i=1:15
        e(i)=0;
    end
    e(k3)=1;
    bch=xor(data,e);
end

g=[1 0 0 1 1 0 0 0 0 0 0 0 0 0 0];
H=[1 1 1 1 0 1 0 1 1 0 0 1 0 0 0;0 1 1 1 1 0 1 0 1 1 0 0 1 0 0;0 0 1 1 1 1 0 1
```

```
0 1 1 0 0 1 0;1 1 1 0 1 0 1 1 0 0 1 0 0 0 1];
HT=H.';
load('out.txt','-ascii');
for i=1:15
    dbch1(i)=out(2*i-1);
    dbch2(i)=out(2*i);
end
bch1=correctcode(dbch1,g,HT);
bch2=correctcode(dbch2,g,HT);
for i=1:11
    m1(i)=bch1(i);
    m2(i)=bch2(i);
end
fid=fopen('decode.txt','w');
fprintf(fid,'%d %d %d %d %d %d %d %d %d %d %d \n %d %d %d
  %d %d %d %d %d %d %d %d \n',m1,m2);
fclose(fid);

%out.txt
0 1 0 1 0 0 0 1 0  0 0 0 0 1 1 1 0 1 0 1 0 1 0 0 0 1 1 0 1 0 1 1 0 1 1 0 0 0 1 0
1 0 0 0 1 1 1 1 0 0 0
```

5. RS 码的编译

```
% realize a (31,25) RS encoding & decoding in GF(2^5)
% primitive polynomial in GF(2^5): a^5=a^2+1
% generator polynomial g(x)=(x+a)(x+a^2)(x+a^3)(x+a^4)(x+a^5)(x
  +a^6)
% codeword length N=31
% information sequence length k=25
% maximum number of error-correcting t=3

T=[1,2,4,8,16,5,10,20,13,26,17,7,14,28,29,31,27,19,3,6,12,24,21,
   15,30,25,23,11,22,9,18];
```

```
disp('输入信息序列:')
m_xi=1:25
disp('Press any key to continue...')
pause
disp('编码输出序列(发送序列):')
t_x=rs_encode(m_xi)

disp('Press any key to continue...')
pause
disp('信道产生的错误位置:')
sitegen=[0 5 30]
disp('信道产生的错误数值:')
valuegen=[5 3 7]
num=length(valuegen);
disp('Press any key to continue...')
pause
disp('接收序列')
r_x=rs_channel(t_x,num,sitegen,valuegen)
disp('Press any key to continue...')
pause
m_xo=rs_decoder(r_x)
disp('Done!')

function y=rs_add(a,b)
a1=de2bi(a,5);
b1=de2bi(b,5);
y1=a1+b1;
y2=mod(y1,2);
y=bi2de(y2);

function r_x=rs_channel(t_x,num,site,value)
r_x=t_x;
if num~=0
    for i=1:num
```

```
        r_x(site(i) + 1) = rs_add(t_x(site(i) + 1),value(i));
    end
end

function [value,site] = rs_decode_forney(synd_x,sigma_x,root)
T = [1,2,4,8,16,5,10,20,13,26,17,7,14,28,29,31,27,19,3,6,12,24,21,
    15,30,25,23,11,22,9,18];
w1 = zeros(1,length(synd_x) + length(sigma_x) - 1);
% t :the max number of errors
t = 3;site = [];
% w(j)
for i = 1:length(synd_x) - 1
    for j = 1:length(sigma_x)
        w1(i + j - 1) = rs_add(w1(i + j - 1), rs_mul(synd_x(i + 1),
                          sigma_x(j)));
    end
end

w = w1(1:2 * t);
s = zeros(1,length(sigma_x));

for h = 1:length(sigma_x)
    if mod(h,2) = = 0
        s(h - 1) = sigma_x(h);
    end
end
s(length(sigma_x)) = 0;
for k = 1:length(root)
    w_final = rs_poly(w,root(k));
    s_final = rs_poly(s,root(k));
    value(k) = rs_mul(w_final,rs_rev(s_final));
    site(k) = mod((31 - (find(T = = root(k)) - 1)),31);
end
```

```
% a function to calculate the locator polynomial according to the syndrome
  polynomial
function sigma_x = rs_decode_iterate(synd_x)
sigma = zeros(8,7);
x(-1+2,1) = 1;
D = zeros(1,8);
D(-1+2) = 0;
d = zeros(1,8);
d(-1+2) = 1;
sigma(0+2,1) = 1;
D(0+2) = 0;
d(0+2) = synd_x(1+1);
j = 0;
flag = -1;
for j = 0:5
% massey arithmetic
    if d(j+2) == 0
        sigma(j+2+1,:) = sigma(j+2,:);
        D(j+2+1) = D(j+2);
    else
        sigmaji = circshift(sigma(flag+2,:),[0 j-flag]);
    for l = 1:7
%           if cc(l) == 0
%               x(j+2+1,l) = 0;
%           else

sigma(j+2+1,l) = rs_add(sigma(j+2,l),rs_mul(rs_mul(d(j+2),
                        rs_rev(d(flag+2))),sigmaji(l)));
%           end
    end
    % to get the D(j)
    for h = 1:7
        if sigma(j+2+1,h) ~= 0
            D(j+2+1) = h-1;
```

```
          end
      end
      flag = j;
end
% calculate d for every iteration
if j~ = 5
      r = j + 1;
      d(r + 2) = synd_x(r + 1 + 1);
      for k = 1:D(r + 2)
              d(r + 2) = rs_add(d(r + 2),rs_mul(sigma(r + 2,k + 1),
                      synd_x(r + 1 - k + 1)));
      end
end
end
sigma_x = sigma(6 + 2,1:(D(8) + 1));

% a function to calculate the roots of locator polynomial
function root = rs_decode_root(sigma_x)
T = [1,2,4,8,16,5,10,20,13,26,17,7,14,28,29,31,27,19,3,6,12,24,21,
   15,30,25,23,11,22,9,18];
j = 1;
root = [];
for i = 0:30
      result = rs_poly(sigma_x,T(i + 1));
          if result = = 0
                root(j) = T(i + 1);
                j = j + 1;
          end
end

% a function to calculate the syndrome polynomial according to the received
   function synd_x = rs_decode_syndrome(r_x)
% G 生成多项式
G = [21 24 16 24 9 10 0];
```

```
T=[1,2,4,8,16,5,10,20,13,26,17,7,14,28,29,31,27,19,3,6,12,24,21,
   15,30,25,23,11,22,9,18];
s=zeros(1,6);
for j=1:6
    s(j)=rs_poly(r_x,T(j+1));
end
synd_x=[1,s];

% a function to realize a decoder, summation of some of the other
   functions
function m_x=rs_decoder(r_x);
disp('伴随多项式:')
synd_x=rs_decode_syndrome(r_x);
disp('Press any key to continue...')
pause
disp('错误位置多项式:')
sigma_x=rs_decode_iterate(synd_x);
disp('Press any key to continue...')
pause
disp('错误位置多项式的根:')
root=rs_decode_root(sigma_x);
disp('Press any key to continue...')
pause
if length(root)==0
    disp('检测不到错误发生,解码输出:')
    m_x=r_x(7:31);
else
    disp('错误数值和错误位置:')
    [value,site]=rs_decode_forney(synd_x,sigma_x,root);
    disp('Press any key to continue...')
    pause
    temp=r_x;
    for i=1:length(site)
        temp(site(i)+1)=rs_add(r_x(site(i)+1),value(i));
```

```
    end
    if length(root)>3
        disp('Too many errors occur, can not correct them all')
        disp('部分纠错解码输出:')
        m_x=temp(7:31);
    else
        disp('解码输出:')
        m_x=temp(7:31);
    end
end

% a function to encode the input sequence
% organize according to the encoding circuit
function t_x=rs_encode(m_x)
r=zeros(1,7);
for i=1:25
    r(7)=rs_add(r(6),m_x(26-i));
    r(6)=rs_add(r(5),rs_mul(r(7),17));
    r(5)=rs_add(r(4),rs_mul(r(7),26));
    r(4)=rs_add(r(3),rs_mul(r(7),30));
    r(3)=rs_add(r(2),rs_mul(r(7),27));
    r(2)=rs_add(r(1),rs_mul(r(7),30));
    r(1)=rs_mul(r(7),24);
end
t_x=[r(1:6),m_x];

% a function to realize multiplication in field GF(2^5)
% input 'a','b' are two decimal numbers range from 0 to 31 corresponding
  to numbers of GF(2^5)
% output 'y' is a decimal number range from 0 to 31 corresponding to a
  number of GF(2^5)

function y=rs_mul(a,b)
T=[1,2,4,8,16,5,10,20,13,26,17,7,14,28,29,31,27,19,3,6,12,24,21,
```

```
    15,30,25,23,11,22,9,18];
% for 'a' or 'b' is 0, output 'y' is 0
if a * b = =0
     y=0;
% by check the table, represent the decimal numbers as powers of primi-
   tive root
% so multiplication turn to addition of the power of primitive root
% then check the table again to get the result of multiplication as a
% decimal number
else
      a1=find(T= =a)-1;
      b1=find(T= =b)-1;
      c=mod((a1+b1),31);
      y=T(c+1);
end

% a function to compute the value of a polynomial with variable x
% t is the vector of the polynomial
% all is done in GF(2^5)
function y=rs_poly(t,x)
T=[1,2,4,8,16,5,10,20,13,26,17,7,14,28,29,31,27,19,3,6,12,24,21,
    15,30,25,23,11,22,9,18];
xx=find(T= =x)-1;
n=length(t)-1;
y1=t(1);
for i=1:n
     y1=rs_add(y1,rs_mul(t(i+1),T(mod(i * xx,31)+1)));
end
y=y1;

% a function to get the reciprocal of the input 'a'
% input a is 'a' decimal number range from 1 to 31 corresponding to numbers
   of GF(2^5)
% output y is 'a' decimal number range from 1 to 31 corresponding to a
```

```
    number of GF(2^5)
% through the rs_rev operation, can realize the division in field GF(2^5)

function y = rs_rev(a)
T = [1,2,4,8,16,5,10,20,13,26,17,7,14,28,29,31,27,19,3,6,12,24,21,
    15,30,25,23,11,22,9,18];
% check the table, represent a as a power of primitive root
% reduce the power from 31, get result of the reciprocal of a
% check the table and turn the result to a decimal number
a1 = find(T = = a) - 1;
y1 = mod((31 - a1),31) + 1;
y = T(y1);
```

参 考 文 献

[1] 陈鲁生,沈世镒.编码理论基础[M].北京:高等教育出版社,2005.

[2] 冯克勤,李尚志,查建国,等.近世代数引论[M].2 版.合肥:中国科学技术大学出版社,2002.

[3] 胡冠章,王殿军.应用近世代数[M].3 版.北京:清华大学出版社,2006.

[4] Gallager R G. Low Density Parity-Check Codes[M]. Cambridge: MIT Press, 1963.

[5] Grillet P A. Abstract Algebra[M]. 2nd ed. New York: Springer-Verlag, 2007.

[6] Ling S, Xing C P. Coding Theory: A First Course[M]. Cambridge: Cambridge University Press, 2004.

[7] Shoup V. A Computational Introduction to Number Theory and Algebra[OL]. http://www.shoup.net/ntb.